苏里格气田天然气集输新技术

韩兴刚　冯朋鑫　编著

石油工业出版社

内 容 提 要

本书以介绍天然气集输新技术为主，同时对天然气田各类集输技术进行了比较系统的论述，内容包括地面集输工艺技术、油气多相计量、污水处理技术、信息系统建设和注水工艺技术等。

本书可供天然气田集输工程专业技术人员参考，亦可作为高等院校相关专业师生的学习参考书。

图书在版编目（CIP）数据

苏里格气田天然气集输新技术/韩兴刚，冯朋鑫编著．
北京：石油工业出版社，2015.7
ISBN 978-7-5183-0740-1

Ⅰ.苏…
Ⅱ.①韩…②冯…
Ⅲ.天然气-油气集输-技术
Ⅳ.TE86

中国版本图书馆 CIP 数据核字（2015）第 157060 号

出版发行：石油工业出版社
（北京安定门外安华里2区1号　100011）
网　　址：www.petropub.com
编辑部：（010）64523537　发行部：（010）64523620
经　　销：全国新华书店
印　　刷：北京中石油彩色印刷有限责任公司

2015年7月第1版　2015年7月第1次印刷
787×1092毫米　开本：1/16　印张：13
字数：328千字

定价：50.00元
（如出现印装质量问题，我社发行部负责调换）
版权所有，翻印必究

前　言

截至2014年底,我国最大气田——苏里格气田累计产气突破$1000×10^8m^3$。苏里格气田天然气已覆盖包括北京、天津、西安在内的全国40多个大中型城市,惠及2.5亿人。

苏里格气田属典型的低渗、低压、低丰度气田,开发难度很大。8年来,长庆油田通过科技和管理创新,气田规模日益扩大,气田产量逐年攀升。自2007年底日产气量突破$1000×10^4m^3$以后,平均每年以近$1000×10^4m^3$速度递增,2013年底,气田年产气量突破$200×10^8m^3$,成为我国年产气量最大的整装气田。截至2014年底,苏里格气田共建气井7989口、集气站135座、骨架干线28条,建成天然气处理厂6座,年集输处理能力达$280×10^8m^3$。

苏里格已步入现代化大气田建设的新时期。"大油田管理,大规模建设"的时代要求给原有的管理体制、建设标准等提出了严峻挑战。苏里格气田推行"标准化设计、模块化建设、数字化管理"的建设模式,这也是长庆油田在油气田建设史上进行的一场革命。

苏里格气田地质条件差,大多数区块是低渗透和超低渗透气田,这给生产带来很大的困难。为此,针对这种地质条件,大力开展科学研究,发展和引进新工艺、新技术,在低渗透气田的生产中做出了很大的成绩。

苏里格气田和大专院校、科研单位一起承担了气田集输技术研究方面的各种科研项目,这些研究成果解决了生产中的一些难题,促进了气田生产的发展,对气田开发做出了较大成绩。

本书是作者多年来从事苏里格气田工程技术研究的成果总结,也是苏里格气田和国内外气田一些地面集输工程技术最新技术的总结。

本书主要介绍苏里格气田集输新技术,内容涉及以下几个方面:天然气管道内流体流动与热力学特性,其中包含天然气管道内流体流动基本方程、天然气管线的压力降计算和热力学的焓熵概念;天然气集输系统,其中包含天然气集输系统数字化和模块化、天然气集输管网优化设计、天然气集输工艺新技术、天然气集输系统节能新技术;天然气增压新技术,其中包含井口天然气增压新技术、双螺杆压缩机增压新技术；天然气多相流量计量技术，其中包含油气水多相流量计、新型气液两相流量计；天然气脱水，其中包含天然气脱水技术发展现状及趋势、甘醇脱水、分子筛脱水、膜脱水、天然气超音速分离脱水；天然气管线冰堵预测与冰堵位置测定，其中包含天然气水合物、天然气管线冰堵位置测定、天然气管线冰堵形成预测和预警系统；天然气管线积液预测与清管技术，其中包含天然气管线积液预测与计算、天然气管线清管、旁通清管技术等。

本书由中国石油长庆油田分公司苏里格气田研究中心韩兴刚和冯朋鑫编写。韩兴刚负责编写第一章至第四章，冯朋鑫负责编写第五章至第八章，全书由韩兴刚统稿。本书编写过程中得到苏里格气田研究中心的大力支持，长庆油田分公司采气五厂提供了一些重要的研究资料，在此一并表示感谢。

由于编写人员水平有限，书中难免有不妥之处，敬请各位专家、同行和广大读者批评指正。

目 录

第一章 概述 …………………………………………………………………………… (1)
第二章 天然气管道内流体流动与热力学特性 ……………………………………… (4)
    第一节 天然气管道内流体流动基本方程 ……………………………………… (4)
    第二节 天然气管线的压力降计算 ……………………………………………… (15)
    第三节 热力学的焓熵概念 ……………………………………………………… (34)
第三章 天然气集输系统 ……………………………………………………………… (41)
    第一节 天然气集输系统数字化和模块化 ……………………………………… (41)
    第二节 天然气集输管网优化设计 ……………………………………………… (57)
    第三节 天然气集输工艺新技术 ………………………………………………… (71)
    第四节 天然气集输系统节能新技术 …………………………………………… (94)
第四章 天然气增压新技术 …………………………………………………………… (97)
    第一节 井口天然气增压新技术 ………………………………………………… (97)
    第二节 双螺杆压缩机增压新技术 ……………………………………………… (100)
第五章 气液多相流量计量技术 ……………………………………………………… (121)
    第一节 油气水多相流量计 ……………………………………………………… (121)
    第二节 新型气液两相流量计 …………………………………………………… (123)
第六章 天然气脱水 …………………………………………………………………… (129)
    第一节 天然气脱水技术发展现状及趋势 ……………………………………… (129)
    第二节 三甘醇脱水 ……………………………………………………………… (132)
    第三节 分子筛脱水 ……………………………………………………………… (141)
    第四节 膜脱水 …………………………………………………………………… (143)
    第五节 天然气超音速分离脱水 ………………………………………………… (145)
第七章 天然气管线冰堵预测与冰堵位置测定 ……………………………………… (150)
    第一节 天然气水合物 …………………………………………………………… (150)
    第二节 天然气管线冰堵位置测定 ……………………………………………… (153)
    第三节 天然气管线冰堵形成预测和预警系统 ………………………………… (169)
第八章 天然气管线积液预测与清管技术 …………………………………………… (177)
    第一节 天然气管线积液预测与计算 …………………………………………… (177)
    第二节 天然气管线清管技术 …………………………………………………… (186)
    第三节 旁通清管技术 …………………………………………………………… (191)
参考文献 ………………………………………………………………………………… (197)
附录 单位换算表 ……………………………………………………………………… (200)

第一章 概 述

苏里格气田位于鄂尔多斯盆地，属于典型的低渗、低压、低丰度的"三低"油气藏，为典型的岩性油气藏，非均质性强，地质条件复杂，单井产量低，勘探开发难度大。在40年的开发建设中，低渗透油气资源开发的下限从50mD下降到0.3~0.5mD，成为中国低渗透油气勘探开发的代表。苏里格气田单井控制储量小；压力下降快，单井产量低；稳产期短，平均单井采出量小。开发难度极大。

天然气田地面集输工程是天然气开发系统工程中的一项主体工程，与气藏工程、钻采工程等既相对独立又紧密联系，主要涉及天然气的产出、收集、矿场处理及输送，以及与之配套的水、电、路、通信等系统和生产管理方面的建设内容。同时，也为气藏的动态分析和调整开发方案提供科学依据。

超低渗透气藏是长庆油田苏里格气田最主要的特点。采用新技术、新模式、新机制，实现超低渗透气藏的低成本、高质量开发。地面工程建设如何响应超低渗透气藏开发的总体要求，适应超低渗透油藏低成本开发、大规模建设、现代化管理的需要，是必须要重点研究的问题。

以"数字化技术"提升管理水平，保障生产的正常运行，降低安全风险，减少人员，降低综合成本，提高管理效率。数字化管理技术是工艺简化的重要技术支撑。通过数字化管理提升工艺过程的监控水平和生产管理过程的智能化水平，把人和工艺设施的效率发挥到最佳水平，有利于精简冗余的设备和功能，实现工艺流程的简化，综合成本的降低；数字化管理技术也是优化管理模式的重要技术支撑。针对超低渗透气藏开发井数多、战线广的特点，通过数字化管理减少生产前端用工，形成"电子巡井、人工巡站、远程监控、中心值守"的新的生产组织方式，优化劳动组织架构，达到增产增效不增人的目的。

标准化设计是将"统一、简化、协调、最优化"的标准化理念应用于地面工程设计和建设中，通过通用的、统一的标准化设计文件，从设计源头把各专业、部门、环节间的相互技术联系和技术特性关系统一起来，实现各方面的合理连接、配合与协调，使地面工程建设和管理的一系列活动具有简单化、系列化、通用化的特点，适应油气田的规模化建设。标准化设计体现了平稳、均衡、效率、受控、协调的工作方针，实现了质量、速度、安全、效益的统一。

模块化建设是以场站的标准化设计文件为基础，以功能区模块为生产单元，在工厂内完成模块预制，最后将预制模块、设备在建设现场进行组合装配的场站建设过程。模块化建设的主要目的是改善施工作业环境，提高建设质量和速度，利于均衡组织生产站场施工。适应了大规模建产的需要和滚动开发的需要，也提高了生产效率和建设质量，同时降低了安全风险和综合成本。

为了确保苏里格气田大规模化生产调度、抢险指挥的高效运行和有效控制，达到提高管理水平、精简组织机构、减小劳动强度、降低操作成本的目的，开发了苏里格气田管网优化运行系统平台。该系统具有开放的数据库管理结构、可视化图形界面、信息查询和检索、管网系统的模拟与优化以及管网运行状况的动态监测，使气田地面系统利用数字信息辅助管理和决策，提高管理工作的科学化、规范化水平，为生产指挥调度和运行管理提供科学依据，对提高气田经营管理决策水平具有重要的应用价值。

管网优化运行系统的框架设计是以苏里格气田数字化生产管理系统体系结构为基础，实现管网系统设计优化[1-3]。

在管网的设计阶段，解决管径最优组合问题，即通过管网水力计算确定有关技术参数，寻求系统造价最低的优化设计方案[4]。

管网最优化运行问题可以归纳为，根据压缩机状态、管道约束条件、压缩机运行的可行域和流量限定等一些限制条件，以能耗或运行成本最小为目标函数进行优化计算，给出压缩机运行的组合方式和压缩机的操作压力。

集输管网的整体增压对整个气田地面建设会产生重大影响，它既可以减少系统未来的运行费用，增加管网的利用率，还能指导其配套工程的合理设置，使天然气管网的管理和运营变得更加科学和高效。苏里格气田增压工艺技术研究是统筹考虑苏里格气田增压工艺选择，以及压缩机综合选型技术和压缩机基础优化设计技术，从而满足投资和运行成本最低的工艺技术研究。

苏里格气田的增压工艺技术和压缩机选型技术可广泛运用到低渗透气田和煤层气田的建设中，总体处于国内领先水平。形成的两地多级增压技术，是苏里格气田采用的中低压集气模式的基础。该模式被称为国内第三套集气模式，是国内针对"三低气田"创立的一种独特的集气新模式，具有国际先进水平。压缩机无固定连接基础缩短了施工周期，降低了工程投资，便于压缩机的拆迁、搬运，基础与设备之间不需要固定连接。

集约型压缩机运行技术使压缩机天然气消耗大幅度降低，节约了运行成本，使集气站能耗处于国内领先水平。进一步完善的压缩机监控系统，其可靠性和远程监控能力均得到提高，并向智能化、网络化发展。

在天然气开发后期，天然气井口压力会持续下降，需要安装单井天然气管道泵，尽可能多地生产出天然气。这种单井天然气管道泵需要满足现场生产特点、一体化的结构、橇装、快装、效率高、安全可靠和无人值守。为此，设计和研制具有自主知识产权的单井天然气管道泵对于提高气井天然气产量，对我国的能源生产和石油设备业的发展，都具有重要的意义。

天然气生产中，需要在井口安装气体流量计，以便精确了解生产情况。气体流量计有很多种，如容积式、压差式、质量式、动量式、超声波气体流量计等。但是，对于天然气生产中的带液体的流量测量，仍然是个难题。测量的困难在于天然气中带有不等量的水和凝析油，使得大多数天然气流量计的测量误差比较大。研究开发测量精度高，设备简单，价格低廉的天然气/液体多相流量计对天然气生产具有非常重要的意义，可以极大地促进天然气计量技术的提高，提高天然气生产开发管理水平。

目前已经工业化的天然气脱水方法有：溶剂吸收法、固体吸附法、直接冷冻法、膜分离法等，其中普遍采用的是溶剂吸收法和固体吸附法。近年来，出现的超音速分离技术得到广泛重视，在国内外开始工业应用，前景广阔。

超音速涡流管分离技术是将膨胀降温、涡流式气液分离、再压缩等工艺集于一个密闭紧凑的装置系统内完成。与传统工艺相比，该系统具有密闭无泄漏、无需化学药剂、结构紧凑轻巧、简单可靠、支持无人值守等优点，该技术与常规处理工艺相比，可使投资和运行费用减少10%~25%。

在冬季，常发生输油输气管线冰堵，这给油气生产带来严重影响。近几年来，对于管线冰堵位置检测技术主要有以下几种方法：钻孔法、敲击法、理论数值分析法、超声波法、应力应变测试法、压力波分析法等。这些方法各有特点，解决了生产中的一些具体问题。但是，大多数方法需要时间较长，工作量大，或是测定精度低，不确定性较高。研究设备简单、准确可靠、快速经济地测定管线冰堵位置的测定方法和仪器设备，对天然气稳定生产具有特别重要的意义。

输送天然气的长输管道长期运行会使管线内水和凝析油越积越多，给集输带来很大的麻烦。积液量的增多会增加管道阻力和压力脉动，增加动力消耗；水的存在还会加速硫化氢、二氧化碳对管线的腐蚀，导致水合物的生成，使管线和设备堵塞。凝析油的析出同样会增加集输管道的阻力和压力波动，影响集输过程的安全性。因此，精确预测和测量输送管道内天然气和液体流量，测量天然气中的累计水含量和液量，高效排出液体对天然气集输的安全性和经济性有着重要的意义[5,6]。

为清除从气田带进管线的大量凝析油和污水，进行管道内部和内壁的清扫是十分必要的。清管工艺一向是管道施工和生产管理的重要工艺措施。清管器的主要用途是清除天然气管道中的凝析油以及积液，试压前管道充水，试压后排水，管道投产时隔离甲醇氮气段，管道内涂层敷设，管道停输前液体置换。

为了解决清管作业与管线产量的矛盾，苏里格气田采取了一种新型的清管技术——旁通清管技术。通过使用旁通清管器清管，有效控制单次清管的清出液量，从而确保清管过程中管线和下游生产设施的安全，同时，通过清管作业计算管线积液情况，制定湿气输送管道合理的清管周期，有效指导现场清管作业。

第二章 天然气管道内流体流动与热力学特性

第一节 天然气管道内流体流动基本方程

液体和气体虽同为流体,具有共性,但又各有特性。液体虽无一定的形状,但具有一定的体积,不易被压缩,在与气体的交界面上存在自由表面;气体既没有一定的形状,也没有一定的体积,易于被压缩,不存在自由表面。

在一定的外界条件下,根据组成物质的分子间距离和相互作用力强弱的不同,将物质划分为固体、液体和气体,而根据物质的受力和运动特性的不同,物质又可划分为固体和流体。流体包括液体和气体。固体既能承受法向力(包括压力和拉力),又能承受切向力,在弹性范围内作用力使固体产生有限的变形,作用力消失,变形消失,固体恢复到原来的形状;流体只能承受压力,不能承受拉力,在静止流体中只要有切向力的作用,不管它多么小,在足够大的时间内流体将产生连续不断的变形。这种变形就是我们所说的流动。因此,也称能流动的物质为流体[7-10]。

一、流体的物理性质

流体的物理性质有流动性、黏性、压缩性、扩散性和热传导性等,下面介绍其中的流动性、黏性和压缩性。

(一) 流体的流动性

静止流体在任意小的剪切力作用下,在足够大的时间内它将产生连续不断的变形,剪切力消失,变形停止,流体的这一性质就称为流动性。如容器中的水倾斜后将发生变形,直到水面呈水平状态,这时切向力消失。流动性是流体的固有属性,是流体与固体的根本区别。

(二) 流体的黏性

当两层流体之间有相对运动(即变形)时,其间也会产生阻碍相对运动的力。运动快的流层对运动慢的流层施加拉力,运动慢的流层对运动快的流层施加阻力,这一对内力称为流体的黏性内摩擦力,流体的这种抵抗相对运动的属性称为流体的黏性。黏性内摩擦力的产生有两个原因:一是两层流体间分子的吸引力;二是两层流体间分子的动量交换。对于液体,因分子间距离较小,内摩擦力主要取决于分子的吸引力。对于气体,因分子间距离较大,内摩擦力主要取决于分子间的动量交换。

常用流体的动力黏性系数 μ 及运动黏性系数 ν 来描述。黏性系数是物性参数,对于不同的流体,它的值不同。另外,它是用来度量流体抵抗变形运动能力的物理量,μ 的值越大,表明流体抵抗变形的能力越大,即流体越黏稠。

实验证实,黏性系数随压力变化不大,随温度变化较大。液体的黏性系数随温度的升高而减小，气体的黏性系数随温度的升高而增大。这是因为液体的黏性主要取决于分子间的吸引力，温度升高，液体分子振荡速度增加，容易克服保持它们位置的束缚，增大流动性，而气体的黏性主要取决于分子间的动量交换，温度增加，分子的热运动加剧，气体的黏性也就增加。

（三）流体的压缩性

流体的密度或容积随压力或温度变化而变化的性质称为流体的压缩性。真实流体都是可压缩的。

液体在通常压力或温度下的压缩变形很小。例如水的压力从 1atm 增加到 100atm 时，容积仅缩小 0.5%，温度从 20℃ 变化到 100℃，容积仅降低 4%。因此，通常把液体近似为不可压缩流体，即认为液体的密度为常数。但在某些问题中，例如水中爆炸、击水或研究水声的传播等问题中，必须考虑液体的压缩性。

气体的压缩性比液体大得多。气体密度随压力和温度的变化关系用热力学状态方程 $\rho=f(p,T)$ 来表示。常见的气体多数服从完全气体状态方程 $p=R\rho T$，其中 T 为绝对温度，R 为气体常数。

如果流体的密度只是压力的函数，即 $\rho=f(p)$，则称为正压流体。如等温过程 $p/\rho=C$、绝热过程 $p/\rho^k=C$ 的气体都属于正压流体，其中 k 为气体的绝热指数，C 是常数。

因此，在通常情况下气体作为可压缩流体处理。但是如果气体的速度远小于声速时，气体密度相对变化很小，可以把这种低速流动气体（如 $u<70m/s$）作为不可压缩流体处理。

二、流体运动的基本概念

（一）定常流动和非定常流动

流体在运动过程中，若物理量不随时间变化而变化，则称为定常流动，否则称为非定常流动。在定常流动中，物理量仅是空间坐标的函数。

流动是否定常与所选取的参考坐标系有关。例如，一艘小船在平静的湖面上作等速直线滑行时，站在船上的观察者（坐标系取在船上）看到船体周围的流动是定常的。而站在岸上（坐标系在大地上）的观察者看到的某一固定区域的流动却是非定常的，因为船经过该区域时，流动受扰而随时间变化。

（二）均匀流动和非均匀流动

流体在运动过程中，若物理量均不随空间位置变化而变化，则称为均匀流动或均匀场，否则称为非均匀流动或非均匀场。在均匀流动中，物理量仅是时间的函数。

1. 迹线

流体质点的运动轨迹称为迹线，是拉格朗日法描述流体运动的基础，就是质点的轨迹线方程，给定拉格朗日变数 a，b，c 就得到该质点的迹线。

2. 流线

流线是速度场的矢量线。任一时刻流体的速度在空间上是连续分布的，如果 t 时刻空间一条曲线在该曲线上任何一点 A 上的切线和 A 点处流体质点的速度方向相同，则称这条曲线为时刻 t 的流线。即在任意时刻 t，它上面每一点处曲线的切向量 $d\boldsymbol{r}=dx\boldsymbol{i}+dy\boldsymbol{j}+dz\boldsymbol{k}$ 都与该点的速度向量 $v(x,y,z,t)$ 相切。

其中时间 t 为参数，积分时作常数处理，表示 t 时刻的流场的速度分布情况。上式是由两个一阶常微分方程构成的方程组,积分得流场的流线谱,积分常数取不同的值表示不同的流线。

流线具有如下几个性质:

(1) 对于非定常流场,不同时刻通过同一空间点的流线一般不重合,对于定常流场,任何时刻通过同一空间点的流线都是相重合的。

(2) 同一时刻,过空间一点只有一条流线,这是因为同一时刻流场中一点处的速度只有一个值。换句话说,流线不能相交(速度等于零的驻点和速度等于无限大的奇点除外)。

(3) 流线直观地描绘了流场的速度分布,流线的走向反映了流速方向,流线的疏密程度反映了流速的大小分布。

迹线和流线都是用来描述流场几何特性的,它们最基本的差别是:迹线是同一流体质点在不同时刻的位移曲线,与拉格朗日观点相对应,而流线是同一时刻、不同流体质点速度向量的包络线,与欧拉观点相对应。在定常运动中,流线与迹线重合。

(三) 其他概念

1. 流管

在流场中取任一封闭曲线(不是流线),通过该封闭曲线的每一点作流线,这些无数流线所组成的管状的假想表面叫流管。

流管不能相交,流体质点不能穿过流管表面;在定常时,流程形状和位置不随时间变化而变化;非定常时,流管形状和位置可能随时间变化而变化。

2. 流束

流管内的全部流体为流束。流束的极限是一条流线。极限近于一条流线的流束为微元流束。

3. 总流

把流管取在运动液体的边界上,则边界内整股液流的流束称为总流。

4. 过流断面

流束中处处与速度方向相垂直的横截面称为该流束的过流断面。

5. 缓变流动

如果微小流束(流线)间的夹角及流束的曲率都非常小,这种流动称为缓变流动,反之称为急变流。缓变流的过流断面可看作是平面,急变流的过流断面是曲面。

6. 流量及流速

1) 流量

流量是指单位时间内通过某一过流断面的流体量,分为体积流量(q_v 或 Q,m^3/s 或 m^3/h)和质量流量(q_m,kg/s 或 kg/h)。

体积流量指单位时间内流经管道任意截面的流体体积:

$$q_v = \int_A \boldsymbol{v} \cdot \boldsymbol{n} \mathrm{d}A \tag{2-1}$$

质量流量指单位时间内流经管道任意截面的流体质量:

$$q_m = p\int_A \boldsymbol{v} \cdot \boldsymbol{n} \mathrm{d}A \tag{2-2}$$

体积流量和质量流量的关系:

$$q_{\mathrm{m}} = \rho q_{\mathrm{v}}$$

2）流速

（1）平均流速。

过流断面上各点的流速是不相同的，所以常采用一个平均值来代替各点的实际流速，称断面平均流速：

$$\bar{v} = \frac{q_{\mathrm{v}}}{A} = \frac{\int_A v \mathrm{d}A}{A} \quad (2-3)$$

（2）质量流速。

单位时间内流经管道单位截面积的流体质量：

$$G = \frac{q_{\mathrm{m}}}{A} = \frac{q_{\mathrm{v}} \rho}{A} = u\rho \quad (2-4)$$

（四）稳定流动与不稳定流动

稳定流动：各截面上的温度、压力、流速等物理量仅随位置变化，而不随时间变化的流动。

不稳定流动：流体在各截面上的有关物理量既随位置变化，也随时间变化的流动。

流体的流动形态分为层流、湍流和过渡流动。

（1）层流：流体分层流动，相邻两层流体间只作相对滑动，流层间没有横向混杂的流动状态。

（2）湍流（也称为紊流）：当流体流速超过某一数值时，流体不再保持分层流动，而可能向各个方向运动，有垂直于管轴方向的分速度，各流层将混淆起来，并有可能出现涡旋的流动状态。流体作湍流时所消耗的能量比层流多，湍流区别于层流的特点之一是它能发出声音。

（3）过渡流动：介于层流与湍流间的流动状态很不稳定。

雷诺数 $Re = \dfrac{\rho v r}{\eta}$（速度 v、密度 ρ、黏度 η、管子半径 r）决定黏性流体在圆筒形管道中的流动形态。通常当 $Re \leqslant 2000$ 时，为层流；当 $2000 < Re < 4000$ 时，为过渡流；当 $Re \geqslant 4000$ 时，为湍流。

三、工程流体力学基本方程

连续介质模型告诉我们：流体是由无数质点组成，而流体质点是连续的、彼此无间隙的充满空间。通常把由运动流体所充满的空间称为流场。表征流体运动的物理量，通称为流体的流动参数。

（一）连续性方程

对于稳定流动系统，在管路中流体没有增加和漏失的情况下对任意截面有：

$$m_{\mathrm{s}} = \rho_1 u_1 A_1 = \rho_1 u_2 A_2 = \cdots = \rho u A = 常数 \quad (2-5)$$

对于不可压缩性流体（ρ 为常数）有：

$$V_{\mathrm{s}} = u_1 A_1 = u_2 A_2 = \cdots = u A = 常数 \quad (2-6)$$

（二）能量方程（伯努利方程）

1. 实际流体的伯努利方程

实际流体在定常、重力场、不可压缩条件下，在流线上任意两点间可列出伯努利方程为：

$$z_1 + \frac{p_1}{\rho g} + \frac{v_1^2}{2g} = z_2 + \frac{p_2}{\rho g} + \frac{v_2^2}{2g} + \frac{1}{g}\int_1^2 f ds \qquad (2\text{-}7)$$

伯努利方程中各项的含义：z 代表单位重力流体的位能，或简称位置水头；$\frac{p}{\rho g}$ 表示单位重力流体的压能，或简称压强水头；$\frac{v^2}{2g}$ 表示单位重力流体的动能，或简称速度水头；$\frac{1}{g}\int_1^2 f ds$ 表示单位重力流体沿流线从 1 点流到 2 点克服黏性阻力所做的功，或损失的能量。

2. 黏性总流的伯努利方程

黏性流体在定常、重力场、不可压缩条件下，在流线上任意两点间可列出伯努利方程为：

$$z_1 + \frac{p_1}{\rho g} + \frac{v_1^2}{2g} = z_2 + \frac{p_2}{\rho g} + \frac{v_2^2}{2g} + \frac{1}{g}\int_1^2 f ds \qquad (2\text{-}8)$$

在实际工程中，遇到的往往是过流断面具有有限大小的流动，称之为总流。因此应将沿流线的伯努利方程推广到沿总流上去。将式（2-8）乘以 $\rho g dq_v$，然后对整个总流断面积分，这样就获得总流的能量关系式：

$$\int_{A_1}\left(\frac{p_1}{\rho g} + z_1 + \frac{v_1^2}{2g}\right)\rho g dq_v = \int_{A_2}\left(\frac{p_2}{\rho g} + z_2 + \frac{v_2^2}{2g}\right)\rho g dq_v + \int_A h'_f \rho g dq_v \qquad (2\text{-}9)$$

式中 $\int_A \left(\frac{p}{\rho g} + z\right)\rho g dq_v$ ——单位时间内通过断面 A 的势能总和；

$\int_A \frac{v^2}{2g}\rho g dq_v$ ——单位时间内通过断面 A 的动能总和；

$\int_A h'_f \rho g dq_v$ ——单位时间内流体克服摩擦阻力作功而消耗的机械能，该项不易通过积分确定，可令 $\int_A h'_f \rho g dq_v = \rho g h_f q_v$，则 h_f 表示总流中单位重力流体从断面 1-1 到断面 2-2 平均消耗的能量。

那么，断面 1-1 到断面 2-2 的伯努利方程为：

$$\left(\frac{p_1}{\rho g} + z_1\right)\rho g q_v + \frac{\alpha v_1^2}{2g}\rho g q_v = \left(\frac{p_2}{\rho g} + z_2\right)\rho g q_v + \frac{\alpha v_2^2}{2g}\rho g q_v + h_f \rho g q_v$$

即

$$z_1 + \frac{p_1}{\rho g} + \frac{\alpha v_1^2}{2g} = z_2 + \frac{p_2}{\rho g} + \frac{\alpha v_2^2}{2g} + h_f \qquad (2\text{-}10)$$

总流能量方程（即伯努利方程）在推导过程中的限制条件如下：

（1）恒定流；

(2) 不可压缩流体；
(3) 质量力只有重力；
(4) 所选取的两过水断面必须是渐变流断面，但两过流断面间可以是急变流；
(5) 总流的流量沿程不变；
(6) 两过水断面间除了水头损失以外，总流没有能量的输入或输出；
(7) 式中各项均为单位重力流体的平均能（比能），对流体总重的能量方程应各项乘以 $\rho g q_v$。

（三）恒定流动量方程

恒定流动量方程主要作用是解决作用力问题，特别是流体与固体之间的总作用力。

动量定律：作用于物体的冲量，等于物体的动量增量。即 $\sum F \mathrm{d}t = \mathrm{d}(mv)$。

恒定流动量方程式：$\sum F \mathrm{d}t = \mathrm{d}(mv) = a_{02}\rho_2 Q_2 v_2 - a_{01}\rho_1 Q_1 v_1$。方程是以断面平均流速模型建立的，实际的流速是不均匀分布的，所以用动量修正系数 α 修正。

将物质系统的动量定理应用于流体时，动量定理的表述形式是：对于恒定流动，所取流体段（简称流段，它是由流体构成的）的动量在单位时间内的变化，等于单位时间内流出该流段所占空间的流体动量与流进的流体动量之差；该变化率等于流段受到的表面力与质量力之和，即外力之和。

（四）流体流动阻力

流动阻力的大小与流体本身的物理性质、流动状况及壁面的形状等因素有关。管路系统主要由两部分组成，一部分是直管，另一部分是管件、阀门等。相应流体流动阻力也分为直管阻力和局部阻力两种。

直管阻力：流体流经一定直径的直管时由于内摩擦而产生的阻力。

局部阻力：流体流经管件、阀门等局部地方由于流速大小及方向的改变而引起的阻力。

1. 流体在直管中的流动阻力

1) 阻力的表现形式

流体在水平等直径管中作定态流动。

伯努利方程：

$$z_1 g + \frac{1}{2}u_1^2 + \frac{p_1}{\rho} = z_1 g + \frac{1}{2}u_2^2 + \frac{p_2}{\rho} + W_f \tag{2-11}$$

因是直径相同的水平管，则

$$u_1 = u_2; \quad z_1 = z_2$$

所以

$$W_f = \frac{p_1 - p_2}{\rho} \tag{2-12}$$

若管道为倾斜管，则

$$W_f = \left(\frac{p_1}{\rho} + z_1 g\right) - \left(\frac{p_2}{\rho} + z_2 g\right) \tag{2-13}$$

由此可见，无论是水平安装还是倾斜安装，流体的流动阻力均表现为静压能的减少，仅当水平安装时，流动阻力恰好等于两截面的静压能之差。

2) 直管阻力的通式

由压力差而产生的推动力为 $(p_1-p_2)\dfrac{\pi d^2}{4}$，力的方向与流体流动方向相同。

流体的摩擦力为 $F=\tau A=\tau\pi dl$，力的方向与流体流动方向相反。

流体在管内作定态流动，在流动方向上所受合力必定为零，即：

$$(p_1-p_2)\dfrac{\pi d^2}{4}=\tau\pi dl$$

整理得

$$p_1-p_2=\dfrac{4l}{d}\tau \tag{2-14}$$

$$W_f=\dfrac{4l}{d\rho}\tau \tag{2-15}$$

把能量损失 W_f 表示为动能 $\dfrac{u^2}{2}$ 的某一倍数，有：

$$W_f=\dfrac{8\tau}{\rho u^2}\dfrac{l}{d}\dfrac{u^2}{2} \tag{2-16}$$

令

$$\lambda=\dfrac{8\tau}{\rho u^2}，则$$

$$W_f=\lambda\dfrac{l}{d}\dfrac{u^2}{2} \tag{2-17}$$

式（2-17）为流体在直管内流动阻力的通式，称为范宁（Fanning）公式。式中 λ 为无量纲系数，称为摩擦系数或摩擦因数，与流体流动的 Re 及管壁状况有关。

根据伯努利方程的其他形式，也可写出相应的范宁公式表示式。

压头损失：

$$h_f=\lambda\dfrac{l}{d}\dfrac{u^2}{2g} \tag{2-18}$$

压力损失：

$$\Delta p_f=\lambda\dfrac{l}{d}\dfrac{\rho u^2}{2} \tag{2-19}$$

值得注意的是，压力损失 Δp_f 是流体流动能量损失的一种表示形式，与两截面间的压力差 $\Delta p=(p_1-p_2)$ 意义不同，只有当管路为水平时，二者才相等。

应当指出，范宁公式对层流与湍流均适用，只是两种情况下摩擦系数 λ 不同。以下对层流与湍流时摩擦系数 λ 分别讨论。

3) 层流时的摩擦系数

流体在直管中作层流流动时，将平均速度 $u=\dfrac{1}{2}u_{max}$ 及 $R=\dfrac{d}{2}$ 代入式（2-19）中，可得：

$$\Delta p_\mathrm{f} = \frac{32\mu l u}{d^2} \quad (2\text{-}20)$$

式（2-20）称为哈根—泊谡叶（Hagen-Poiseuille）方程，是流体在直管内作层流流动时压力损失的计算式。

流体在直管内层流流动时能量损失或阻力的计算式为：

$$W_\mathrm{f} = \frac{32\mu l u}{\rho d^2} \quad (2\text{-}21)$$

表明层流时阻力与速度的一次方成正比。

式（2-21）也可改写为：

$$W_\mathrm{f} = \frac{32\mu l u}{\rho d^2} = \frac{64\mu}{d\rho u} \cdot \frac{l}{d} \cdot \frac{u^2}{2} = \frac{64}{Re} \cdot \frac{l}{d} \cdot \frac{u^2}{2} \quad (2\text{-}22)$$

将式（2-21）与式（2-22）比较，可得层流时摩擦系数的计算式：

$$\lambda = \frac{64}{Re} \quad (2\text{-}23)$$

即层流时摩擦系数 λ 是雷诺数 Re 的函数。

4）湍流时的摩擦系数

湍流时摩擦系数 λ 是 Re 和相对粗糙度 $\frac{\varepsilon}{d}$ 函数，如图 2-1 所示，称为莫狄（Moody）摩擦系数图。

根据 Re 不同，图 2-1 可分为 4 个区域：

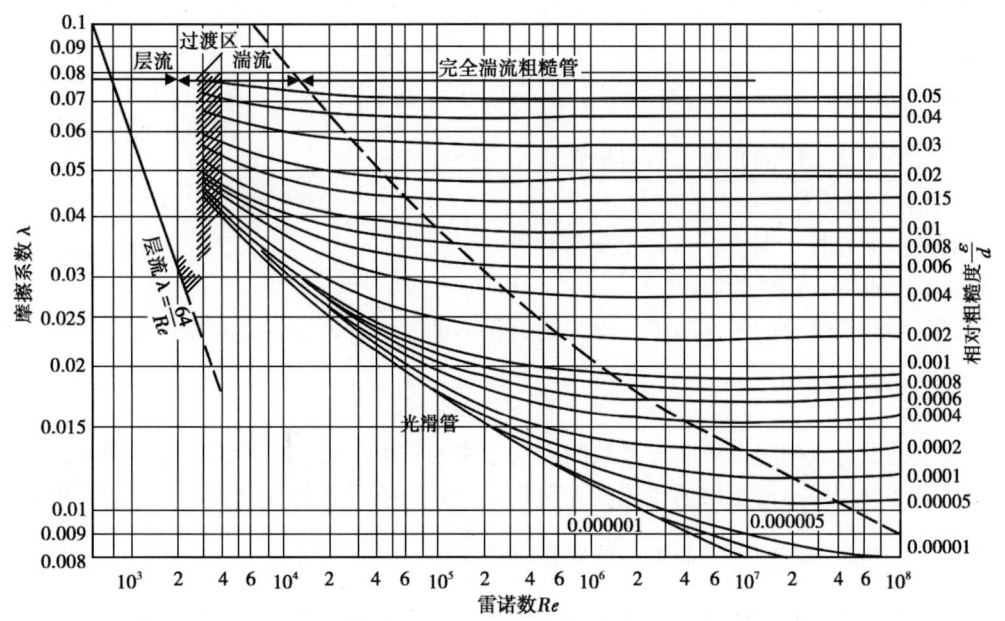

图 2-1　摩擦系数 λ 与雷诺数 Re 及相对粗糙度 $\frac{\varepsilon}{d}$ 的关系

(1) 层流区（$Re \leq 2000$）：λ 与 $\dfrac{\varepsilon}{d}$ 无关，与 Re 为直线关系，即 $\lambda = \dfrac{64}{Re}$，此时 $W_f \propto u$，即 W_f 与 u 的一次方成正比。

(2) 过渡区（$2000 < Re < 4000$）：在此区域内层流或湍流的 λ—Re 曲线均可应用，对于阻力计算，宁可估计大一些，一般将湍流时的曲线延伸，以查取 λ 值。

(3) 湍流区（$Re \geq 4000$ 以及虚线以下的区域）：此时 λ 与 Re、$\dfrac{\varepsilon}{d}$ 都有关，当 $\dfrac{\varepsilon}{d}$ 一定时，λ 随 Re 的增大而减小，Re 增大至某一数值后，λ 下降缓慢；当 Re 一定时，λ 随 $\dfrac{\varepsilon}{d}$ 的增加而增大。

(4) 完全湍流区（虚线以上的区域）：此区域内各曲线都趋近于水平线，即 λ 与 Re 无关，只与 $\dfrac{\varepsilon}{d}$ 有关。对于特定管路 $\dfrac{\varepsilon}{d}$ 一定，λ 为常数，根据直管阻力通式可知，$W_f \propto u^2$，所以此区域又称为阻力平方区。从图 2-1 中也可以看出，相对粗糙度 $\dfrac{\varepsilon}{d}$ 愈大，达到阻力平方区的 Re 值愈低。

对于湍流时的摩擦系数 λ，除了用 Moody 图查取外，还可以利用一些经验公式计算。这里介绍适用于光滑管的勃劳修斯（Blasius）公式：

$$\lambda = \dfrac{0.3164}{Re^{0.25}} \tag{2-24}$$

其适用范围为 Re 为 $(5 \sim 100) \times 10^3$。此时能量损失 W_f 约与速度 u 的 1.75 次方成正比。

考莱布鲁克（Colebrook）公式：

$$\dfrac{1}{\sqrt{\lambda}} = 1.74 - 2\lg\left(\dfrac{2\varepsilon}{d} + \dfrac{18.7}{Re\sqrt{\lambda}}\right) \tag{2-25}$$

此式适用于湍流区的光滑管与粗糙管直至完全湍流区。

5）管壁粗糙度对摩擦系数的影响

光滑管：玻璃管、铜管、铅管及塑料管等。

粗糙管：钢管、铸铁管等。

管道壁面凸出部分的平均高度，称为绝对粗糙度，以 ε 表示。绝对粗糙度与管径的比值即 $\dfrac{\varepsilon}{d}$，称为相对粗糙度。

管壁粗糙度对流动阻力或摩擦系数的影响，主要是由于流体在管道中流动时，流体质点与管壁凸出部分相碰撞而增加了流体的能量损失，其影响程度与管径的大小有关，因此在摩擦系数图中用相对粗糙度 $\dfrac{\varepsilon}{d}$，而不是绝对粗糙度 ε。

流体作层流流动时，流体层平行于管轴流动，层流层掩盖了管壁的粗糙面，同时流体的流动速度也比较缓慢，对管壁凸出部分没有什么碰撞作用，所以层流时的流动阻力或摩擦系数与管壁粗糙度无关，只与 Re 有关。

流体作湍流流动时，靠近壁面处总是存在着层流内层。如果层流内层的厚度 δ_L 大于管壁的绝对粗糙度 ε，即 $\delta_L > \varepsilon$ 时，如图 2-2（a）所示，此时管壁粗糙度对流动阻力的影响与层流时相近，此为水力光滑管。随 Re 的增加，层流内层的厚度逐渐减薄，当 $\delta_L < \varepsilon$ 时，如图 2-2（b）所示，壁面凸出部分伸入湍流主体区，与流体质点发生碰撞，使流动阻力增加。当 Re 大到一定程度时，层流内层可薄得足以使壁面凸出部分都伸入湍流主体中，质点碰撞加剧，致使黏性力不再起作用，而包括黏度 μ 在内的 Re 不再影响摩擦系数的大小，流动进入了完全湍流区，此为完全湍流粗糙管。

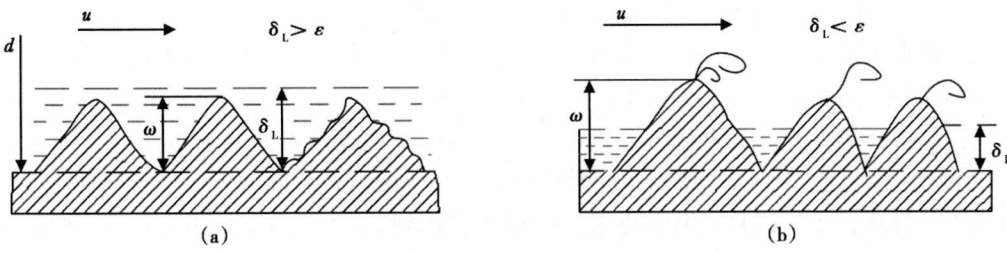

图 2-2　流体流过壁面的情况

6）非圆形管道的流动阻力

对于非圆形管内的湍流流动，仍可用在圆形管内流动阻力的计算式，但需用非圆形管道的当量直径代替圆管直径。当量直径定义为：

$$d_e = 4 \times \frac{\text{流通截面积}}{\text{润湿周边}} = 4 \times \frac{A}{\Pi} \tag{2-26}$$

对于套管环隙，当内管的外径为 d_1，外管的内径为 d_2 时，其当量直径为：

$$d_e = 4 \frac{\frac{\pi}{4}(d_2^2 - d_1^2)}{\pi d_2 + \pi d_1} = d_2 - d_1 \tag{2-27}$$

对于边长分别为 a、b 的矩形管，其当量直径为：

$$d_e = 4 \frac{ab}{2(a+b)} = \frac{2ab}{a+b} \tag{2-28}$$

在层流情况下，当采用当量直径计算阻力时，还应对式（2-24）进行修正，改写为：

$$\lambda = \frac{C}{Re} \tag{2-29}$$

式中　C——无量纲常数。

当量直径只用于非圆形管道流动阻力的计算，而不能用于流通面积及流速的计算。

2. 局部阻力

局部阻力有两种计算方法：阻力系数法和当量长度法。

1）阻力系数法

克服局部阻力所消耗的机械能，可以表示为动能的某一倍数，即：

$$W'_f = \zeta \frac{u^2}{2} \tag{2-30}$$

或

$$h'_f = \zeta \frac{u^2}{2g} \tag{2-31}$$

式中　ζ——局部阻力系数，一般由实验测定。

常用管件及阀门的局部阻力系数可查取。注意当管截面突然扩大和突然缩小时，式（2-30）及式（2-31）中的速度 u 均以小管中的速度计。

当流体自容器进入管内，$\zeta_{进口} = 0.5$，称为进口阻力系数；当流体自管子进入容器或从管子排放到管外空间，$\zeta_{进口} = 1$，称为出口阻力系数。

当流体从管子直接排放到管外空间时，管出口内侧截面上的压强可取为与管外空间相同，但出口截面上的动能及出口阻力应与截面选取相匹配。若截面取管出口内侧，则表示流体并未离开管路，此时截面上仍有动能，系统的总能量损失不包含出口阻力；若截面取管出口外侧，则表示流体已经离开管路，此时截面上动能为零，而系统的总能量损失中应包含出口阻力。由于出口阻力系数 $\zeta_{进口} = 1$，两种选取截面方法计算结果相同。

2) 当量长度法

将流体流过管件或阀门的局部阻力，折合成直径相同、长度为 l_e 的直管所产生的阻力为：

$$W'_f = \lambda \frac{l_e}{d} \frac{u^2}{2} \tag{2-32}$$

或

$$h'_f = \lambda \frac{l_e}{d} \frac{u^2}{2g} \tag{2-33}$$

式中　l_e——管件或阀门的当量长度。

同样，管件与阀门的当量长度也是由实验测定，有时也以管道直径的倍数 l_e/d 表示。

3. 流体在管路中的总阻力

前已说明，管路系统是由直管和管件、阀门等构成，因此流体流经管路的总阻力应是直管阻力和所有局部阻力之和。计算局部阻力时，可用局部阻力系数法，亦可用当量长度法。对同一管件，可用任一种计算，但不能用两种方法重复计算。

当管路直径相同时，总阻力：

$$\sum W_f = W_f + W'_f = \left(\lambda \frac{l}{d} + \sum \zeta \right) \frac{u^2}{2} \tag{2-34}$$

或

$$\sum W_f = W_f + W'_f = \lambda \frac{l + \sum l_e}{d} \frac{u^2}{2} \tag{2-35}$$

式中　$\sum \zeta$——管路中所有局部阻力系数之和；

$\sum l_e$——管路中当量长度之和。

若管路由若干直径不同的管段组成时,各段应分别计算,再求和。

第二节　天然气管线的压力降计算

管内流体的压力降主要由摩擦压力降、静压力降、速度压力降和局部压力降4部分组成。摩擦压力降会受到众多因素的影响,对于单相流体,影响因素包括管道几何参数、内壁粗糙度、流体密度、流体黏度以及流体流速等。而对于气液两相流动,除上述影响因素外,气液之间的比率及相互作用也会对摩擦压力降产生影响;静压力降由管道出口与入口之间的高度差产生,在计算时要考虑到管路倾角的影响;如果管路入口与出口截面积不同,则会导致管内流体流速发生变化而产生速度压力降,速度压力降在总体压降中所占的比例通常很小,工程中为简化计算忽略不计;局部压力降是由于管内流体流经阀门、弯头等管件所产生的,通常使用当量长度法或阻力系数法进行计算。

含湿天然气集输管路,管内流体可能为单相气体或气液两相流体,可根据管内积液计算的结果进行判断,对于单相流体和两相流体要采取不同的压力降计算方法。如果管内为单相气体流动,采用可压缩流体管道压力降计算方法分别对摩擦压力降、静压力降和局部压力降进行计算;如果管内为气液两相流体,计算方法较为复杂。

对于管道内流动的流体,压力损失包括三项:
(1) 摩擦损失。
(2) 静压力损失。
(3) 动压力损失。

在这三项中,动压力损失相对其他两项非常小,所以在实际情况下常常被忽略。

在所有的压力损失计算过程中,静压力损失和摩擦压力损失是分别计算,然后再相加在一起求出总压力损失。关于计算压力损失的已发表的公式可以归为两类,即"单相流动"和"多相流动"。

一、单相流动压力损失

根据不同的运行条件和试验结果,有很多的单相流动公式存在。一般来说,它们仅仅考虑摩擦损失项,并且适用于水平流动。

对于气体流动:Panhandle 公式和改良的 Panhandle 公式,Weymouth 公式和范宁公式。

然而,除了摩擦损失,在考虑了给定的静压力损失后,这些公式也可以用于垂直或者倾斜管道流动。所以,即使公式仅仅被设计用于水平流动,只要在公式中加入静压力损失项,这些公式也能被用于垂直流动。这种方法是严谨的,并且已经用于所有的气田管网集输系统分析优化软件计算公式中。但是为了识别,所有的公式名称依然保持不变。例如,虽然 Panhandle 公式只是设计用于水平流动,公式已经考虑了静压力损失,所以它适用于所有方向流动。

1. 单相摩擦损失

有两种不同类型的计算摩擦损失 (Δp_f) 的方法。第一类方法包括了 Panhandle 公式,改良的 Panhandle 公式和 Weymouth 方法,它们被美国天然气协会(AGA)所采用。这些公式仅仅用于单相气体。它们采用了简化的摩擦系数和流动效率,并且都有下面相似的格式:

$$p_1 = \left[p_2^2 + \kappa \left(\frac{Q}{E}\right)^\alpha \left(\frac{p}{T}\right)^\beta \left(\frac{G^v}{D^v}\right) T_a Z_a L \right]^{1/2} \quad (2-36)$$

式中 p_1, p_2——分别是管道上游和下游的压力，psi；

Q——参考温度和压力下的气体流量，ft^3/d；

E——管线效率因子；

p——参考压力，14.65psi；

T——参考温度，520°R；

G——气体重度，lb/ft^3；

D——管道的内管径，in；

T_a——平均流动温度，°F；

Z_a——平均气体可压缩因子；

L——管道长度，mile；

κ, α, β, γ, v——常数。

另外一类方法是基于摩擦系数的定义（穆迪或者范宁），通过范宁公式给出：

$$\Delta p_f = \frac{2f\rho v^2 L}{gD} \quad (2-37)$$

式中 Δp_f——由于摩擦影响造成的压力损失，psi；

f——范宁摩擦系数（它是雷诺数的函数）；

ρ——密度，lb/ft^3；

v——平均速度，ft/s；

L——管道长度，ft；

g——重力加速度，32.2ft/s^2；

D——内管径，in。

公式（2-37）既可以用于单相气体（范宁气体），也可以用于单相液体（范宁液体）。

2. 单相摩擦系数（f）

单相摩擦系数可以通过 Chen（1979）的公式获得，公式代表了范宁摩擦系数图标。

$$\frac{1}{\sqrt{f}} = -4.01\lg\left[0.2698\left(\frac{k}{D}\right)\right] - \frac{5.0452}{Re}\lg\left[0.3539\left(\frac{k}{D}\right)^{1.1098} + \frac{5.8506}{Re^{0.8981}}\right] \quad (2-38)$$

式中 f——摩擦系数；

k——绝对表面粗糙度，in；

k/D——相对表面粗糙度；

Re——雷诺数。

3. 单相静压力项

通过简单的加入静压力损失，静压力损失（Δp_{HH}）可以应用到所有的公式。对于所有的情况，静压力损失的定义如下：

$$\Delta p_{HH} = \rho g h \quad (2-39)$$

式中　ρ——流体密度，lb/ft^3；
　　　g——重力加速度，32.2ft/s^2；
　　　h——垂直的高度差，它可以是正值或者负值，mile。

对于任何一种气体，密度会随着压力变化。所以为了计算静压力损失或者补充，管道或者井筒会被分段，这样在每一段中可以假设气体的密度是定值。

二、多相流动压力损失

多相流动压力损失计算式是平行于单相流动压力损失计算的另外一种计算。本质上讲，每一个多相流动计算公式通过对静压力损失和摩擦压力损失的特定修正使得它们适用于不同的多相流动条件。

摩擦压力损失可以通过以下几种方法修正，例如调节摩擦系数、密度以及速度从而考虑多相流动的混合物理特性。在美国天然气协会（AGA）所采用的公式中（Panhandle 公式，改良的 Panhandle 公式和 Weymouth 方法），是通过调节流动效率来修正的。

静压力损失的计算是通过定义混合密度来修正的。而混合密度是通过局部持液率的计算来确定的。一些公式在确定持液率时是根据所定义的流动形态。而且一些公式（例如 Flanigan 公式）忽略了在下坡流动中的压力恢复，在这种情况下，垂直高度被定义为上坡段的总和，而不是"净高度的变化"。

多相压力损失的计算公式分为两类。

第一类方法是结合了美国天然气协会所采用的公式，这些公式是对于管线内气体流动的，以及 Flanigan 多相流公式。这类方法可以用于气液多相流或者是单相的气体流动。但是它们不能用于单相的液体流动。如果管道偏离水平位置超过 10°，这类方法将会给出错误的结果。基于这个原因，这些公式仅适用于水平管道。

第二类（例如 Beggs and Brill，Hagedorn and Brown，Gray）方法是基于范宁摩擦压力损失公式。这些公式可以用于气液多相流、单相气体或者单相液体流动，因为在单相模式下，公式恢复为范宁公式。Beggs and Brill 是一个多目标公式，它由气液混合的垂直、水平以及倾斜上坡和倾斜下坡流动的实验数据得到。Gray 公式是根据生产凝析油和水的垂直气井的现场数据得到。最后 Hagedorn and Brown 公式来自于流动垂直油井的现场数据。

因为 Gray 公式和 Hagedorn and Brown 公式是根据垂直井的数据得到，所以它们可能不适用于水平管道。

（一）多相静压力损失

静压力差是由重力作用而产生的压力损失（或者增益）项。只有当从管道入口到出口存在高度差时，这一项才会变得重要。根据参考压力的不同，这个压力差可以是正值或者负值，例如在垂直方向进口高于出口，或者出口高于进口。在所有情况下，不管使用什么符号约定，静水压力的计算的贡献必须是这样，即它能使在其下端的压力高于在其上端的。

静压力差的计算按照式（2-40）：

$$\Delta p_{\text{HH}} = \frac{g}{g_c}\rho\Delta Z \qquad (2\text{-}40)$$

式中　Δp_{HH}——静压力差，psi；

ΔZ——垂直高度差,mile;

ρ——流体或者混合物的局部密度,lb/ft³;

g——重力加速度,32.2ft/s²;

g_c——转换系数,32.2 (lb·ft) / (lb·s²)。

应用以上公式计算静水压头时唯一的困难时如何确定合适的密度值(ρ)。

注意:对于水平管,$\Delta Z=0$,所以没有静压力损失。

(二) 应用于静压力差计算时的密度

计算密度的方法取决于流体是可压缩或者不可压缩的。遵循以下规则:

(1) 对于单相液体,计算流体密度非常容易。密度就是液体的密度。

(2) 对于单相气体,因为气体是可压缩的,所以密度随着压力的变化而变化。因此在计算密度时必须分步进行,从而在每一小步允许密度随压力变化。

(3) 对于多相流,密度计算变得更加复杂,因为这种计算式基于局部混合密度,也就是根据持液率。持液率,或者局部液体所占比率由多相流公式获得,计算包含了许多参数,包括气体和液体流量,以及管道直径。注意这个计算不同于摩擦压力损失中的密度计算。

(三) 多相摩擦压力损失

在管道流动中,摩擦压力损失是由于流体的黏性剪切应力影响造成的。摩擦压力损失在流动方向总是正值。它与静压力损失结合构成了总压力损失。

摩擦压力损失可以使用范宁摩擦系数计算:

$$\Delta p_f = \frac{2f\rho v^2 L}{g_c D} \quad (2-41)$$

式中 Δp_f——摩擦压力损失,psi;

f——范宁摩擦系数;

ρ——当地密度,lb/ft³;

v——当地速度,ft/s;

L——管道长度,ft;

g_c——转换系数,32.2 (lb·ft) / (lb·s²);

D——管道内径,in。

如果使用穆迪摩擦系数公式,那么式 (2-41) 中的常数 2 将会出现在分母中。式 (2-41) 中的摩擦系数、密度和速度将分别讨论。

1. 多相流摩擦系数

多相流摩擦系数可以通过多相流公式获得。这些公式既依赖于气体和液体的流量,又依赖于标准的范宁(单相)摩擦系数图表。在计算摩擦系数时,根据两相混合物的密度、黏度和速度的定义,有不同的方法计算雷诺数。

2. 应用于摩擦系数计算时的密度和速度

在压力损失公式中包含流体密度的有三处,分别是静压力损失、摩擦压力损失和雷诺数的计算。

对于单相液体,计算流体密度非常容易,密度就是液体的密度。

对于单相气体,因为气体是可压缩的,所以密度随着压力的变化而变化。因此在计算密度时必须分步进行，从而在每一小步允许密度随压力变化。

对于多相流，在计算摩擦压力损失时，不同的公式有不同的密度定义。体积比率是用来计算混合密度的。

应用于摩擦系数计算时的速度：体积流量除以管道横截面积所得到的速度，在多相流中被定义为表观速度。

对于单相液体，这个速度等于液体的速度。

对于单相气体，速度随着压力的变化而变化。因此在计算速度时必须分步进行，从而在每一小步允许速度随压力变化。

对于多相流，速度可以是表观液相速度，表观气相速度或者是表观混合速度。

3. 多相流的基本定义

多相流使得压力损失计算变得非常复杂，这是因为计算中必须考虑每一相流体的物理特性。另外相与相之间的相互影响也必须考虑。计算中常常使用混合特性，因此需要确定整个管道中的气液局部体积比率。通常多相流公式运用于两相而不是三相。这是因为油和水被结合起来作为单一相处理，而气体则作为另外一相。下面列出了一些关于多相流的基本定义。

1）表观速度

多相流中，每一相的表观速度定义为该相的体积流量除以管道的横截面积，因此：

$$v_{sl}=\frac{Q_L}{\frac{\pi}{4}D^2}, \quad v_{sg}=\frac{Q_G B_g}{\frac{\pi}{4}D^2} \tag{2-42}$$

式中 B_g——气体所占的体积系数；
D——管道的内径，in；
Q_G——标准情况下测量的气体流量，ft^3/d；
Q_L——液体流量，ft^3/d；
v_{sg}——气相的表观速度，ft/s；
v_{sl}——液相的表观速度，ft/s。

利用油、水和气的体积比率可以将管道中标准条件下的流量转化为当前条件下的流量。

因为每一相所占的实际管道横截面积总是小于整个管道的横截面积，所以每一相的表观速度总是小于每一相的实际局部速度。

2）持液率影响

当两相或者多相存在于管道中时，由于不同的密度和黏度，它们会有不同的局部速度，通常密度小的相会流动得更快。这就会造成所谓的滑移或者持液影响，这意味着每一相的局部体积含量会不同于管道的输入体积含量。

3）局部体积含量（持液率）

局部体积含量（E_L或者H_L）通常由多相流公式计算。因为相与相之间存在的滑移现象，局部体积含量与输入体积含量有很大的不同。例如，单相气体在含水的井筒中，虽然输入体积含量$C_L=0$（仅仅生产单相气体），但是持液率$E_L>0$（井筒含有水）。

局部体积含量被定义为：

$$E_L=\frac{A_L}{A} \tag{2-43}$$

式中　A_L——液相所占的横截面积，in^2；
　　　A——管道总的横截面积，in^2。

4）输入体积含量

输入体积含量的定义为：

$$C_L = \frac{Q_L}{Q_L + Q_G B_g} \tag{2-44}$$

$$C_G = \frac{Q_G B_g}{Q_L + Q_G B_g} \tag{2-45}$$

式中　B_g——气体所占体积系数；
　　　C_G——输入气体体积含量；
　　　C_L——输入液体体积含量；
　　　Q_G——标准条件下的气体流量，ft^3/d；
　　　Q_L——现有压力和温度条件下的液体流量，ft^3/d。

注意：Q_L是当前温度和压力条件下的液体流量，而类似的，$Q_G B_g$是当前压力温度条件下的气体流量。

输入体积含量，C_L和C_G作为已知量，常常被用来调校多相流经验公式。

5）混合速度

混合速度是另外一个在多相流公式中常常用到的参数。

$$v_m = v_{sg} + v_{sl} \tag{2-46}$$

式中　v_{sg}——气体表观速度，ft/s；
　　　v_{sl}——液体表观速度，ft/s；
　　　v_m——混合速度，ft/s。

6）混合黏度

混合黏度是指混合物的局部黏度，它有许多不同的定义方式。通常，在没有特别说明的情况下，它的定义如下：

$$\mu_m = \mu_L E_L + \mu_G E_G = \mu_L E_L + \mu_G(1 - E_L) \tag{2-47}$$

式中　E_L——局部液体体积含量（持液率）；
　　　E_G——局部气体体积含量；
　　　μ_m——混合黏度，$lb/(ft \cdot s)$；
　　　μ_L——液体黏度，$lb/(ft \cdot s)$；
　　　μ_G——气体黏度，$lb/(ft \cdot s)$。

注意：混合黏度是根据局部体积含量定义的，而无滑移黏度是根据输入体积含量定义的。

7）混合密度

混合密度是指混合物的局部密度，它的定义如下：

$$\rho_m = \rho_L E_L + \rho_G E_G = \rho_L E_L + \rho_G(1 - E_L) \tag{2-48}$$

式中 ρ_m——混合密度，lb/ft³；
ρ_L——液体密度，lb/ft³；
ρ_G——气体密度，lb/ft³。

注意：混合密度是根据局部体积含量定义的，而无滑移密度是根据输入体积含量定义的。

8）无滑移密度

无滑移密度是根据两相具有相同的局部速度的假设计算得到的。因此它的定义如下：

$$\rho_{NS} = \rho_L C_L + \rho_G C_G = \rho_L C_L + \rho_G(1 - C_L) \tag{2-49}$$

式中 C_L——输入液体体积含量；
C_G——输入气体体积含量；
ρ_{NS}——无滑移密度，lb/ft³。

注意：无滑移密度是根据输入体积含量定义的，而混合密度是根据局部体积含量定义的。

9）无滑移黏度

无滑移黏度是根据两相具有相同的局部速度的假设计算得到的。它有许多不同的定义方式。通常，在没有特别说明的情况下，它的定义如下：

$$\mu_{NS} = \mu_L C_L + \mu_G C_G = \mu_L C_L + \mu_G(1 - C_L) \tag{2-50}$$

式中 μ_{NS}——无滑移黏度，lb/(ft·s)。

10）表面张力

存在于气液两相之间的表面张力对于两相压降计算的影响非常小。但是在一些压降计算公式中，需要用到表面张力去求解一些无量纲数。Baker 和 Swerdloff，以及 Hough 和 Beggs 给出了一些关于油气和气水间表面张力的经验计算公式。

下面公式给出了在 74℉ 和 280℉ 时的气水界面张力：

$$\sigma_{w(74)} = 75 - 1.108 p^{0.349} \tag{2-51}$$

$$\sigma_{w(280)} = 53 - 0.1048 p^{0.537} \tag{2-52}$$

其中 $\sigma_{w(74)}$——74℉时的界面张力，dyn/cm；
$\sigma_{w(280)}$——280℉时的界面张力，dyn/cm；
p——压力，psi。

如果温度高于 280℉，使用 280℉ 的值；如果温度低于 74℉，使用 74℉ 的值；如果温度位于两者之间，采用线性插值法求值。

4. Beggs and Brill 方法

对于多相流，有很多公式仅仅适用于垂直流动或者水平流动。而适用于所有油气操作中碰到的流动情况的公式却很少，这些流动情况包括上坡、下坡、水平、倾斜和垂直流动。Beggs and Brill 公式（1973）是已经发表的能够解决所有流动情况公式中的一种。它是根据 1~1.5in 管道与水平方向存在不同角度情况开发的。

Beggs and Brill 公式可以同时求解摩擦压力损失和静压力损失。首先，需要根据气体和液体的流量确定合适的流型，这些流型包括了分层流、塞状流和分散泡状流。然后根据流型可以计算持液率以及局部气液混合密度,并进一步得到静压力损失。而两相摩擦系数可以根据输入的气液比例和范宁摩擦系数求得,然后摩擦压力损失可以根据输入的气液混合物性得到。

如果仅仅是单相流动,Beggs and Brill 公式将会降级为范宁气体公式或者范宁液体公式。

1) 流型图

不同于 Gray 或者 Hagedorn and Brown 公式,Beggs and Brill 公式要求确定流型。因为最初创建的流型图已经得到修正。这里,将使用修正的流型图来计算。修改后的公式的过渡线定义如下:

$L_1^* = 316 C_L^{0.302}$

$$L_2^* = 0.0009252 C_L^{-2.4684} \tag{2-53}$$

$L_3^* = 0.1 C_L^{-1.4516}$

$L_4^* = 316 C_L^{0.302}$

根据代表性的流型图或者下面的条件,流动类型可以很容易的确定,其中

$$Fr_m = \frac{v_m^2}{gD} \tag{2-54}$$

(1) 分层流:

$C_L < 0.01$,并且 $Fr_m < L_1^*$;

或者 $C_L \geq 0.01$,并且 $Fr_m < L_2^*$。

(2) 塞状流:

$0.01 \leq C_L < 0.04$,并且 $L_3^* < Fr_m \leq L_1^*$;

或者 $C_L \geq 0.4$,并且 $L_3^* < Fr_m \leq L_4^*$。

(3) 分散泡状流:

$C_L < 0.4$,并且 $Fr_m \geq L_1^*$;

或者 $C_L \geq 0.4$,并且 $Fr_m > L_4^*$。

(4) 间歇流:

$C_L \geq 0.01$,并且 $L_2^* < Fr_m \leq L_3^*$。

2) 静压力损失

一旦确定了流型就可以计算持液率。Beggs and Brill 公式将持液率计算分为两部分。首先计算水平流动的持液率 $E_L(0)$。然后针对倾斜流动对这个持液率进行修正。$E_L(0)$ 必须大于等于 C_L,而如果 $E_L(0)$ 小于 C_L,则给 $E_L(0)$ 赋值为 C_L。对不同的流型,有不同的持液率计算方法:

分层流:

$$E_L(0) = \frac{0.98 C_L^{0.4846}}{Fr_m^{0.0868}} \tag{2-55}$$

塞状流:

$$E_L(0) = \frac{0.845 C_L^{0.5351}}{Fr_m^{0.0173}} \tag{2-56}$$

分散泡状流：

$$E_L(0) = \frac{1.065 C_L^{0.5824}}{Fr_m^{0.0609}} \tag{2-57}$$

间歇流：

$$E_L(0)_{transition} = A E_L(0)_{segregated} + B E_L(0)_{intermittent} \tag{2-58}$$

其中

$$A = \frac{L_3^* - Fr_m}{L_3^* - L_2^*}, \quad B = 1 - A$$

一旦水平局部液体体积比率确定了，那么实际液体体积比率可以通过给 $E_L(0)$ 乘以系数 $B(\theta)$ 得到：

$$E_L(\theta) = B(\theta) \times E_L(0) \tag{2-59}$$

其中

$$B(\theta) = 1 + \beta \left[\sin(1.8\theta) - \frac{1}{3}\sin^3(1.8\theta) \right]$$

β 是流型、管道倾斜方向（上坡流或下坡流）、液体的速度数 N_{vl} 和混合物弗劳德数 Fr_m 的函数。液体的速度数定义为：

$$N_{vl} = 1.938 v_{sl} \left(\frac{\rho_L}{g\sigma} \right)^{1/4} \tag{2-60}$$

（1）对于上坡流动：

分层流：

$$\beta = (1 - C_L) \ln \left[\frac{0.011 N_{vl}^{3.539}}{C_L^{3.768} Fr_m^{1.614}} \right] \tag{2-61}$$

塞状流：

$$\beta = (1 - C_L) \ln \left[\frac{2.96 C_L^{0.305} Fr_m^{0.0978}}{N_{vl}^{0.4473}} \right] \tag{2-62}$$

分散泡状流：

$$\beta = 0 \tag{2-63}$$

（2）对于下坡流动：

$$\beta = (1 - C_L) \ln \left[\frac{4.7 N_{vl}^{1.1244}}{C_L^{0.3692} Fr_m^{0.5056}} \right] \tag{2-64}$$

适合所有流型。

注意：β 必须大于等于零，如果计算得到的 β 为负值，它将会被赋值为零。

一旦得到了持液率，可以用它计算混合密度，然后进一步计算由于管道或油井垂直部分产生的静压力损失：

$$\Delta p_{HH} = \frac{\rho_m g \Delta z}{144 g_c} \tag{2-65}$$

3) 摩擦压力损失

计算摩擦压力损失的第一步是计算经验参数 S。S 的值由以下条件确定：

如果 $1<y<1.2$，则

$$S=\ln(2.2y-1.2) \quad (2-66)$$

否则

$$S = \frac{y}{-0.0523 + 3.18y - 0.872y^2 + 0.01853y^4} \quad (2-67)$$

5. 范宁气体公式（多步 Cullender and Smith 方法）

结合范宁摩擦系数压力损失（Δp_f）和静压力损失（Δp_{HH}）可以得到总压力损失。根据下面的标准公式，范宁气体公式可以计算单相气体的静压力损失和摩擦压力损失。

这个压力降公式适用于所有倾斜角度的管道。当应用于垂直井筒时，它相当于 Cullender and Smith 方法。

1) 范宁气体——摩擦压力损失

范宁公式被认为是最通用的计算摩擦压力损失的单相公式。它使用 Knudsen 和 Katz 1958 年发表的摩擦系数图表，这些图表示雷诺数和管道相对粗糙度的函数。这些图表也被称为穆迪图表。本书使用 1979 年 Chen 发表的范宁摩擦系数的公式表达方式：

$$\frac{1}{\sqrt{f}} = -4.0\lg\left[0.2698\left(\frac{k}{D}\right)\right] - \frac{5.0452}{Re}\lg\left[0.3539\left(\frac{k}{D}\right)^{1.1098} + \frac{5.8506}{Re^{0.8981}}\right] \quad (2-68)$$

式中　D——管道内径，ft；

　　　f——范宁摩擦系数；

　　　k/D——相对粗糙度；

　　　Re——雷诺数；

使用这个方法计算范宁摩擦系数时，对单相气体和单相液体是相同的。

2) 范宁气体——静压力损失

在计算静压力损失时，对于气体和液体是不同的，这是因为气体是可压缩的，它的密度会随着压力和温度变化，而对液体来说这种变化可以忽略不计，所以可以假设液体密度为常数。计算静压力损失的方法定义为：

$$\Delta p_{HH} = \frac{\rho_m g \Delta z}{144 g_c} \quad (2-69)$$

式中　g——重力加速度，32.2ft/s^2；

　　　g_c——转换系数，32.2（lb·ft）/（lb·s²）；

　　　Δp_{HH}——静压力损失，psi；

　　　Δz——高度差，ft。

因为气体密度随压力变化，计算必须分多步完成，这样允许气体密度随压力变化。

6. Flanigan 相关公式

Flanigan 公式是 Panhandle 单相公式向多相流的扩展。它是在考虑了液体存在所造成的附加压力损失情况下开发而成的。这个公式是基于气体管线中的少量冷凝水的经验公式。为了考虑液体，Flanigan 方法建立了 Panhandle 公式中的流动效率是表观气体速度和液体与气体比率的函数的关系。同时，Flanigan 方法还开发了持液率系数用来考虑在倾斜上升流动中的静压力损失。

在气田管网集输系统分析优化软件（TC）中，根据 Panhandle 和修正 Panhandle 相关公式，分别得到了 Flanigan 相关公式和修正 Flanigan 相关公式。

1）Flanigan——摩擦压力损失

在 Flanigan 相关公式中，通过图 2-3 来调节 Panhandle 效率（E），从而实现了在液体存在条件下的摩擦压力损失计算。

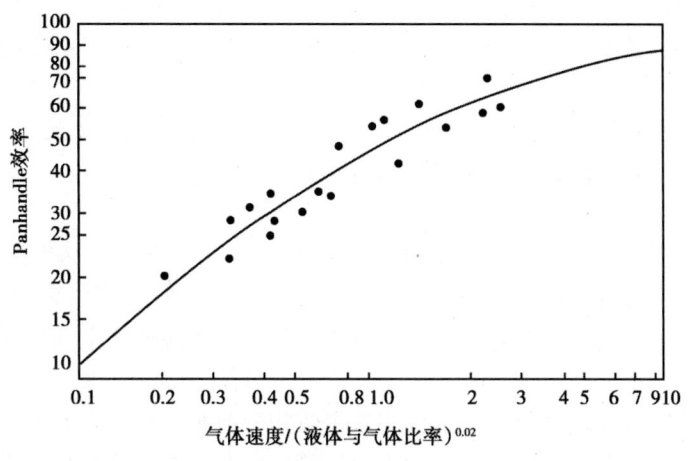

图 2-3　Panhandle 效率（E）调节

注意：当气体速度较高或者液体对气体的比率较低时，Panhandle 效率可以达到 85%。

2）Flanigan——静压力损失

当计算静压力损失时，Flanigan 相关公式忽略了下坡流动。而因为液体含量造成的静水压头损失可以根据式（2-70）计算：

$$\Delta p_{HH} = \rho_L \frac{g}{144 g_c} E_L \sum h_i \qquad (2-70)$$

式中　Δp_{HH}——静压力损失，psi；
　　　ρ_L——液体密度，lb/ft³；
　　　g_c——转换系数，32.2（lb·ft）/（lb·s²）；
　　　E_L——Flanigan 持液系数（原位液体体积分数）；
　　　h_i——垂直"上升"的各个部分的管道，ft。

Flanigan 持液系数是使用式（2-71）计算的：

$$E_L = \frac{1}{1 + 0.3264 v_{sg}^{1.006}} \qquad (2-71)$$

式中　V_{sg}——气体表观速度，ft/s。

Flanigan 静压力损失计算（包括气体静压力损失）是根据式（2-72）在每一段管道中

实现的：

$$\Delta p_{HH} = [\rho_g(1 - E_L) + \rho_L E_L]\frac{g}{144g_c}h \quad (2-72)$$

式中　g——重力加速度 32.2ft/s^2；

　　　h——管道的垂直"上升"部分，ft。

3）修正 Flanigan 相关公式

修正 Flanigan 公式是修正 Panhandle 单相公式向多相流的扩展。它是在考虑了液体存在所造成的附加压力损失情况下开发而成的。这个公式是基于气体管线中的少量冷凝水的经验公式。为了考虑液体，Flanigan 方法建立了 Panhandle 公式中的流动效率是表观气体速度和液体与气体比率的函数的关系。同时，Flanigan 方法还开发了持液率系数用来考虑在倾斜上升流动中的静压力损失。

在气田管网集输系统分析优化软件（TC）中，根据 Panhandle 和修正 Panhandle 相关公式，分别得到了 Flanigan 相关公式和修正 Flanigan 相关公式。

7. Gray 方法

Gray 相关公式是 H. E. Gray 在 1978 年专门针对湿气井开发的。尽管这个公式是针对垂直流动开发的，但是通过修正，用户可以用它进行垂直和倾斜管道压降计算。为了修正水平方向的压力降，静水压头只被施加到管道的垂直分量，而摩擦压力损失则施加到管子的整个长度上。

首先计算局部液体体积分数，然后使用这个体积分数去计算混合密度，接着计算静压力损失。而输入的气液混合物理特性则被用来计算管道的有效粗糙度。这个有效粗糙度结合固定的雷诺数 10^7 可以求出范宁摩擦系数。每一步具体的操作可以以下步骤进行。

1）Gray——静压力损失

Gray 相关公式使用 3 个无量纲数结合起来去求解局部液体体积分数。这 3 个无量纲数是：

$$N_1 = \frac{\rho_{NS}^2 v_m^4}{g\sigma(\rho_L - \rho_G)} \quad (2-73)$$

$$N_2 = \frac{gD^2(\rho_L - \rho_G)}{\sigma} \quad (2-74)$$

$$N_3 = 0.0814\left[1 - 0.05541\ln\left(1 + \frac{730R_v}{R_v + 1}\right)\right] \quad (2-75)$$

其中

$$R_v = \frac{v_{sl}}{v_{sg}}$$

式中　D——管道内径，ft；

　　　g——重力加速度，32.2ft/s^2；

　　　v_{sl}——液体表观速度，ft/s；

　　　v_{sg}——气体表观速度，ft/s；

ρ_G——气体密度,lb/ft³;

ρ_L——液体密度,lb/ft³;

ρ_{NS}——无滑移密度,lb/ft³;

σ——气液表面张力,lb/s²。

然后它们按照下面方式结合起来:

$$E_L = 1 - (1 - C_L) \times (1 - e^{f_1}) \tag{2-76}$$

式中 C_L——输入液体体积分数;

E_L——局部液体体积分数;

$$f_1 = -2.314\left[N_1\left(1 + \frac{205}{N_2}\right)\right]^{N_3}$$

一旦得到了液体持液率(E_L),就可以利用它求解混合密度(ρ_m)。接着可以利用混合密度计算由管道或井筒中垂直部分静水压头造成的压力损失。

$$\Delta p_{HH} = \rho_m \frac{g}{144g_c}\Delta Z \tag{2-77}$$

式中 ρ_m——混合密度,lb/ft³。

2) Gray——摩擦压力损失

在 Gray 相关公式中,假设管道的有效粗糙度(k_e)依赖于 R_v 的值。它们的关系如下:

如果 $R_v \geqslant 0.007$,那么 $k_e = k°$

如果 $R_v \geqslant 0.007$,那么 $k_e = k + R_v\left(\dfrac{k° - k}{0.007}\right)$

其中

$$k° = \frac{28.5\sigma}{\rho_{NS}v_m^2}\left(\frac{-k}{0.007}\right), \quad R_v = \frac{v_{sl}}{v_{sg}}$$

式中 k——绝对粗糙度,in;

k_e——有效粗糙度,in。

有效粗糙度必须不小于 2.77×10^{-5}。

管道相对粗糙度等于有效粗糙度除以管道直径。而范宁摩擦系数可以在假设雷诺数为 10^7 的条件下根据 Chen 的公式求得。最后,摩擦压力损失的表达式为:

$$\Delta p_f = \frac{2f_{tp}v_m^2\rho_{NS}L}{144g_cD} \tag{2-78}$$

式中 Δp_f——摩擦压力损失,psi;

f_{tp}——两相摩擦系数;

g_c——转换系数,32.2lb·ft/(lb·s²)。

8. Hagedorn and Brown 相关公式

Hagedorn and Brown 相关公式是根据 1500ft 深的垂直油井的试验数据建立的。测量压力的流动管道外径范围从 1～1.5in。试验中采用了较大范围的液体流量和气液比率。使用 Hagedorn and Brown 公式可以计算水平和倾斜管道流动的压力损失。

修正的 Hagedorn and Brown 方法（Economides 等人，1994）还可以适用于泡状流型的流动。当泡状流存在时，格里芬相关公式被用来计算局部体积比率，同时它还被用来计算摩擦压力损失。如果没有泡状流存在，则采用原始的 Hagedorn and Brown 相关公式计算局部液体体积比率。一旦局部体积比率确定了，用它与输入体积比率比较，如果局部体积比率小于输入体积比率，则令局部体积比率等于输入体积比率（$E_L = C_L$）。接着，根据局部体积比率计算混合密度，然后根据混合密度计算静压力损失。而摩擦压力损失的计算必须结合使用局部以及输入的气液混合物性。

9. Panhandle 相关公式

最初的 Panhandle 相关公式是由燃气处理供应商协会在 1980 年针对单相气体水平管道流动开发的。因此在 Panhandle 方程中只考虑了摩擦压力损失。但是在本软件中，应用标准方程计算由管道垂直部分造成的静压力损失，所以 Panhandle 相关公式可以计算包括水平、倾斜和垂直的管道流动。但是 Panhandle 公式只能用于计算单相气体流动。

10. 特纳（Turner）公式

当生产的天然气中含有水或者冷凝水时，在给定的流动压力、温度和管径条件下，可以确定一个提升液体的最低气体流量。而这些计算式根据特纳相关公式。

1968 年在内布拉斯加州的奥马哈市举行的 SPE 天然气技术研讨会中，R. G. Turner 等人首先提出了特纳相关公式。这个公式计算了将液体提升出井筒的最低气体流量，因此常常被称为液体提升公式或者提升液体的临界流量计算公式。

特纳相关公式假设在井筒中自由流动的液体所形成的液滴在气流中悬浮。有两种力施加在这些液滴上。第一种力是向下拉扯液滴的重力作用，而第二种力是流动气体所施加的向上的拖拽力。如果气体的速度足够大，将会把液滴携带到地表。反之，它们将会下沉并聚集在井底。这个关系式是根据液滴理论建立的。根据理论计算结果和现场参数的比较，理论公式添加了 20% 的修正系数。通常这个关系式非常准确并且通过非常容易得到的油田数据进行校对。因此它被广泛地用于石油行业。模型验证的流量达到大约 $130×10^4$ bbl。特纳相关公式适用于井筒中所产生的自由液体和自由凝析油。

下面给出了最小气体速度的计算公式：

$$v_{g(water)} = \frac{5.62 \cdot (67 - kp)^{0.25}}{(kp)^{0.5}} \tag{2-79}$$

$$v_{g(wcondensate)} = \frac{4.02(45 - kp)^{0.25}}{(kp)^{0.5}} \tag{2-80}$$

$$k = \frac{2.693G}{ZT} \tag{2-81}$$

式中　G——气体重度，lb/ft^3；

　　　k——计算中间变量；

　　　p——压力，psi；

T——温度，°R；

v_g——提升液体的最小气体速度，ft/s；

Z——可压缩系数。

根据最小气体流速，下面给出了提升自由液体所需的最小气体流量：

$$q_g = \frac{3.06 p v_g A}{ZT} \tag{2-82}$$

式中 A——流动横截面积，ft²；

q_g——气体流量，10^6ft³/d。

11. Weymouth 相关公式

这个关系式类似于 Panhandle 和修正的 Panhandle 关系式。它是被设计用来管道中单相气体流动计算的。同样的，它也只能计算摩擦压力损失。但是在计算软件中，应用计算静压力损失的标准方程去考虑垂直井筒部分的压力损失。Weymouth 关系式可以用于水平、倾斜和垂直的单相气体管道流动。

三、气田管网集输系统分析优化软件（TC）应用

目前国内外学者对于管内气液两相流压降计算方法研究有很多，但是由于不同研究的适用条件有所差别，所以很难应用一种计算方法得到较好的计算结果，对目前应用较广泛的计算公式进行了比较，针对不同管路倾角和管内流型，采用不同的计算方法。在计算摩擦压力降时，对于分层流或环状流使用 Xiao-Brill 公式中计算摩擦压力降部分，对于段塞流或气泡流使用 Mukherjee-Brill 公式中计算摩擦压力降部分；在计算静压力降时，对于上升管使用 Flanigan 公式计算精度较高，而对于下降管，管内为分层流或环状流时使用 Xiao-Brill 公式中计算静压力降部分，管内为段塞流或气泡流时使用 Mukherjee-Brill 公式中计算静压力降部分；在计算局部压力降时，使用当量长度法，见表 2-1。

表 2-1 压力降计算方法

流体相态	压力降	管路	流型	计算方法
单相气体	全部	全部	无	可压缩流体管道压力计算公式
气液两相	摩擦压力降	全部	分层流、环状流	Xiao-Brill 公式中计算摩擦压力降部分
			段塞流、泡状流	Mukherjee-Brill 公式中计算摩擦压力降部分
	静压力降	上升管	全部	Flanigan 公式
		下降管	分层流、环状流	Xiao-Brill 公式中计算静压力降部分
			段塞流、气泡流	Mukherjee-Brill 公式中计算静压力降部分
	局部压力降	全部	全部	当量长度法

一、单相气体压力损失

1. 摩擦压力降

在输气工程中，为了提高输送量，流体都处于湍流区，摩擦系数的数值可根据管道粗糙度，由图 2-1 获得。对于较长的输气管道，若管内流体为含湿气体，通常将查得的摩擦系

数乘以 1.2，以补偿管内腐蚀引起的摩擦损失，所以摩擦压力降计算公式应为：

$$\Delta p_f = \frac{1.2\lambda L}{D} \cdot \frac{u^2 \rho}{2} \quad (2\text{-}83)$$

静压力降：

$$\Delta p_s = (Z_2 - Z_1)\rho g \quad (2\text{-}84)$$

式中 Δp_s——静压力降，Pa；
Z_2，Z_1——管道出口、入口标高，m；
g——重力加速度，9.8m/s²。

2. 局部压力降

对于流体流经阀门、管件等产生的局部压力降，选择当量长度法进行计算。该方法将所计算管件折算为直管的当量长度，即可得到与摩擦压力降计算公式形式相同的计算式，常用阀门及管件的当量长度可由工程手册查表得出。

$$\Delta p_e = \frac{\lambda \sum L_e}{D} \cdot \frac{u^2 \rho}{2} \quad (2\text{-}85)$$

式中 L_e——阀门、管件当量长度，m。

综上所述，可得出单相气体管道压力降计算公式：

$$\Delta p = \Delta p_f + \Delta p_e + \Delta p_s = \frac{\lambda(\sum L_e + L)}{D} \cdot \frac{u^2 \rho}{2} + (Z_2 - Z_1)\rho g \quad (2\text{-}86)$$

二、气液两相压力降计算

1. 摩擦压力降 Xiao-Brill 计算公式

Xiao-Brill 公式可以计算所有管段中分层流和环状流的摩擦压力降，下面对计算公式进行简要介绍。

分层流摩擦压力降计算公式：

$$\frac{dp_f}{dL} = \frac{\tau_{wl} s_l + \tau_{wg} s_g}{A} \quad (2\text{-}87)$$

式中 τ_{wl}，τ_{wg}——液相、气相与管道壁面剪切应力，N/m²；
s_l，s_g——液相、气相与管道壁面接触弧长，m；
A——管道横截面积，m²。

式（2-89）中各个参数按式（2-88）计算：

$$\tau_{wl} = f_l \frac{\rho_l u_l^2}{2} \quad (2\text{-}88)$$

$$\tau_{wg} = f_g \frac{\rho_g u_g^2}{2} \quad (2\text{-}89)$$

$$\tau_i = 0.0142\frac{\rho_g u_g^2}{2} \tag{2-90}$$

式中 f_l，f_g——液相、气相范宁摩擦系数；

ρ_l，ρ_g——液体、气体密度，kg/m^3。

根据 Xiao-Brill 模型，可得出液相、气相与管壁接触弧长计算公式：

$$s_l = \frac{D\alpha}{2} \tag{2-91}$$

$$s_g = \frac{D(2\pi - \alpha)}{2} \tag{2-92}$$

式中 α——气液相界面对应圆心角，rad；

D——管道内径，m。

气液相界面接触长度：

$$s_i = D\sin\frac{1}{2}\alpha \tag{2-93}$$

范宁摩擦系数根据雷诺数的不同而计算：

当 Re 不大于 2000 时：

$$f = \frac{16}{Re} \tag{2-94}$$

当 Re 大于 2000 时：

$$\frac{1}{\sqrt{f}} = 3.48 - 4\lg\left(\frac{2\varepsilon}{D} + \frac{9.35}{Re\sqrt{f}}\right) \tag{2-95}$$

式中 ε——绝对粗糙度，m。

当雷诺数大于 2000 时，范宁摩擦系数的计算公式较为复杂，为了以后便于编程计算，对该公式进行分析后可以发现，范宁系数 f 为单调函数并且随雷诺数的增加而减小，所以，可使用二分法求解该公式中 f 的值。

2. 环状流摩擦压力降计算公式

Xiao-Brill 模型计算环状流压力降时，认为管道内液相会在壁面上形成一层均匀的液膜；管道中心处的气体中含有液滴，按均质流体处理。根据上述假设，此时摩擦压力降主要由管内液膜与管壁之间的相互作用产生，其计算公式为：

$$\frac{dp_f}{dL} = \frac{\tau_{wl} s_l}{A} \tag{2-96}$$

式中 τ_{wl}——液膜与管道壁面剪切应力，N/m^2。

$$s_l = \pi D \tag{2-97}$$

$$\tau_{wl} = f_f\frac{\rho_l u_f^2}{2} \tag{2-98}$$

$$u_f = \frac{u_{sl}(1-F_e)}{4\dfrac{\delta}{D}\left(1-\dfrac{\delta}{D}\right)} \tag{2-99}$$

计算液膜范宁摩擦系数时，使用分层流模型中的相同的计算公式，但液膜雷诺数计算与分层流中不同：

$$Re_f = \frac{\rho_l u_f D_f}{\mu_l} \tag{2-100}$$

$$D_f = \frac{4\delta(D-\delta)}{D} \tag{2-101}$$

式中　u_f——液膜流速，m/s；
　　　f_f——液膜范宁摩擦系数；
　　　δ——液膜厚度，m；
　　　F_e——液体夹带率；
　　　D_f——液膜当量直径，m。

环状流模型气液两相接触周长计算式：

$$s_i = \pi D\left(1-2\frac{\delta}{D}\right) \tag{2-102}$$

液膜面积计算式：

$$A_f = \pi D^2\left[\frac{\delta}{D} - \left(\frac{\delta}{D}\right)^2\right] \tag{2-103}$$

气芯面积计算式：

$$A_g = \frac{\pi}{4}D^2\left[1-2\frac{\delta}{D}\right]^2 \tag{2-104}$$

3. Mukherjee-Brill 压力降计算公式

Mukherjee-Brill 公式可以计算所有管段中段塞流和气泡流的摩擦压力降，下面对计算公式进行简要介绍。

$$\frac{\mathrm{d}p_f}{\mathrm{d}L} = \frac{f_m \rho_m u_m^2/(2DA)}{1-[\rho_l H_l + \rho_g(1-H_l)]u_m u_{sg}/p} \tag{2-105}$$

式中　H_l——持液率；
　　　f_m——沿程摩阻系数；
　　　ρ_m——混合流体密度，kg/m³；
　　　u_m——混合流体流速，m/s；
　　　D——管路内径，m；
　　　A——过流断面面积，m²；
　　　ρ_l，ρ_g——液体、气体密度，kg/m³；
　　　u_{sg}——气体折算流速，m/s；
　　　p——管内平均压力，Pa。

无滑脱雷诺数：

$$Re_{ns} = \frac{u_m \rho_{ns} D}{\mu_{ns}} \tag{2-106}$$

无滑脱混合物密度：

$$\rho_{ns} = \lambda_1 \rho_1 + (1-\lambda_1) \rho_g \tag{2-107}$$

无滑脱混合物黏度：

$$\mu_{ns} = \lambda_1 \mu_1 + (1-\lambda_1) \mu_g \tag{2-108}$$

无滑脱持液率：

$$\lambda_1 = \frac{u_{sl}}{u_m} \tag{2-109}$$

式中 u_{sl}——液体折算流速，m/s；

ρ_1、ρ_g——液体、气体密度，kg/m³；

D——管道内径，m；

μ_1、μ_g——液体、气体动力黏度，Pa·s。

对于段塞流和气泡流，沿程摩阻系数 f_m 可用无滑脱摩阻系数 f_{ns} 替换，其数值根据无滑脱雷诺数的值按不同的公式计算：

当 $Re_{ns} \leq 2300$ 时：

$$f_{ns} = \frac{64}{Re_{ns}} \tag{2-110}$$

当 $Re_{ns} > 2300$ 时：

$$f_{ns} = \left[1.14 - 2\lg\left(\frac{k_e}{D} + \frac{21.25}{Re_{ns}^{0.9}}\right)\right]^{-2} \tag{2-111}$$

式中 k_e——管壁绝对粗糙度，m。

1) 静压力降

(1) 上升管。

上升管使用 Flanigan 公式计算其静压力降：

$$\frac{dp_s}{dL} = \rho_1 g (1 + 1.0785 u_{sg}^{1.006})^{-1} \tag{2-112}$$

(2) 下降管。

对于下降管，根据不同的流型采用 Xiao-Brill 或 Mukherjee-Brill 公式计算其静压力降。

分层流静压力降计算公式：

$$\frac{dp_s}{dL} = \left(\frac{A_1}{A}\rho_1 + \frac{A_g}{A}\rho_g\right) g\sin\theta \tag{2-113}$$

根据 Xiao-Brill 模型，可计算液相以及气相的横截面积：

$$A_1 = \frac{1}{8}\alpha D^2 - \frac{D^2 \sin\alpha}{8} \tag{2-114}$$

$$A_{\mathrm{g}} = \frac{1}{8}(2\pi - \alpha)D^2 + \frac{D^2\sin\alpha}{8} \tag{2-115}$$

式中　θ——管路倾角，rad；

　　　A_1，A_{g}——液相、气相截面积，m^2；

环状流静压力降计算公式：

$$\frac{\mathrm{d}p_{\mathrm{s}}}{\mathrm{d}L} = \left(\frac{A_{\mathrm{f}}}{A}\rho_1 + \frac{A_{\mathrm{g}}}{A}\rho_{\mathrm{g}}\right)g\sin\theta \tag{2-116}$$

式中　A_{f}——液膜截面积，m^2。

$$A_{\mathrm{f}} = \pi D^2 \left[\frac{\delta}{D} - \left(\frac{\delta}{D}\right)^2\right] \tag{2-117}$$

段塞流和气泡流静压力降计算公式：

$$\frac{\mathrm{d}p_{\mathrm{s}}}{\mathrm{d}L} = -\frac{[\rho_1 H_1 + \rho_{\mathrm{g}}(1 - H_1)]g\sin\theta}{1 - [\rho_1 H_1 + \rho_{\mathrm{g}}(1 - H_1)]u_{\mathrm{m}}u_{\mathrm{sg}}/p} \tag{2-118}$$

式中　θ——管路倾角，rad。

2）局部压力降

局部压力降同样使用当量长度法进行计算，其计算公式与单相气体局部压力降计算公式相同，公式中参数取气液两相的平均值。工程中为了提高系统安全性，通常会将所计算出的结果乘以安全系数3。

第三节　热力学的焓熵概念

热力学主要从总体上去研究物质所处的状态及其变化规律，状态参数的全部或一部分发生变化，即表明物质所处的状态发生了变化。物质状态变化也必然可由状态参数的变化标志出来。状态参数一旦完全确定，工质状态也就确定了。因而，状态参数是热力系统状态的单值函数，它的值取决于给定的状态，而与如何达到这一状态的途径无关。状态参数的这一特性表现在数学上是点函数，其微元差是全微分，而全微分沿闭合路线的积分等于零。

一个热力系统，如果在不受外界影响的条件下系统的状态能够始终保持不变，则系统的这种状态称为平衡状态。倘若组成热力系统的各部分之间没有热量的传递，系统就处于热的平衡；各部分之间没有相对位移，系统就处于力的平衡。同时具备了热和力的平衡，系统就处于热力平衡状态。处于不平衡状态的系统，由于各部分之间的传热和位移，其状态将随时间而改变，改变的结果一定是传热和位移逐渐减弱，直至完全停止。因此，不平衡状态的系统，在没有外界条件的影响下总会自发地趋于平衡状态。

相反地，若系统受到外界影响，则就不能保持平衡状态。例如，系统和外界间因温度不平衡而产生的热量交换，因压力不平衡而产生的功的交换，都会破坏系统原来的平衡状态。系统和外界间相互作用的最终结果，必然是系统和外界共同达到一个新的平衡状态。

由上可见，只有在系统内或系统与外界之间一切不平衡的作用都不存在时，系统的一切宏观变化方可停止，此时热力系统所处的状态才是平衡状态。对于处于热力平衡状态下的气体（或液体），如果略去重力的影响，那么气体内部各处的性质是均匀一致的，各处的温度、压力、比体积等状态参数都应相同。

热能和机械能的相互转化必须通过工质的状态变化过程才能完成，而在实际设备中进行的这些过程都是很复杂的。首先，一切过程都是平衡被破坏的结果，工质和外界有了热和力的不平衡才促使工质向新的状态变化，故实际过程都是不平衡的。若过程进行地相对缓慢，工质在平衡被破坏后自动回复平衡所需的时间，即所谓弛豫时间又很短，工质有足够的时间来恢复平衡，随时都不致显著偏离平衡状态，那么这样的过程就叫作准平衡过程。相对弛豫时间来说，准平衡过程是进行得无限缓慢的过程，准平衡过程又叫作准静态过程。

热的平衡和力的平衡是互相关联的，只有工质与外界的压差和温差均为无限小的过程才是准平衡过程。如果在过程中还有其他作用存在，实现准平衡过程还必须加上其他相应条件。在热力学中，工质，如天然气所具有的能量是用焓来表示。在一个系统中，进入系统的能量和离开系统的能量之差等于系统中储存的增加能量。工质所具有的能量用焓来表示：

$$h = u + pV = f(p, V) \tag{2-119}$$

式中　u——热力学能；

　　　p——压力；

　　　V——体积。

在任一平衡状态下，u、p 和 V 都有一定的值，焓 h 也有一定的值，而与达到这一状态的路径无关。这符合状态参数的基本性质，满足状态参数的定义，因而焓是一个状态参数，具备状态参数的一切特点。h 可以表示成 p 和 V 的函数。焓也可以表示成另外两个独立状态参数的函数，即：

$$h = f(p, T), \quad h = f(T, V) \tag{2-120}$$

据状态参数的特性，有：

$$\Delta h_{1-a-2} = \Delta h_{1-b-2} = \int_1^2 dh = h_2 - h_1 \tag{2-121}$$

理想气体是一种实际上不存在的假想气体，其分子是无弹性的、不具体积的质点；分子间相互没有作用力。在这两点假设条件下，气体分子的运动规律极大地简化了。对此简化了的物理模型，不但可定性地分析气体的某些热力学现象，而且可定量地导出状态参数间存在的简单函数关系。

众所周知，高温低压的气体密度小、比体积大，若大到分子本身体积远小于其活动空间，分子间平均距离远到作用力极其微弱的状态就很接近理想气体。因此，理想气体是气体压力趋近于零、比体积趋近于无穷大时的极限状态。一般来说，氩、氖、氦、氢、氧、氮、一氧化碳等的临界温度低的单原子或双原子气体，在温度不太低、压力不太高时均远离液态，接近理想气体假设条件。因而，氧气、氮气、氢气、一氧化碳等及其混合气体，如空气、燃气、烟气等工质，在通常使用的温度、压力下都可作为理想气体处理，误差一般都在工程计算允许的精度范围之内。如空气在室温下压力达 10MPa 时，按理想气体状态方程计算的比体积误差在 1% 左右。

状态参数熵是从热力学第二定律而得出的，它在热力学理论及热工计算中都有着重要作用。像状态参数焓一样，熵也是以数学形式给以定义的，即：

$$ds = \frac{\delta q_{rev}}{T} \tag{2-122}$$

式中 δq_{rev}——1kg 工质在微元可逆过程中与热源交换的热量

T——传热时工质的热力学温度；

ds——此微元过程中 1kg 工质的熵变，称为比熵变。

对于理想气体，将可逆过程热力学第一定律解析式 $\delta q = c_p dT - Vdp$ 和状态方程 $pV = R_g T$ 代入熵的定义式，可以得：

$$ds = \frac{c_p dT - Vdp}{T} = c_p \frac{dT}{T} - R_g \frac{dp}{p} \tag{2-123}$$

式（2-123）积分得出熵的变化量：

$$\Delta s_{1-2} = \int_{T_1}^{T_2} c_p \frac{dT}{T} - R_g \ln \frac{p_2}{p_1} \tag{2-124}$$

熵是状态参数，可用其他任意两个独立的状态参数表示。式（2-124）是以 p、T 表示的熵变量计算式，也是应用最广的形式。同样也可导出以 V、T 或 p、V 表示的计算式。将 $\delta q = c_v dT + pdV$ 和 $p = \frac{R_g T}{V}$ 代入熵定义式，得：

$$ds = \frac{c_v dT + pdV}{T} = c_v \frac{dT}{T} + R_g \frac{dV}{V}$$

$$\Delta s_{1-2} = \int_{T_1}^{T_2} c_v \frac{dT}{T} + R_g \ln \frac{V_2}{V_1} \tag{2-125}$$

若以状态方程式 $pV = R_g T$ 的微分形式 $\frac{dp}{p} + \frac{dV}{V} = \frac{dT}{T}$ 和迈耶公式代 $c_v = c_p - R_g$ 代入，稍加整理后得出：

$$ds = c_v \frac{dp}{p} + c_p \frac{dV}{V} \tag{2-126}$$

$$\Delta s_{1-2} = \int_{p_1}^{p_2} c_v \frac{dp}{p} + \int_{v_1}^{v_2} c_p \frac{dV}{V} \tag{2-127}$$

热力学计算中，一般要求确定初、终态熵的变化量。选择精确的真实比热容经验式 $c_p = f(T)$，可算得熵变的精确值。温度变化范围不大或近似计算时，按定值比热容可使计算简化，这时熵变近似为：

$$\Delta s_{1-2} = c_p \ln \frac{T_2}{T_1} - R_g \ln \frac{p_2}{p_1}$$

$$\Delta s_{1-2} = c_v \ln \frac{T_2}{T_1} + R_g \ln \frac{v_2}{v_1}$$

$$\Delta s_{1-2} = c_v \ln \frac{p_2}{p_1} + c_p \ln \frac{v_2}{v_1} \tag{2-128}$$

通过熵变计算,可以了解天然气在管线内的状态变化引起的能量变化。

根据微元过程热力学第二定律数学表达式:

$$dS \geq \frac{\delta Q}{T_r} \tag{2-129}$$

其中等号用于可逆过程,不等号用于不可逆过程,表明不可逆微元过程的熵变大于过程中的 $\frac{\delta Q}{T_r}$,其差值即为不可逆因素造成的熵产 δS_g,即:

$$\delta S_g = dS - \frac{\delta Q}{T_r} \geq 0 \text{ 或 } dS = \frac{\delta Q}{T_r} + \delta S_g \tag{2-130}$$

其中,$\frac{\delta Q}{T_r}$ 是系统与外界换热量与热源温度的比值,称热熵流,简称熵流,用 $\delta S_{t,Q}$ 表示,是系统与外界换热引起的系统熵变,可正、可负、可为零,视系统吸热、放热还是绝热而定。系统吸热,$\delta S_{t,Q}$ 为正;系统放热,$\delta S_{t,Q}$ 为负;过程绝热,$\delta S_{t,Q}$ 为零。因而闭口系的熵变

$$dS = \delta S_g + \delta S_{t,Q} \tag{2-131}$$

式(2-131)就是闭口系的熵方程。它表示:闭口系的熵变等于热熵流和熵产之和。

若闭口系绝热,则热熵流为零,由于熵产大于等于零,故不可逆绝热过程中,工质的熵必定增大。

这里需要强调的是:熵产是非负的,任何可逆过程中均为零,不可逆过程中永远大于零;熵流取决于系统与外界的换热情况,系统吸热为正,放热为负,绝热为零。

对于开口系的熵变构成,显然,物质流进(出)系统,其自身的熵就带进(出)系统造成熵的增减。其次,据熵流、熵产的概念,系统与外界换热和系统发生了不可逆过程也会造成系统熵的增减。对于一个开口系,初始时刻系统的熵为 S,在微元时间段内外界向系统输入质量 $\sum_i \delta m_i$,系统向外界输出质量 $\sum_j \delta m_j$,系统与温度为 $T_{r,1}$ 的热源交换热量为 $\sum_l \delta Q_l$,交换功的代数和为 δW_{tot}。经时间 $d\tau$ 后该系统熵变为:

$$dS_{CV} = \sum_i s_i \delta m_i - \sum_j s_j \delta m_j + \sum_l \frac{\delta Q_l}{T_{r,1}} + \delta S_g$$

或

$$dS_{CV} = \delta S_{f,m} + \delta S_{f,Q} + \delta S_g \tag{2-132}$$

熵增原理给出了系统达到平衡状态的判据。一个孤立系统内部由不平衡向平衡发展,总的熵增大。当孤立系统总熵达到最大值时,过程停止进行,系统达到相应的平衡状态,这时 $dS=0$,即为平衡判据。

众所周知,由液态转变为气态的过程称为汽化,汽化又有蒸发和沸腾之分。在液体表面进行的汽化过程成为蒸发;在液体表面和内部同时进行的强烈汽化称为沸腾。物质由气相转变为液相的过程称为凝结,凝结是汽化的反过程。液体分子和气体分子一样,都处于紊乱的热运动中。液态水放置于一个压力的容器内时,随时有液体表面附近的动能较大的分子克服

表面张力及其他分子的引力飞散到上面空间，同时也有空间内的蒸汽分子碰撞回到液面，凝成液体。液体的温度愈高，分子运动愈剧烈，水面附近动能较大的分子挣脱水面变成水蒸气的分子数愈多。假设容器空间没有其他气体，随着容器空间中的水蒸气分子逐渐增多，液面上的蒸汽压力也将逐渐增大，水蒸气的压力愈高，密度愈大，水蒸气的分子与液面碰撞愈频繁，变为水分子的水蒸气分子数也愈多。到一定状态时，这两种方向相反的过程就会达到动态平衡。此时，两种过程仍在不断进行，但宏观结果是状态不再改变。这种液相和气相处于动态平衡的状态称为饱和状态。处于饱和状态的蒸汽称为饱和蒸汽，液体称为饱和液体。此时，气、液温度相同，称为饱和温度，饱和蒸汽的特点是在一定容积中不能再含有更多的蒸汽，即蒸汽压力与密度为对应温度下的最大值。

若温度升高并且维持在一定值，则汽化速度加快，空间内蒸汽密度亦将增加。当增加到某一确定数值时，在液体和蒸汽间又建立起新的动态平衡，此时蒸汽压力对应于新的温度下的饱和压力。对一定温度的液态水减压，也可使水达到饱和状态。这时，汽化所需能量由液体本身的热力学能供给，因此液体的温度要降低，但仍满足饱和压力与饱和温度的对应关系。

水的气、液饱和状态概念可以推广到所有的纯物质，并且这种液相和气相动态相平衡的概念可进一步推广到固相和气相及固相和液相，它们的饱和压力与饱和温度也是一一对应的，克拉贝隆方程描述了饱和状态下饱和压力和饱和温度的依变关系。表示饱和压力和饱和温度关系的状态参数图称相图，相图中气固、液固和气液相平衡曲线只是表示了饱和压力和饱和温度的对应关系，在某确定的饱和压力（或饱和温度）两相成分可自由变化。

由于液态水凝固时容积增大，依据克拉贝隆方程固液相平衡曲线的斜率为负。水的三相点的平衡压力和温度分别是 $p_{tp} = 611.659 Pa$、$T_{tp} = 273.16 K$。同平衡曲线上各点一样，三相点的成分可以变化，故三相点的比体积不是定值，但三相点各相的比体积是确定值。

大部分的热力过程中气体的基本状态参数满足：

$$pV^n = 常数，即 \ p_1 V_1^n = p_2 V_2^n \tag{2-133}$$

其中 n 为常数。这样的可逆过程称为多变过程，n 称为多变指数。

考虑到热力过程中每一平衡态气体均需满足状态方程式：

$$pv = R_g T \tag{2-134}$$

代入式（2-135），可得：

$$TV^{n-1} = 常数，即 \ T_1 V_1^{n-1} = T_2 V_2^{n-1}$$

$$及 \ Tp^{-\frac{n-1}{n}} 常数，即 \ T_1 p_1^{-\frac{n-1}{n}} = T_2 p_2^{-\frac{n-1}{n}} \tag{2-135}$$

上列各式即是可逆多变过程中基本状态参数的变化关系，式中 n 可以是 $-\infty$ 到 ∞ 之间的任意数值。在 $n=0$ 时，由式（2-137）可得 $p=$常数，表示过程中压力不变；$n=1$ 时，可得 $pV=$常数，考虑到理想气体状态方程 $pV=R_g T$，即表示过程中温度不变；对 $p_1 V_1^n = p_2 V_2^n$ 两侧开 n 次方，并令 $n \to \infty$，可得 $V=$常数，即定容（定比体积）过程。从中也可以看到理想气体的基本热力过程是可逆多变过程的特例。

流体在流经空间任何一点时，其全部参数都不随时间而变化的流动过程，称为稳定流动。工程中，常见的流动都是稳定的或接近稳定的流动。严格地说，运动流体在流到同一截面上的不同点,由于受摩擦力及传热等的影响,流速、压力、温度等参数也有所不同,但为研究问题简便起见,常取同一截面上某参数的平均值作为该截面上各点该参数的值,这样,问题就可简化为沿流动方向上的一维问题。实际流动问题都是不可逆的,而且流动过程中工质可能与外界有热量交换。但是,一般天然气管线外部都包有隔热保温材料,而且流体流过如喷管这样的设备的时间很短,与外界的换热也很小,故为简便起见把问题看成可逆绝热过程,由此而造成的误差以后可利用实验系数修正。

气体或蒸汽在任一流道内作稳定流动,服从稳定流动能量方程式:

$$q = h_2 - h_1 + \frac{c_{f2}^2 - c_{f1}^2}{2} + g(z_2 - z_1) + w_1 \tag{2-136}$$

在一般情况下,流道的位置改变不大,气体工质的密度也较小,因此气体的位能的改变极小,可以忽略不计。如在流动中气体与外界没有热量交换,又不对外做功,则式(2-136)可简化为:

$$h_2 + \frac{c_{f2}^2}{2} = h_1 + \frac{c_{f1}^2}{2} = h + \frac{c_f^2}{2} = 常数 \tag{2-137}$$

对于微元过程,式(2-139)可写为:

$$dh + d\left(\frac{c_f^2}{2}\right) = 0 \tag{2-138}$$

在绝热的稳定流动过程中,任一截面上工质的焓与其动能之和保持定值,因而,气体动能的增加,等于气流的焓降。式(2-139)和式(2-140)是研究流动的能量变化的基本关系式,既适用于可逆过程,也适用于不可逆过程。

气体在绝热流动过程中,因受到某种物体的阻碍,而流速降低为零的过程称为绝热滞止过程。根据能量方程式,任一截面上气体的焓和气体流动动能的和恒为常数。当气体绝热滞止时速度为零,故滞止时气体的焓 h_0 为:

$$h_0 = h_1 + \frac{c_{f1}^2}{2} = h_2 + \frac{c_{f2}^2}{2} = h + \frac{c_f^2}{2} \tag{2-139}$$

其中,h_0 称为总焓或滞止焓,它等于任一截面上气流的焓和其动能的总和。气流滞止时的温度和压力分别称为滞止温度和滞止压力,用 T_0 和 p_0 表示。

气体在稳定流动过程中若与外界没有热量交换,且气体流经相邻两截面时各参数是连续变化的,同时又无摩擦和扰动,则过程可认为是可逆绝热过程。由于稳定流动中任一截面上的参数均不随时间而变化,所以任意两截面上气体的压力和比体积的关系可用可逆绝热过程方程式描述,对理想气体取定比热容时则有:

$$p_1 V_1^k = p_2 V_2^k = pV^k \tag{2-140}$$

对式(2-140)取微分得:

$$\frac{dp}{p} + k\frac{dV}{V} = 0 \tag{2-141}$$

式（2-141）原则上只适用于理想气体定比热容可逆绝热流动过程，但也用于表示变化热容的理想气体绝热过程，此时 k 是过程范围内的平均值。对于水蒸气一类的实际气体在喷管内作可逆绝热流动分析时也近似采用上述关系式，不过式中 k 是纯粹经验值，不具有比热容比的含义。

焓的变化也就是水和冰之间的能量变化，从熵的变化可以知道是怎样的一个绝热过程，通过这种热力学特性分析，可以知道冰和水的能量变换过程，了解冰的形成特性。

第三章 天然气集输系统

第一节 天然气集输系统数字化和模块化

一、苏里格气田数字化集气站技术

(一) 气田数字化管理标准化站控系统

为了提高数字化油田管理水平，实现天然气集输站内自动化监控，减轻现场操作人员的劳动强度，达到减员增效的目的，对整个天然气田来说，油田数字化管理站控系统是实现低成本、数字化管理，劳动组织结构的进一步优化的前沿阵地，是长庆数字化油田体系结构中的重要组成部分[11]。

对标准的数字化管理站控系统来说，数字化在信息化整体架构上是生产的最前端，以井、站、管线等生产基本单元的生产过程监控为主，完成数据的采集、过程监控、动态分析，发现问题、解决问题维持正常生产；是以生产过程管理为主的信息系统，是将站内数字化与劳动组织架构和生产工艺流程优化相结合，按生产流程设置劳动组织架构，实现生产组织方式和劳动组织架构的深刻变革。把气田数字化管理的重点由后端的决策支持向生产前端的过程控制延伸。最大限度地减轻岗位员工的劳动强度，提高工作效率和安防水平。只有将数字化管理站控系统和"油田开发技术、数字化管理手段、扁平化组织架构"有机地结合起来才能真正实现油田大发展的同时提高劳动生产效率、降低成本、控制用工总量。因此，数字化管理站控系统是支撑长庆油田大发展的重要部分，其在长庆数字化管理系统中的位置如图3-1所示。

油田数字化管理标准站控系统是按照对基本生产单元建设的"标准化设计、模块化建设"的指导方针而开发的软件。该自动化监控平台集计算机控制技术、现场数据采集技术和网络数字通信技术于一体。该系统采用了工业控制、现场数据采集与网络数据同步显示、网络通信等先进技术，可在控制室实时、准确显示各个监测点的数据，对其进行记录保存，对于重要数据进行高限、低限设置，实现超限报警，增强了生产管理模式的安全性。提升工艺过程的监控水平、提升生产过程管理智能化水平，建立全油田统一的生产管理、综合研究的数字化管理平台，达到强化安全、过程监控、节约（人力）资源和提高效益的目标。

长庆气田的数字化管理是围绕井、站、管线等基本生产单元的过程管理，以生产过程监控为主，完成数据采集、过程监控、动态分析，实现电子巡井，达到"井场保生产，站场保安全"的要求。苏里格气田全面推广了数字化集气站，通过对关键设备的优化升级，完善生产数据实时监测、安全远程自动控制、安防智能监控三大系统，实现了气田数字化管理技术的进一步延伸，形成了中心值守，管理多座数字化集气站的运行管理新模式，提高了气田的管理水平和管理效率。

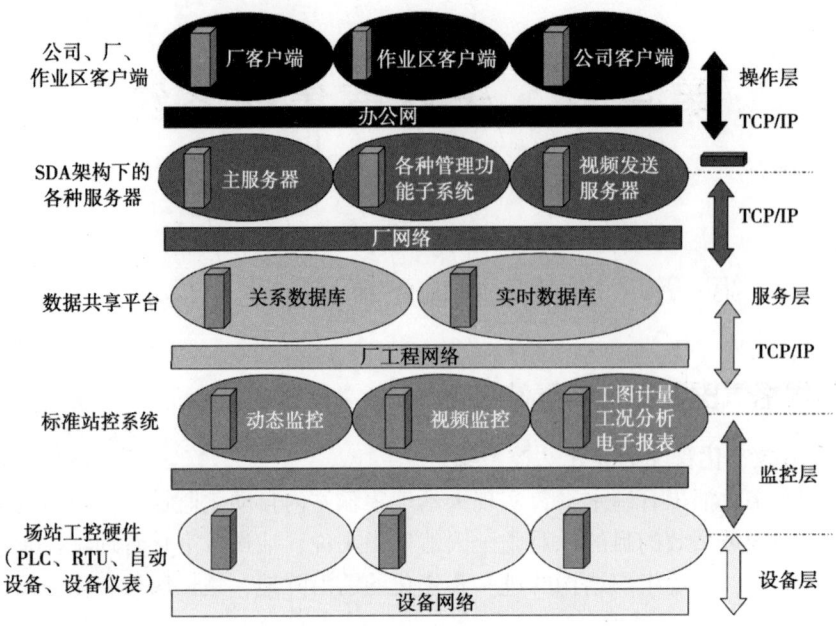

图 3-1 标准化站控在长庆数字管理体系中的位置

1. 数字化关键技术

目前,苏里格气田数字化集气站采用标准化流程。单井经井下节流,井口压力控制在 1.3MPa,井口不加热、不注醇,经井口差压计量后接入采气干管;采气干管直接接入集气站;经常温气液分离后增压至 3.5MPa,计量后湿气经集气支线输送至集气干线,在外输前设预留注醇接口,可通过站内注醇装置对支线进行注醇,防止集气支线水合物的形成;集气干线将原料天然气湿气输送至处理厂集中脱油脱水后增压外输。

标准化的工艺流程为集气站数字化建设提供了基础,而数字化集气站与常规集气站的不同在于:站场无人值守、大班定期巡查、运行远程监控、事故紧急关断、故障人工排除、集气站数字化主要包括 8 项关键技术。

1)实时动态检测

站内实时数据监测主要包括单井生产数据检测,进站干管压力检测,分离器进出口压力,进口温度检测,分离器、闪蒸分液罐液位检测,压缩机运行状态参数监测,自用气运行压力检测,放空系统压力检测,集气站外输流量、压力、温度检测,水罐液位检测,可燃气体浓度检测。

2)全程网络监视

根据集气站和井场平面布置,设置网络视频检测及报警系统,实现对集气站室内外、井场安全情况的实时监控和轨迹跟踪。发生紧急状态时如火灾发生、生人闯入、物品被盗等,进行自动录像与报警。

3)多级远程关断

事故状态下的紧急关断根据异常情况发生的不同位置分为不同的层次,主要包括单井高低压紧急关断阀远程关断、采气干管进站远程关断、压缩机进口远程关断、压缩机远程停车、集气站出站远程关断。

4）远程自动排液系统

分离器、闪蒸分液罐除设置疏水阀自动排液系统外，还设置远程控制的电动排液系统，以满足疏水阀故障时紧急排液的需要。疏水阀故障时，电动排液系统由人工远程启动，启动后按照高、低液位设置自动排液；疏水阀故障排除后，人工远程关闭电动排液系统。

5）紧急安全放空

按照"何处故障、何处放空"的原则，分段设置远程放空，尽可能减少放空点。分别对采气干管、集气站、集气支线进行紧急放空。

6）设备自动启停

检测外接电源、发电机运行、发电负荷等信号，当外接电源断开或供电电压不足时，启动报警器，并自动启动发电机；当外接电源恢复后，自动停止发电机运行，并切入外接电源，实现集气站连续可靠供电。

7）智能安防监控

为确保集气站安全，设智能安防系统。通过站内可视门禁系统，实现远程电磁门的开启，自动记录出入信息；通过广播示警系统，实现现场声音警及报警；通过夜间检测辅助系统，满足夜间监视需要。

8）报表自动生成

集气站监控、运行参数全部上传至中心站，实现集气站生产报表在中心站自动生成。

2. 数字化集气站建设及应用

2009年，通过对苏东数字化集气站的建设以及苏14数字化升级改造项目的实施，为数字化集气站的建设积累了宝贵的经验。在此基础上，于2010年总结了项目建设和数字化集气站运行经验，进一步优化、简化标准化数字化建设方案，在苏里格气田4个区块新建了数字化集气站。基本实现了对数字化集气站集中监视和控制，实现了"站场定期巡查、运行远程监控、事故紧急关断、故障人工排除"的功能；通过优化监控点，避免人员误操作，降低安全风险；达到了精简组织机构，提高生产效率，控制用工总量的目标。

3. 建设成果

长庆油田数字化管理的实质，就是将数字化与劳动组织架构和生产工艺流程优化相结合，按生产流程设置劳动组织架构，实现生产组织方式和劳动组织架构的深刻变革；把油气田数字化管理的重点由后端的决策支持向生产前端的过程控制延伸。通俗地讲，就是要"让数字说话、听数字指挥"；最大限度地减轻岗位员工的劳动强度，优化系统架构，配套管理制度，建成"作业区—厂部"两级数字化生产管理平台，努力实现"强化安全、过程控制、优化人力资源，提高劳动生产效率、提高安防水平"的目标。

1）加强了技防手段和安全保障能力

在集气站的进站区、分离区、压缩机区、外输计量区、罐区、自用气区等区，分别设置了紧急关断和放空、电动调节排污系统，将压缩机控制系统纳入到站控系统，实现了外输支线远程放空、自用气压力监控紧急放空等功能，降低了安全风险，加强了技防手段和安全保障能力。

2）提升了管理水平

在区域监控中心构建了数据监控、远程控制、智能安防、数据管理、异常预警等功能。

区域监控中心不仅能实时对作业区生产数据以及生产运行进行监视和控制，还可对所辖站的各种运行参数进行预警和报警，并进行相关的管理，实现了监控中心的数字化管理在优化流程、推进数字化管理、建立快速反应应急体系的基础上，构建了按流程管理的"作业区—监控中心—单井"劳动组织模式，区域监控中心发现报警后，第一时间通知作业区驻站综合大班赶赴现场处理问题；作业区生产管理终端直接由区域监控中心延伸至气井井口，提升了气田整体管理水平。

3）提高了劳动生产率

苏里格气田数字化建设带来的是管理模式的变革，推进了传统条件下组织劳动构架的改变。在气井巡井、井站紧急截断放空等操作中，减少了井站一线前端操作人员的用工数量和工作时间，从而减少生产定员，缓解人力资源压力，降低运行成本，大大提高了气田每一个管理环节的管理效率，节约劳动用工率。

二、天然气集输系统数字化

自从"数字地球"的战略思想提出后，我国已将数字城市的核心技术研制列入国家计划的重中之重项目，将"数字城市"项目列入国家重大科技攻关项目。

天然气集输数字化就是将数字化的思路和方法应用于油气集输工程，它是以电子地图技术为基础的软件平台，是一个立体的"虚拟现实的数字化工程"。将这个工程中的建筑、设备、储罐、管道、仪表、道路、花圃以及限定区域里的生产设施全部设置到真实的"虚拟场景"中，是一个与现实建设工程完全一样的"虚拟数字化工程"[12]。

（一）天然气集输数字化

系统数字化工程包含了工程勘察设计系统、工程建设项目管理系统、工程运营管理系统三个组成部分。包括二维GIS系统、三维虚拟现实系统、生产实时显示系统、动态流程系统等，其核心是电子信息数据库。

（1）天然气集输数字化系统框架平台的构建。使数字系统的制作深度能够满足管理、运行、维护等方面的要求，达到实用可靠、操作方便、结构清晰。

（2）天然气集输数字化系统技术支撑体系的评选。筛选合理、可行的应用软件，采纳适用、经济、方便的软件。

（3）三维虚拟现实技术的运用。所建立的数字模型，达到漫游形象逼真；触摸物体的查询、测试、量取等功能齐全，操作方便。

（4）完善数据库选型方法。数据资源结构繁简合理，资料完整配套，数据齐全准确，数据的范围全面，类别层次分明清晰，格式统一。

（二）天然气集输数字化系统的应用

天然气集输数字化系统研究，主要研究目标是在工程建设完成以后，将数字化成果推广到天然气集输系统的管理、运营、维护阶段。数字化系统框架平台的构建是一个逐步完善过程，项目初始提出总体框架，项目开展过程中，不断补充、修订，最后形成了实用可靠、操作方便、结构清晰、繁简合理的框架平台。

（1）用于集输系统工程建设的总体规划、可行性研究。数字化系统提供了已建工程设施的全部技术成果数据以及管理、资源、设备等信息。在对油气集输系统进行总体规划时，打开数字化系统的相关画面，查询设施周围一定范围的各类资源数据，能够方便地进行规划构思。

(2) 用于集输系统工程的改扩建方案设计。虚拟现实系统应用于编制设计方案，可以很轻松地随意进行修改，改变建筑高度，改变绿化密度，改变外立面的颜色，即改、即看、即得、一目了然，只需修改系统中的相关参数，即可得到预想结果，显著加快了方案设计的速度和质量。由于虚拟现实技术打破了专业人士和非专业人士之间的沟通障碍，使得各个部门之间能够通过统一的仿真环境进行交流，能更好地理解设计意图和技术思路，能够领会各方面的意见，可以更方便地找到问题，达成共识，妥善解决设计中存在的问题。

(3) 数字化系统平台用于施工管理，不仅能记录施工过程信息的数据库，还能够规范数据格式与准确性，使各单位、各部门能够共享信息数据的网络平台。

(4) 应用于采购管理。可以通过数字化系统获取相关属性资料数据，提出设备器材的规格、性能以及生产厂家，很方便地编制采购计划，搜寻供应商、生产资质、合格证、厂家对比、采购统计等。

(5) 应用于经营管理。在系统装置的各种内外部条件给定的前提下，通过机泵设备运行方案的调整及生产塔工艺参数的合理调配，使装置的技术经济指标达到最佳，实现节能降耗。同时进行企业人力资源管理、业务分析，对客户关系、市场营销、生产调度等进行管理。

(6) 应用于故障维修。配套采用数字化技术对装置系统风险进行管理，指导系统编制维修计划，并采取相应的补救措施，当风险指数达到警戒线时，自动启动相应的应急预案，尽可能地降低装置事故发生率。

(7) 用于宣传报道。虚拟现实系统所产生的沉浸感和互动性，不但能够获得身临其境的体验，同时还能随时获取项目的数据资料，而且可以导出视频文件用来制作多媒体宣传资料，进一步提高项目的宣传展示效果。

(8) 应用于教育培训。数字化系统具有形象现实的3D全景、图形、图像化、数据表格等生动特点。人性化的界面操作简便，灵活的全方位和全过程的显示，互动式操作带来了全新的、身临其境的、一目了然的真实现场感受。

天然气集输数字化系统的建成运行，明显地提高了油气集输公司信息化管理手段，为安全、优质、高效地生产轻烃产品和油气外输系统提供了保证；通过数字化系统技术的运用，提高装置运行管理水平、安全生产水平，更进一步地为装置运营提供决策支持和服务；数字化系统的社会效益是显著的。应用了天然气集输数字化系统，立体形象的整个轻烃厂就在眼前，起到比电子沙盘更具体、更方便的作用，地面设备管道清晰，指挥操作灵活；地下管道一目了然，避免施工差错；管理水平提高，减少生产事故；培训人员生动，学习效果明显，间接的经济效益也是可观的。

三、数字管道

数字管道与数字化管道存在一定的差异。数字化管道是信息化的管道，它包括全部管道以及周边地区资料的数字化、网络化、智能化和可视化的过程。数字化管道，可以理解它是一个追求理念，是一个综合战略。与数字化管道相比，数字管道的名称更加专业，包含的内容更加广泛。数字管道是数字地球在油气管道设计、建设、运行及管理决策范畴的应用。目前数字化管道还主要是指利用数字技术辅助管道建设勘察设计和工程建设管理，而数字管道是贯穿于管道整个生命周期中，包括了管道勘查设计、管道建设项目管理和管道生产运营管理。新的数字管道定义：以集输管线和沿线各种站场所有静态信息和动态信息集合为基础数据支撑，以传热学、管流理论、金属腐蚀理论等为理论支撑，贯穿于管道整个生命周期中，旨在为生产运营提供全方位自动化服务而建立的实时监测、数字模拟和自动控制运行系统[13]。

（一）数字管道建设的意义

欧美发达国家已经将数字技术广泛应用在长输管道建设勘查设计、工程建设和运营管理中，不仅大大节省了建设成本，缩短了建设周期，更为重要的是数字管道运营管理更加高效和安全。对于我国石油天然气工业来说，建立完整的数字管道具有十分重要的意义。随着天然气市场需求进一步扩大，从勘探出气田到将天然气应用到实际生产的周期要求更短，我国目前气田主要集中在西北和西南地区，这就需要将天然气进行长距离管道输送，传统的长输天然气管道勘查设计方法和施工管理理念已经不能满足管道建设和安全运营的需要。数字管道建设将在确定最佳路线走向、资源优化配置、灾害预测预警和运营风险管理中发挥重要作用，数字管道必将成为今后长输天然气管道建设的目标，数字化管道建设势在必行。

（二）建设总体目标和主要内容

1. 数字管道建设总体目标

数字管道建设总体目标是全面实现管道建设信息化管理和管线运营全程自动控制。建立覆盖管道整个生命周期的信息数据库，存储各种静态和动态信息，为实现管道整个生命周期自动控制奠定基础；模拟管道历史运行并预测长期运行结果，实现管道运行预警、管道周边自然灾害预警和环境评估，最大限度预防管线生产事故和自然灾害对管道安全造成的危害。数字管道建设最终要形成一个基于以GIS为展示层，以数据库为基础支持，包含管道设计、管道施工、自动化运营管理和应急风险管理，集网络化、真实三维可视化和数字自控为一体的系统。

2. 数字管道建设主要内容

数字管道建设包括了管道勘查设计、管道建设项目管理、管道生产运营管理3个组成部分，涵盖管道设计、建设和生产运营的三个阶段。

（1）管道勘查设计阶段。数字管道的主要任务是利用卫星遥感与数字摄影测量技术进行选线，获取了管线两侧一定范围内的沿线三维数据，应用GIS与GPS初步建立起了包括管道沿线地形、环境、人口和经济等内容的管道信息管理系统。本阶段数字管道的建设包括：①遥感图像处理系统；②数字摄影测量处理系统；③数字管道可研系统；④地质测量信息系统；⑤管线设计CAD系统；⑥通信设计系统。

（2）管道建设项目管理阶段。数字管道可控制和监测项目进度，可提供多种互联网信息服务，如管道建设者可以通过互联网查看不同比例管道及其沿线周边环境的直观信息，可查看某一天、某一道工序环节的进度等基本信息。本阶段数字管道建设包括：①GPS数据采集系统；②测量管理信息系统；③勘查施工管理系统。

（3）生产运营管理阶段。数字管道的建设包括：①SCADA系统；②生产运营模拟系统；③管道风险管理信息系统。管道勘查设计和管道建设项目管理的数字化过程采集的数据多为静态数据，在此基础上建立的GIS可视化系统，是数字管道建设初期部分，有学者认为有了这些基础建设，见到GIS可视化系统，能对静态的数据进行操作就是数字管道，这种观点过于片面。数字管道的真正侧重点是利用这些基础静态数据和生产运行中监测到的所有动态数据,进行多种模型分析并自动模拟运行状况,根据模拟运算优化结果对管道生产运行各种参数进行自动控制和调整。

3. 生产运营管理系统

数字管道的生命周期包括三个部分,而其中最长的一个阶段为管道生产运营阶段,管道系统主要是针对已经建成投产运行的管道进行生产运营管理。数字管道生产运营管理系统由数据采集与监测系统(Supervisor Control and Data Acquisition,SCADA 系统)、管道信息管理系统(Pipeline Management Information System,PMIS 系统)、管道模拟运行系统(Pipeline Simulation System,PSS 系统)和自动控制系统(Automation System,AS 系统)四大部分构成。数字管道生产运营管理系统是一个不断更新的循环运行自动控制系统。数据采集和监测系统通过各种监测仪器和设备对管线和站场所有设备运行状况进行数据监测和采集,实时更新到管道信息管理系统,管道模拟运行系统根据管道信息管理系统历史数据、实时数据进行多种模型管道模拟运行分析和预警分析,得到多种运行结果并优化出运行方案,自动控制系统根据最优化方案自动对管线所有设备和仪器运行参数进行调节,力求达到管道系统的安全、平稳和经济运行。

4. 数字管道关键技术

数字管道关键技术有:

(1)全面的管道系统数据采集与实时监测。除了管道建设初期所采集的管道静态基础数据外,对管道系统,包括管线以及管线所有站场设备、运行数据进行实时采集是十分必要的,这是对整个管道系统进行分析的基础。采用各种先进监测仪器对整个运行系统各种参数(如管线压力、流速、管道腐蚀程度、输送介质变化、站场脱水增压设备运行状况等)进行监测和数据采集,并实时传送到管道信息管理系统,以便管道系统实时监控和分析。

(2)多模型自动分析管道模拟系统。管道系统模拟区别于仿真系统,仿真系统只是对某一时刻的运行状态进行仿真,模拟系统是建立在某个时间点前所有的生产历史基础数据之上,以管道系统涉及的多种运行模型为核心,进行当前运行状况分析计算、未来运行状况预测和极限预警,得出多种运行结果,根据某些关键指标进行方案优化,力求管线运行更加安全有效。根据优化的目标不同,其得出的优化结果可能不同。管道系统模拟关键在于选取合适的运行模型,利用模型对管道系统进行全面的模拟和分析,使用实际生产数据对模型进行修正,达到真实再现管道系统的过去和尽可能精确预测未来。

(3)管道系统全程自动控制。只有保证管道模拟计算得出的最优化结果及时应用到管道系统中,对管线运行的各种设备参数进行合理的调整,形成数字信息的连续性,才能完成完整意义上的数字管道建设。管道系统全程自动控制非常必要而且紧迫,管道系统所有生产设备、可调节仪器的远程自动控制是实现真正数字管道的基础保证。

数字管道将彻底改变传统管道设计、工程建设和管道运营模式,是管道建设的大趋势和新方向,需要不断地深入研究和实践。

四、集气站模块化设计

模块化建设是建立在标准化的基础上,是一种新兴的施工措施和建设技术。对模块组件进行标准化设计是以集中工业生产为前提,同时满足于现场拼装的一致性,充分体现了模块化建设的优势所在。从模块化建设的基础上而言,不可以忽视标准化的设计,在模块化建设中需要同时重视系统的标准化,包括有设备材料的选型标准化、模块成品化、安装插件化、工序作业的流水化、全过程控制程序化、组件设施的工厂化、施工管理数字化等。对于集气站模块化建设,即是对集气站不同工艺环节的划分,也是对不同的功能系统进行模块化处理,形成定型设计,并利用分项预制、组件成模块和现场拼装完成对集气站的整体施工。模块化建设中所涉及的工艺特征和技术措施可以做到满足于集气站当年施工、当年投产的可能性,很好地压缩了工期,有利于创造开发效益,当然也加快了油气田基本建设的速度,间接提高了油气田的生产速率。模块化建设在实际应用中,不仅在集气站的建设中起到较好的效果,同时也为集气站日后的维护与设备升级提供了方便,降低了维护成本[14]。

(一) 标准化设计

根据集气站的功能及运行流程,设计相对标准的且适应集气站建设的可操作性文件与指导,即为标准化设计。一个标准化设计需求,需要对集气站工程的内容、规模、标准、功能等进行归类整理,并按照标准化设计需求进行模块组件设计。标准化设计是一项先进的设计,其是通过客观的系统分析和统筹研究制定出来的,具体包括以下几个方面。

1. 工艺流程标准化

集气站工艺流程和设备选型基本一致的标准化,为集气站标准化设计奠定了技术基础。对工艺流程进行标准化改进是在实现集气站模块化建设中必须要实施的,即是对整个作业过程进行规范约束,这样才能在设施建设中进一步地实现模块的划分。

2. 集气站平面标准化

集气站平面标准化就是通过对集气站的功能研究,集气站站内的平面标准化,是在集气站的模块化建设中,按照流程标准设计出的各种功能区域位置与衔接模式,建立起一个集气站的标准样板,主要是基于占地尽量少和功能得到满足的基础上,对整体布局进行统一规划,最终使得每座集气站的工艺装置区大小、位置规划得以统一,达到标准化设计的目的。

3. 功能分区模块化

在集气站工艺流程建设中,使得站内每个功能区成为规格尺寸相对标准的小型模块,不同的功能模块具有统一预配尺寸,在分区布置上,各区之间相对独立,但又相互联系,这样一来不仅减少了相互之间的影响,又可以满足生产和安全运行的要求。在模块化建设的组装化施工中,按照不同的功能分区形成独立而标准的小模块,将这些小型模块进行简单地装配起来,模块之间利用标准化的管道等连接起来,最终就可以达到了完成某个系统的建设要求。

4. 工艺设备定型化

集气站内的工艺设备定型化简单而言就是统一各设备、配件之间的相关参数,如对设备、管阀配件统一标准、技术参数、外形尺寸等;当然统一的前提是保证质量可靠、运行安全以及可以采取规模化的采购。还有就是对于设备定型化,使得各集气站中相同功能的模块达到安装尺寸的一致,能够有效地降低施工中的安全风险。

5. 建设标准统一化

建设标准统一化,在模块化建设中主要体现在整体性,模块化建设不仅仅只是针对某个特定的集气站而是面向于整个油气田,因此在对集气站模块化建设中应从大局出发,体现出统一的战略思路,从标示、道路标准、道路设置、环保措施等各个基础设施建设上进行统一规划，这样一来可以很好地反映出区域整体化，从另一方面而言，这既反映了企业的整体形象又能够节约投资，讲求实效，整体的建设与环境的和谐统一。

（二）工艺流程的模块化设计

天然气集输场站工艺流程的模块化设计包括方案设计和布置设计。方案设计主要研究完成项目任务的技术路线，布置设计则用具体的几何学方法和计算机模拟技术来表达方案设计[15]。

1. 方案设计

方案设计是根据市场分析、综合设计专家的知识和经验，确定天然气集输场站工艺流程的方案和选择满足用户要求的模块。方案设计大致包括市场调查和用户要求分析、模块的创建、模块的划分、模块的选择与评价。通过使用专家系统技术，系统自动调整确定工艺流程的性能参数和模块的性能参数，形成参数化数据库，供系统的布置设计和实体装配造型使用。在方案设计中，系统采用"设计—分析—评价—再设计"技术，基于约束的再设计技术和实例学习的推理技术实现多方案及多方案求优，以满足不同用户、不同加工条件以及布置、造型和装配各种约束条件要求。

2. 约束推理

工艺流程模块化设计的信息包括工艺流程与模块的设计参数信息和布置的拓扑信息。前者描述模块内部的相关性和约束关系，后者描述模块之间的装配关系。约束推理就是综合考虑这两方面信息之间约束关系的过程。在专家系统技术中采用约束推理克服了传统专家系统中知识组织的松散性，突出了变量与参数之间的相关性，有利于引导设计过程和实现再设计。模块化设计，理论上对应一定的输入，有无数的输出，但可行的方案毕竟是有限的，原因是输入与输出之间存在着多种多样的约束关系。约束推理的目的就是建立设计的约束网络，通过约束的分解和简化变量与参数之间的关系，直到变量之间存在单一的对应关系。设计过程可以视为约束的传播过程。在模块化设计中，约束关系可以分为两类：一类是决策层的约束关系，反映的是设计专家启发性知识或经验；另一类是参数层的约束关系，可借助精确的数学语言描述。在模块化设计中采用约束推理有简化模块的性能参数及几何参数的计算和引导再设计两个重要的作用，达到系统自动修改参数或提供可行的参考建议的目的。

3. 自动的布置设计

布置设计是一项非常复杂的过程。实现自动的布置设计有以下步骤：

（1）通过市场调查和用户要求的分析，进行模块的创建和划分，解决如何获得各种模块。

（2）通过功能到结构分析，并采用力流方法获得模块的连接模式，解决连接模式定义问题。

（3）通过专家系统技术选择满足各种关联要求的模块，解决模块综合问题。

（4）通过基于特征的参数化实体造型技术，实现工艺流程和模块的造型。

（5）利用图论技术解决模块的装配问题。

（6）利用约束推理技术解决失败处理和再设计问题。

4. 设计准则

国外各种类型油气田集输、处理工艺和设备早已实现了整套的密闭输送和处理流程，其井口、分离、计量、净化、脱硫、脱水、脱盐、加热等处理和储存设备都已定型达到了标准化、系列化、订购选用的程度。将标准化、系列化、互换通用化作为天然气集输场站工艺流程设计的参考准则。

1）标准化

积极采用国际标准和国内先进标准以及推荐性标准是我国的一项重大技术政策，也是一种廉价的技术引进，是促进产品技术进步，提高标准水平，产品质量，经济效益的重要途径，也是企业参与国际市场竞争，加快与国际惯例接轨的需要。运用标准化原理指导设计天然气集输场站工艺流程能提高天然气集输场站的性能价格比，保证产品质量。

2）系列化

通过天然气集输场站工艺流程的系列化设计，用最少的品种规格满足多方面的要求。品种减少后生产批量相对增大，从而可以组织大批量生产，便于采用新技术、新工艺，不断提高生产技术水平，提高产品质量，提高劳动生产率和降低成本。抓住产品开发的系列化进行组合设计，将固定结构部分的大批量、少品种、低成本与可变结构部分的小批量、多品种、高成本有机地结合起来以满足用户多样化要求。

3）互换通用化

在天然气集输场站工艺流程的设计过程中，扩大各工艺模块的通用化程度可以保证产品质量，降低生产成本。

5. 设计实例

模块化设计方法在四川石油管理局川南矿区排水找气工程的天然气集输场站工艺流程设计中已得到了成功的应用。排水找气是通过工艺措施使气井内的水排出，从而释放井内天然气。在此过程中气和水时常一起排到井外，这就要在井场内通过合适的集输工艺对其进行处理，其处理措施包括节流降压、高压放空、气液分离、天然气计量、生产用气处理、低压放空、气田水计量、气田水处理、气田水泵排等众多环节。该类井在设计上有两个特点：一是处理工艺较为统一，环节内容变化不大；二是井站设计压力等级和处理能力等参数变化范围较宽。

据此，采用模块化方法为该类井设计了天然气集输工艺流程。各工艺流程模块功能固定，内部参数符合设计规范，实现了压力等级和处理能力系列化。各模块按照模块名称、模块功能、模块能力、模块上下链接关系、接口名称、接口属性、接口链接对应关系、接口管径、接口相对坐标等项目进行标准化定义，便于模块的自动链接和最终实现自动设计。

五、苏里格气田数字化集气站橇装化

为了实现大规模、低成本建设，长庆油田推行了以"标准化设计、模块化建设、数字化管理、市场化运作"为核心的管理模式，并针对苏里格气田 $50×10^4 m^3/d$ 标准数字化集气站展开了橇装化研究。根据采出水外输方式的不同，提出了 3 种橇装建设方案：（1）采出水和天然气混输至下游场站；（2）采出水和天然气分别管输至下游场站；（3）采出水采用罐车拉运方式运至处理厂。结合苏里格气田的特点及现状，最终选择采出水采用罐车拉运方式作为建设方案，该方案提高了建设速度、减少了站场占地面积。采用橇装化建设提高了站场运行的可靠性、稳定性，提高了管理水平，是工程建设的必然趋势[16]。

目前，苏里格气田已成为中国陆上最大的天然气枢纽中心，2011 年底已建成 $169×10^8 m^3/a$ 的生产能力，规划 2013 年底完成 $230×10^8 m^3/a$ 生产能力的建设。按照开发规划，苏里格气田将会建成上万口气井、上百座集气站,每年新建集气站10座。根据目前建设情况,苏里格气田标准化建设现场安装工程量很大,预制化程度相对较低。国外煤层气田及页岩气田的井场装置、集输站、处理站均采用橇装装置,以现场组装为主,基本实现工程橇装化。橇装装置在工厂组装完成后运至现场进行橇与橇之间的连接,其优点:(1)现场安装,焊接工作量较少;(2)施工作业人员少;(3)工程质量提高;(4)装置安装紧凑、占地小且可重复使用。随着苏里格气田建设的进一步推进,环境保护、征地、建设进度等问题越来越突出,集气站橇装化将是降低地面投资、缩短建设周期、解决环保征地等问题的有力手段。

苏里格气田 $50×10^4m^3/d$ 标准数字化集气站是按照功能划分为生产区和辅助生产区。生产区主要为工艺设备及工艺管道,共有9个工艺模块,分别为:进站区模块、分离器区模块、压缩机区模块、自用气区模块、清管器原料天然气进站压力为1.0MPa,经过站外采气干管接入集气站,经进站区进入分离器,分离出原料天然气中的固体颗粒和液滴,原料天然气进入压缩机增压至3.5MPa后外输至下游场站,如图3-2所示。进站区、分离器区、压缩机等放空管道经放空总管接入闪蒸分液罐,分离出放空气体中的液滴后至火炬放空燃烧。分离器、压缩机排放的采出水经总管接入闪蒸分液罐,闪蒸出采出水中的气体后,排放至采出水罐,定期用罐车拉运。

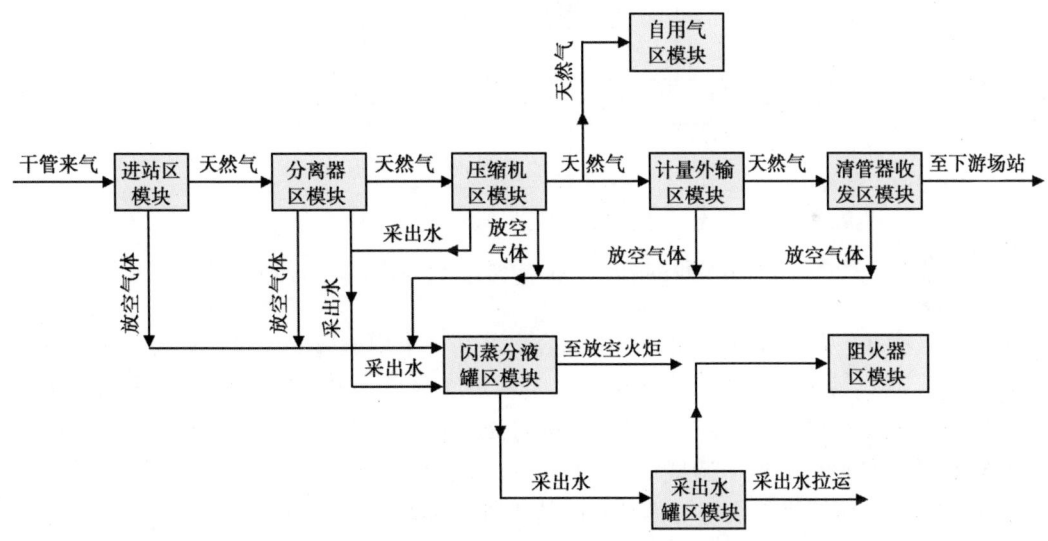

图3-2 苏里格气田数字化集气站站内工艺流程图

(一)集气站橇装化

数字化集气站中的工艺管道及设备采用橇装化安装,应遵循以下原则:

(1)操作性原则。保证橇装设备的正常操作,并且与其他设备连接正常。

(2)可接近性原则。橇上的阀门、仪表等需操作部件应位于操作人员易于接近处,但不能存在操作安全隐患问题。

(3)经济性原则。满足上述操作、维修要求的情况下,各设备相连应采用尽量短的管道及尽量少的管件。

数字化集气站的平面布局应遵循以下原则:

(1) 满足相关规范、标准等的安全间距要求。
(2) 满足工艺功能要求。
(3) 统筹规划，做到经济且便于施工、操作和维修。
(4) 布局整齐、美观、协调。

优化苏里格气田 $50×10^4m^3/d$ 标准数字化集气站的流程和平面布局，借鉴国外橇装化建设经验，根据采出水的外输方式不同，有3种橇装化建设方案。

1. 采出水和外输天然气混输

将进站区模块、自用气区模块、计量外输区模块的功能集合在一个集气橇上，其长宽为 $9×2.5m$。其特点：(1) 使用三通阀，简化进站放空和进压缩机切换的流程，橇内阀门和橇体积大幅度减少；(2) 将3个工艺模块集中成橇，结构紧凑，减少阀门数量和橇体体积，方便拉运；(3) 包含了除分离、增压之外的其他功能，实现夏季不增压时独立运行；(4) 橇内统一设远程放空和安全阀泄放，确保橇体安全；(5) 橇整体保温，确保冬季平稳运行，如图3-3所示。

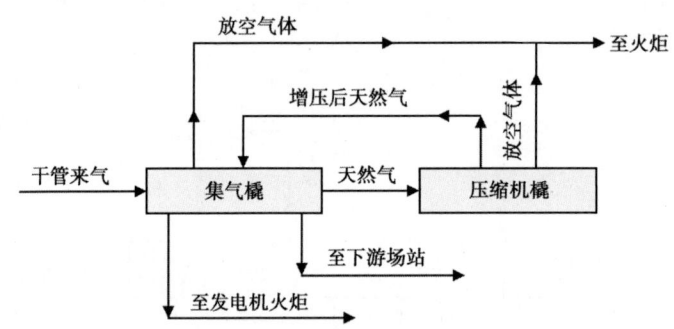

图3-3 采出水和外输天然气混输模式橇装化集气站工艺流程图

分离器区模块、压缩机区模块的功能集合安装在一个增压橇上，其长宽为 $15m×7m$。该橇特点：(1) 将气液分离合并至增压橇内，实现集气橇夏季单独运行；(2) 采用 GLCC 高效分离器，减小设备尺寸；(3) 采用文丘里射流，实现气液混输，优化橇内流程和设备；(4) 整体橇装，外设降噪房，造型美观；(5) 选用分体式对称平衡压缩机，增压气量大，1座橇装站选用1台压缩机，机组对称平衡，基础处理简单；(6) 自用气、启动气由集气橇引接，简化橇内设备。集气橇的控制信号接入压缩机配带的 PLC 内，利用压缩机配带的 PLC 进行整个集气站的控制，站内不再设其他站控系统。

通信柜、仪表控制柜、UPS柜、配电柜等整体橇装为电仪信柜。电仪信柜和集气站备用的橇装发电机组合安装为公用橇，其长宽为 $6.6m×14.9m$。该橇特点：(1) 取消集气站的 RTU，采用压缩机的 PLC 控制全站，降低了设备投资；(2) 采用远程 I/O 方式在火炬区模块增加一个采出水储存罐，以实现对放空气田中携带的采出水进行收集。取消闪蒸分液罐区模块、采出水罐区模块。压缩机橇和公用橇分别放置在两个降噪房内，降噪房为可拆卸式，现场组装，并可重复利用。

采用橇装化后，集气站内装置为集气橇、增压橇和公用橇，占地面积为 $1448m^2$，比原来减小 $2172m^2$。按照该方式设计、建设苏里格气田数字化集气站，装置数量最少，占地面积最小（减小60%），投资整体减少约33万元，施工周期缩短约50%，橇装设备可重复使用。由于采用气液混输，对支干线的设计、运行要求更高。

2. 采出水和外输天然气分别管输

将进站区模块、自用气区模块、分离器区模块、计量外输区模块的功能及闪蒸分液罐区模块的部分功能集合在一个集气橇上，其长宽为13m×2.5m。其特点：（1）使用三通阀，简化进站放空和进压缩机切换的流程，橇内阀门和橇体积大幅度减少；（2）将5个工艺模块集中成橇，结构紧凑，减少阀门数量和橇体体积，方便拉运；（3）集气橇包含了除增压、采出水输送之外的其他功能，实现夏季不增压时，集气橇独立运行；（4）橇内统一设远程放空和安全阀泄放，确保橇体安全；（5）橇整体保温，确保冬季平稳运行；（6）气液分离和放空分液均采用GLCC高效分离器，减少了设备尺寸。

采出水罐区模块的功能及闪蒸分液罐区模块的部分功能集合在一个采出水输送橇上，其上设高压泵，以将采出水输送至下游场站，采出水输送橇装置长宽为2.5m。该橇特点：（1）闪蒸分液罐承担采出水闪蒸和储存的双重作用，取消了污水罐和阻火器平台，简化了站内流程；（2）将闪蒸分液罐和高压泵整体成橇，自成系统，结构紧凑，方便拉运；（3）高压泵一用一备，确保了橇体平稳运行；（4）橇整体保温，确保冬季平稳运行。

压缩机区模块安装在一个增压橇上，压缩机选型及降噪房设计同上述增压橇，压缩机进口的GLCC分离器改为普通的进气洗涤罐，出口取消文丘里射流器，采用常规压缩机组。增压橇装置长宽为15m×7m。公用橇的设置同上述公用橇，降噪房为可拆卸式，现场组装，并可重复利用，如图3-4所示。

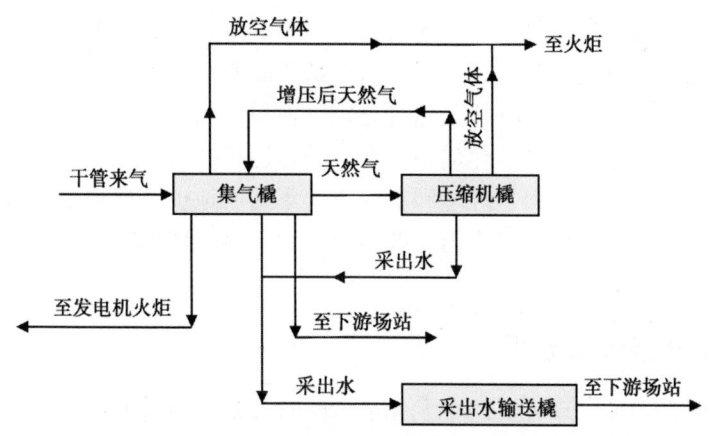

图3-4　采出水和外输天然气分输模式橇装化集气站工艺流程图

采用橇装化后，集气该站内装置为集气橇、压缩机橇、采出水输送橇及公用橇，占地面积1586m²。按照此种方式设计、建设苏里格气田数字化集气站，集气站全面橇装化，占地面积减小56.2%，施工周期缩短约50%，但投资整体增加约63万元。橇装设备可重复使用，由于采用气液分输，至下游场站需建单独的采出水输送管道，需在下游场站建设采出水收集、处理装置。

3. 采出水采用罐车拉运

集气橇、增压橇、公用橇的设计与前述相同。将集气橇、增压橇的采出水输送至采出水罐区模块,采用罐车拉运方式定期将采出水外运,不设采出水橇。采出水罐区模块长宽为12m×5m,如图3-5所示。

采用橇装化后,集气该站内装置为集气橇、压缩机橇、采出水输送橇及公用橇,占地面积1586m²。按照此种方式设计、建设苏里格气田数字化集气站,集气站全面橇装化,占地面积减小56.2%,施工周期缩短约50%,但投资整体增加约63.51万元。橇装设备可重复使用,由于采用气液分输,至下游场站需建单独的采出水输送管道,需在下游场站建设采出水收集、处理装置。

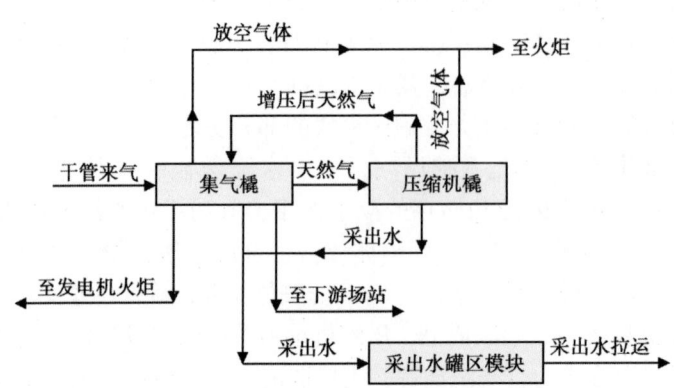

图3-5 采出水拉运模式橇装化集气站工艺流程图

目前,苏里格气田数字化集气站约150座,集气站人值守,管理实行数字化,集气站采出水用罐车拉运至处理厂统一处理。为了与长庆气田的运行管理和苏里格气田已建管网系统一致,苏里格气田数字化集气站最终选择采出水采用罐车拉运模式的建设方案。对于苏里格气田新建区块,可采用采出水和外输天然气分别管输模式的建设方案。

苏里格气田数字化集气站橇装化建设提高了站场运行的可靠性、稳定性,同时实现减员增效、提高了管理水平,对于保护环境和实现节约集约用地也发挥了很好的作用。随着模块化建设在苏里格气田的推广应用,作为标准化设计的最终表现形式和具体体现——装置橇装化是工程建设的必然趋势。

六、模块化建设效果分析

模块化建设既是一种管理方式的重大变革,同时又是一种施工技术的集成创新,推动了苏里格气田大规模开发建设,取得了显著的效果[17]。

模块化建设的内涵就是将复杂的场站工程的建设过程分解成很多简单模块的建设过程,按特有的生产组织方式完成简单模块的建造后,再聚合成原本的场站。具体地讲,模块化建设是以不同场站类别标准化设计文件为基础,按照场站工艺技术特点,将建设场站划分成若干功能区模块,再以功能区模块内生产单元为对象,将功能区模块进一步拆解成若干施工预制模块,在工厂内完成对施工预制模块进行的生产预制后,最后将施工预制模块从预制工厂拉运至场站建设现场进行组合装配的场站建设过程。

模块化建设主要包含模块化预制和模块化施工两方面的内容。

模块化预制是指在预制工厂对事先划分好的施工预制模块进行生产(预制)的过程。

每个施工预制模块都是预制工厂生产的一个最终产品,这些产品具有一些与一般工业产品相同的特性,如互换性、系列化等。

模块化施工是指在建设现场将预制工厂生产的产品(施工预制模块)进行组装的过程。这里的施工具有组装的含义,与传统施工的概念既有区别又有联系。组装完成的最终产品就是满足标准化设计文件要求的场站工程。

(一)实施条件

油气田地面建设工程进行模块化建设必须满足两个条件:一是以执行标准化设计文件为前提条件;二是以建立模块化预制工厂为必要条件。这是因为在模块化建设过程中,各类场站功能区模块划分、施工预制模块划分都是以执行标准化设计文件为基础的,而将建设现场大量施工作业转移到模块化预制工厂进行施工预制模块生产,是模块化建设区别于传统模式建设的最大特点,也是其具有的最大优点。

目前,苏里格气田地面建设标准化设计覆盖率达到了95%,模块化预制工厂已经投入生产。根据标准化设计图纸场站总体工艺及功能将场站划分为若干个功能区模块。

(二)实施过程

1. 功能划区

苏里格气田集气站可划分为进站区模块、分离器区模块、压缩机区模块、清管外输区模块、自用气及计量区模块、闪蒸分液罐区模块以及污水罐区模块。

2. 模块拆解

根据功能区模块固有的工艺技术特点和所包含的生产单元将功能区模块拆解成若干个施工预制模块和生产设备或装置。显然,每个施工预制模块中不包含各种设备和装置,如分离器、压缩机等。

3. 模块分解

苏里格气田集气站分离器区模块可拆解成两组共12个施工预制模块和两台分离器装置。生产组织方式的要求将施工预制模块进一步分解成若干个施工预制模块组件。一个施工预制模块由一个或多个施工预制模块组件连接组成。施工预制模块组件由最基本的生产资料(如管材、管件及阀门等)组成,是预制工厂最小的预制单元。分离器区模块中的12个施工预制模块可进一步分解成46个施工预制模块组件。

4. 分项预制

根据具体施工预制模块单线图在预制工厂按照流水线生产组织方式生产施工预制模块组件或施工预制模块。施工预制模块组件也可以看成是施工预制模块生产的中间产品。所谓施工预制模块单线图是指每个施工预制模块组件的预制工序图和将施工预制模块组件组装为施工预制模块的组装工序图。

通常,在以流水线生产组织方式生产施工预制模块时,除了绘制施工预制模块单线图外,还需要完成编制预制管段组装工艺卡、管段下料表、确定焊口编号原则以及制定相应作业指导书等工作。

5. 分片组装

将分项预制好的施工预制模块组件在厂区不同地点进行初级组装,组装成为施工预制模块半成品。施工预制模块半成品介于施工预制模块组件和施工预制模块之间,也可以看成是施工预制模块生产的中间产品。

6. 组件成模

将经初级组装的施工预制模块半成品二次组装,组装成施工预制模块成品。显然,施工预制模块是预制工厂最大的预制单元,也是预制工厂生产的最终产品。

7. 现场拼装

将施工预制模块成品从预制工厂拉运到场站建设现场,和各自功能区模块包含的生产设备或装置拼装,完成功能区模块建造。

8. 聚合成站

按照场站生产工艺流程将各功能区模块聚合进行终极连接,从而完成整个场站建设。

(三) 模块化建设实施效果

由模块化建设过程可以看出,这种生产组织方式的特点是:组件预制工厂化、工序作业流水化、过程控制程序化、模块出厂成品化、现场安装插件化以及施工管理数字化。模块化建设应用了较为先进的生产设备和科学技术,体现了较为先进的生产组织方式和管理方式,由此取得了非常显著的效果。

表 3-1 苏里格气田模块化建设效果对比分析

对比项目		传统模式建设	模块化建设	效果说明
工期	集气站工艺安装施工工期	45d	25d	缩短工期20d
	集气站总体有效施工工期	110d	50d	缩短工期60d
	单个井口安装施工工期	3d	0.5d	效率提高80%以上
质量	工艺管线焊缝一次合格率	92%	96%	焊缝外形美观,质量好
工作效率	完成一道φ219mm焊缝需时	25~30min(手工焊)	4~5min(自动焊)	自动化程度高,效率高
	完成一道φ219mm坡口加工需时	15~18min(氧炔焰切割、砂轮机打磨);不可用于不锈钢材料	3.5~4min(坡口机);可用于不锈钢材料	自动化程度高,精度高,效率高
	安全风险	高空作业、交叉作业多,安全风险大	高空作业、交叉作业少,安全风险小	降低了安全风险
	施工管理方式	粗放式管理	集约化管理	管理效益明显
	生产组织方式	多点作业、作业面多	流水化作业	经济效益明显
	工作环境	野外作业	室内作业	作业环境改善,员工心情好
	建设过程对周围环境影响	产生施工垃圾,更有可能破坏植被,对环境影响大	施工垃圾集中处理,对植被破坏的可能性减小,环境影响小	社会效益好
	外界因素对工作的影响	受天气、外协关系影响大	受天气、外协关系影响小	有利于均衡组织生产
	单井综合投资	1100万元	800万元	投资效益明显

通过苏里格气田模块化建设效果对比分析,可以看到模块化建设具有许多优点,主要体现在:优化了各种资源,均衡了生产任务,提高了员工技能,改善了工作环境,保证了工程质量,提高了工作效率,降低了综合成本和安全风险,实现了工程建设投资经济效益和社会效益的最大化。

第二节 天然气集输管网优化设计

一、苏里格气田管网优化运行系统平台的构架与开发

(一)管网优化运行系统的框架设计方案

为了确保苏里格气田大规模化生产调度、抢险指挥的高效运行和有效控制,达到提高管理水平、精简组织机构、减小劳动强度、降低操作成本的目的,开发了苏里格气田管网优化运行系统平台。该系统具有开放的数据库管理结构、可视化图形界面、信息查询和检索、管网系统的模拟与优化以及管网运行状况的动态监测,使气田地面系统利用数字信息辅助管理和决策,提高管理工作的科学化、规范化水平,为生产指挥调度和运行管理提供科学依据,对提高气田经营管理决策水平具有重要的应用价值[18]。

管网优化运行系统的框架设计以苏里格气田数字化生产管理系统体系结构为基础,涵盖如下内容:

1. 地面管网优化运行子系统构架模式

在客户/服务器结构下,系统被分成前台(客户机)和后台(服务器)两部分,应用处理由客户端完成,数据访问和事务处理由服务器承担。C/S 结构的优点在于:

(1) 可靠的数据完整性和安全性控制。
(2) 高效的联机事务处理性能。
(3) 很好的开放性和易扩充性。
(4) 高效的应用程序开发。

随着互联网的快速发展,出现了基于 Web 的浏览器/服务器模型(browser/server),该模型是把 b/s 模型的服务器端进一步深化,分解成一个应用服务器(weber 服务器)和一个或多个数据库服务器,从而形成一个类似三层 b/s 模型,适用于信息的浏览、查询与发布和辅助决策支持,而 b/s 体系结构适用于信息管理、工程计算分析等事务处理。苏里格气田数字化生产管理系统涉及数据信息量大,要求处理速度快,基于此特点,为了节省工作量,维护数据的完整性与可靠性,保证系统运行高效,苏里格气田地面管网优化运行系统选择 c/s 和 b/s 混合模式的系统体系结构,既发挥传统 c/s 模式成熟技术,又避免建立三层以 c/s 模式的高昂代价,同时能借助 Internet 技术,充分发挥 b/s 模式的优点。

2. 开发语言及数据库的选择

为保证系统具有良好的开放性和安全性,选用 C++和 ASP 编程语言作为开发工具,缩短开发总周期,提高开发效率。ASP 即活动服务器页面(Active Server Page),是一种用于 WWW 服务的服务器端脚本环境,具有开发简单、功能强大等优点,利用它可以将 HTML 标签和文本、脚本命令及 ActiveX 组件混合在一起构成 ASP 页,以此来生成动态网页,创建交互式的 Web 站点,而不需要进行复杂的编程。服务器端数据库选择 SQLserver7.0,该数据库具有如下优点:

(1) 可伸缩结构,从单处理器到多处理器的硬件,用以满足未来业务的需要。
(2) 高性能结构,利用 Window NT,可得到更大的传输量和更快的响应时间。
(3) 方便系统管理,利用省时的图形化工具,降低了对系统管理员的技术要求,使系

统便于维护。

（4）强化安全的事务处理能力，一旦系统发生故障，它能保护数据不丢失。

（5）网络集成环境，可使用通用的网络和协议。

3. 基于角色的用户权限管理

信息用户权限的管理一般包括用户密码、岗位角色、操作权限等，主要涉及数据库的安全使用和对功能模块的操作权限。不同的用户具有不同的权限，随着用户岗位角色的变化，其权限也需要变化。为了适应用户人员变动的灵活性，提高系统的安全性和自适应性，并且保持系统操作的继承性，采用基于角色的用户权限管理。

在基于角色的用户权限管理中，系统管理员可以对用户赋予一种或几种岗位角色，从而易于分配拥有该岗位的用户的操作权限，即增加了一些管理使系统更规范且不破坏其灵活性，使得管理更为方便。依据气田管网数字化管理的业务模型，可以做出如图3-6所示系统角色设计。表示用户与岗位角色、岗位角色与操作权限之间皆为多对多的关系。

图3-6 用户、岗位角色和操作权限关系图

（二）管网优化运行子系统结构、功能、特点及应用推广

1. 系统基本结构及主界面

由系统界面、后台数据库和计算控件三部分组成，其中后台数据库是连接界面和计算内核的纽带，而界面本身是用户和软件计算内核进行人—机交流的窗口。用户使用软件的过程是在界面上进行的，计算内核的运行过程对用户是隐蔽的。

在系统开发目标、用户需求以及结构设计的基础上，开发了苏里格气田地面管网优化运行系统。

为了实现苏里格气田地面管网动态信息的数字化管理，根据生产工作中的实际业务流程和数据管理流程，开发了系统的各项功能。

2. 地质配产数据查询

地质配产方案是管网输送能力校核的基础，为更有效整合资源，地面管网子系统与地质专家子系统数据库进行了对接，实现了地质配产数据的链接，利用这种方式在大幅度节约数据库建设的工作量的同时还能减少数据校验的工作环节。用户可在系统界面通过报表、柱状图和饼图等直观形式查询各个区块的配产数据，以及区块所辖管线、集气站设计基础数据。

3. 管网输送能力校核

对于现有集输管网系统，其生产流程、管网拓扑结构、管径规格、设备处理能力及外部环境条件均已确定，由于配产方案的调整，需要对管网的输送能力进行校核，判断管网系统对配产方案的适应性，实现集输网输送能力与气田配产相协调。管网输送能力校核是指在区块配产方案确定的情况下，控制天然气处理厂的进厂压力，通过管网稳态仿真，模拟天然气在管网系统中的流动规律，判断管网系统运行参数是否满足输送工艺的要求，校核条件包括管网压力、管道强度、压缩机运行参数和处理厂处理能力等。

校核计算完成后，系统界面上显示节点的压力、流量，各条管道的压降、温降曲线，以及超压节点的报警信息。校核结果不仅可以判断管网系统对配产方案的适应性，还能指导配产方案的调整和气田后续开发过程中管网的规划与改造。

4. 管网优化运行方案决策

在管网运行过程中，压缩机站提供能量以克服天然气在管线中流动的压力损耗，由于气田各区块产量、压力和用户用气量、用气压力的变化，需要对各个压缩机站运行参数及开机台数进行调整。管网优化运行方案决策是指考虑气源分布、用气需求、管网输送能力、压缩机站的配置、压缩机运行参数的可行域和流量限制等约束条件，以压缩机站能耗或运行成本最小为目标，通过建立相应数学模型并进行求解，确定出压缩机站开机台数、压缩机及管网运行参数所构成的运行方案。管网优化运行方案决策数学模型是一类复杂的多维非线性优化问题，通常采用非线性规划法和以遗传算法为代表的现代启发式算法对模型进行求解。管网优化运行方案决策在保证用户用气需求、管道及设备的安全平稳运行的同时，既合理配置各区块的产量，又有效降低了压缩机站的能耗，增加了气田的经济效益。

5. 管道清管智能判断

在天然气输送过程中，由于操作条件或沿线环境温度的影响，管道内会有液相析出，影响管道的正常运营，需进行定期清管。通过建立清管数学模型并提取管道运行实时数据，判断管道是否需要进行清管，并对积液量进行估算并分析形成原因。

6. 天然气水合物形成条件预测

天然气在集输管线中形成水合物，将导致阀门和设备阻塞、管道停输等严重事故影响天然气的开采、集输和加工的正常运行。通过基于统计热力学的天然气水合物预测模型，对天然气水合物的形成压力和温度进行预测。

7. 管网信息及维护

用户可对气田天然气组分、管网结构数据、管道基础数据、区块数据等进行添加、修改操作，对新用户进行注册及权限设置。

(三) 系统应用特点

(1) 功能强大，具有管网校核计算、优化计算、管道清管判断、水合物预测等多种功能。

(2) 运算速度快、计算精度高，与国外主流软件相比计算误差不超过1%。

(3) 天然气管网的日常管理模式、界面设置和流程符合专业人员的工作习惯，数据分类和缺省数据库设计合理。

(4) 大量的系统和属性自定义功能支持个性化专业的需要。

(5) 对大量的计算成果数据提供了完善的保存方式。

(6) 通过访问权限的设定和菜单项的过滤验证保证数据的安全。

(7) 操作简单，操作提示丰富，有完善的联机帮助，使用方便、快捷。

苏里格气田地面管网优化运行子系统经一年多的现场应用，从试用情况来看，系统运行可靠，达到了预期设计目标，实现了生产数据的网络化管理，提供了管网动态数据和动态分析结合的数字化管理平台，改变了原有生产数据管理手段和应用方法落后的局面，提高了生产管理工作效率，实现了气田地面管网的自我诊断、就地控制和远程管理。

苏里格气田地面管网优化运行子系统软件具有配产方案数据查询、管网输送能力校核、管网优化运行决策、管道清管判断、天然气水合物预测和管网信息及数据库维护六大功能，是一套依据苏里格气田骨架管网的物理结构、管道特性、输送气体组成与性质以及运行条件，具有多种计算和分析功能的管网运行辅助系统。该系统与苏里格气田调度中心大屏展示集成,与地质、工艺、生产等数据库共享,实现了可视化的远程操作界面,使用方便、快捷,编制的软件具有良好的输入、输出界面、图表生成功能等,有较强的实用性与通用性,从技术实现上、设计思想上,是一次成功的、有意义的创新,对建设"科技、绿色、和谐"现代化大气田将起到极大的推动作用。

二、天然气管网系统最优化研究

20世纪60年代以来,一些发达国家就开始了天然气管网系统最优化的理论研究与应用探索。由于管网系统的最优化是一类十分复杂的有约束的非线性最优化问题,而且维数很大,因此,初期的研究工作都是在假定一些变量为已知的情况下求解问题中的部分设计变量,即对设计问题的局部进行最优化研究。国外学者广泛采用了坐标轮换、最速下降法、广义简约梯度法、动态规划法等传统优化方法研究管网最优化问题。随着计算机技术及新兴最优化算法的出现和发展,天然气管网系统的最优化研究也出现了遗传算法、神经网络、蚁群算法、蛙跳算法等全新的理论和方法。现针对天然气管网系统最优化研究的典型理论方法进行分析。按照工程项目的生命周期过程,天然气管网优化研究涵盖了管网的规划、设计、运行管理和改扩建等阶段[19]。

(一) 管网系统优化研究

1. 管网系统规划优化

在管网规划阶段,主要是进行管网干支管道的优化布置,即在满足气源、市场、工艺等要求的条件下确定管网投资最小的最佳管网结构形式,并进行两方面的工作,一是确定中间站(例如配气站、压气站等)的最优几何位置(位置优化),二是确定最佳的管网联结形式及布站方式(拓扑优化)。

对于中间站的位置优化,即是选择中间站的布站位置,使连接管网节点的管道总投资最少。

对天然气管网的拓扑优化,一般是将管网抽象为图论中的网络最优化模型,气源、压气站、供配气结点为网络节点;两节点之间的管道为网络的弧;弧长为管道的总投资。将管道的投资看作长度的线性函数,将这些节点用管道连接起来,取两节点间的直线距离为边的权,使总的弧长最短,即总投资最少。

2. 管网系统设计优化

在管网的设计阶段,主要解决管径最优组合问题,即通过管网水力计算确定有关技术参数,寻求系统造价最低的优化设计方案。

3. 管网系统运行优化

管网最优化运行问题可以归纳为,根据压缩机状态、管道约束条件、压缩机运行的可行域和流量限定等一些限制条件,以能耗或运行成本最小为目标函数进行优化计算。给出压缩机运行的组合方式和压缩机的操作压力。

(二) 优化分析

按照工程项目的生命周期过程,对天然气管网系统优化问题进行了描述。事实上,天然气管网系统的最优化是一项系统工程,各个阶段相互关联和制约。在管网系统的规划和设计优化中,管网系统的布局优化是和各管段的具体参数相互关联的,两者相互嵌套。如果将这两个方面分割开来逐个求解,分别进行优化设计,所得到的方案往往不能达到全局最优。一种解决思路是将这两个问题看作是从管网系分解出来的两个相互关联的子问题,在两者之间建立必要的关联,逐步进行协调。

在目前所见到的优化设计方法中,大多数都是用连续变量约束非线性最优化,这些方法只能给出连续变量的最优解。然而,在工程设计中经常遇到局部或全部变量只能取限定数值的情况。在广义上,这类优化设计的数学模型中会同时存在着连续设计变量、整型设计变量和离散设计变量即混合设计变量。例如,在集输管网的优化设计中,各集气站压力是连续型变量,压缩机站数是整型变量。而可选用的管径、壁厚是一组离散数值。所以,该问题是求解混合设计变量的最优化问题。这样,如果将其他类型的变量按照连续变量处理,求得最优解后再进行圆整,常常会破坏解的最优性。

从目前已发表的文献来看,天然气管网规划设计的最优化研究还不够成熟。从应用数学的角度来看,输气管网、输油管网、注水管网以及给排水管网的布局规划问题同属网络规划问题,因此在进行天然气管网规划设计最优化研究的时候,可以参考和借鉴其他管网布局规划的优化技术和方法。

在天然气管网运行优化问题中,管道和各种水力元件的水头损失关系、压缩机的性能曲线以及各项投资等,在一定程度上都是非线性的。除工作压力和压比之外,其他变量都是离散的,所以这也是一类多变量混合离散的非线性规划问题。问题的求解由于变量多、变量类型多、约束条件复杂而变得难以求解。传统的很多方法会陷入局部最优,很难得到全局最优解。算法的通用性和实用性也较差。这样,就需要寻求新兴的一些智能算法:例如遗传算法、神经网络等。

(三) 优化方法及其应用

1. 基于图论的管网拓扑优化

图论中的网络优化技术为管理和控制由各种网络组成的复杂系统提供了一种有效方法。在天然气管网规划设计的早期研究中,将管网系统抽象为网络最优化模型,用图论中求解最短路的经典方法求得使管网总长度最短的管道敷设方式,进而确定管网的最优布局形式。这种方法没有考虑管道的不同流量对管网投资和性能的影响。在后来的研究中,在管道的投资函数未知的情况下,将管道的投资看作是管道长度的线性函数,用图论中求解最短生成树的方法求解管网系统的初始布局。但输气管道的投资不仅仅是管道长度的函数,应将其表示为管径、壁厚、管段长度的函数。管道投资的表达是否合理,对问题的最优解会产生重要影响。

确定最优网络布局要用图论算法求解完备图的最短生成树问题。由图论可知,随着完备图中点的增加,网络的每一种拓扑结构树数目也将急剧增加。采用图论中的 Kruskal 和 Prim 算法,能够通过很少的有限次搜索就能确定出网络的最短树(最优网络布局)。

由于工程实际的限制,有时权值次小的生成树(次优解)也可能是实际问题的一个较好的方案。因此,只有采用组合优化的思路求解该问题,才能得到比较满意的解。用遗传算法求解最短生成树问题,能够在较短的时间内,以较高的概率获得一系列最优或接近最优的方案。其优化过程为,首先选择一种合适的编码方式表示最优树问题,然后直接以树的权值最小为优化目标函数,从一组随机产生的初始解出发,以遗传算法控制优化搜索过程,通过不断搜索并评价可行的生成树,逐渐进化到一组权值最小的生成树,实现最短生成树的优化求解。

有文献将各油井的位置和产量看作类似于质点系的系统，称为产量系统。以井的产量乘以它到某点的距离，称之为产量距离，则该系统的产量中心就是其产量距离和的最小值。用原油的运输功（原油运量与运距的乘积）来表示原油的运输费用，建立多级星式油气集输网络拓扑优化的数学模型，采用了神经网络法进行求解。但神经网络用于优化计算时，其稳定状态可能对应于能量函数的局部最小点，为了解决局部极小点的问题，可以加入遗传算法以提高全局收敛性，从而加速系统的求解速度，并由此得到问题的最优解。在求解过程中，所选择的参数不同，对优化结果的质量和迭代次数都有较大的影响。

刘扬等人采用混合遗传算法，将油气集输的拓扑优化问题划分为布局层和分配层两层进行求解。在布局层，采用遗传算法搜索整个布局区域；在分配层，采用拉格朗日松弛法进行求解。这样整个布局区域就能够被有效的搜索，避免了分级优化法中因操作者给定站的初始位值不同对优化结果造成的不利影响。

对于新增产能建设的拓扑优化问题，即管网系统扩建的拓扑优化问题，是图论中分配问题的扩充，其子问题是一个一般的指派问题。根据计算复杂性理论，问题的计算复杂性至少不低于子问题的计算复杂性，所以该问题也是一个 NP 难题，需要寻求有效的近似解法。新增产能建设的拓扑优化问题可以分成网络的拓扑级优化和几何级优化，并在两级优化之间通过几何约束进行协调，获得了较好的优化效果。

2. 基于离散优化策略的管网设计优化

管网的设计优化模型是带等式和不等式约束的非线性规划且设计变量为离散变量。传统上，大多数方法都是采用连续变量约束非线性最优化方法，即把设计变量作为连续变量处理。这些方法只能给出连续变量的最优解。

在管网布局已确定，流量和进出站压力已给定的情况下，可以用非线性规划方法对管径进行优选，但其建模和求解都比较复杂。一种混合网络模型采用了最小成本生成树法。在该模型对管网的优化中，采用参数研究法研究各个独立参数之间的关系，例如初始压力、流量及管径等，发现管径和初始压力之间存在一种最优的关系。

根据输气管优化设计问题的特点，采用 SGP 建立输气管优化设计的数学模型并求解。对管径的离散性问题，采用灰色关联分析法进行处理，使 SGP 与灰色关联分析法有机地结合起来，优选出符合工程实际的输气管道最佳方案。将高度非线性问题的求解转化为具有线性约束的最优化问题的求解，使计算大大简化。灰色关联分析法是一种分析比较各因素关联程度的系统分析技术，是方案优选的一种有效工具。

针对集输管网最优管径是多维约束非线性混合离散优化问题，采用混合离散优化设计方法中的直接搜索法求解。该算法采用了设计空间内的直接搜索技术、查点技术和收敛准则，而且程序对函数的约束条件无特殊要求，只要是可计算函数即可。考虑到了管道强度、稳定性等约束条件中的模糊信息，建立天然气管道模糊优化模型，用最优水平截集法转化为普通模型后再用 MDOD 算法求解。采用复合形方法进行建模和求解，该模型和方法具有较高的可靠性，也是一种有效的求解约束非线性离散变量问题的方法。

为了将天然气集输管网参数优化设计问题变换成适用于遗传算法的离散化最优组合问题，就需要将其变换成关于适应度函数的最优化问题。可以变换成无约束最优化问题进行优化设计，将外点惩罚函数作为适应度函数。为了解决局部极小点的问题，还需要利用遗传算法提高全局收敛性，从而加快系统的求解速度，得到问题的最优解。应该指出的是，遗传算法具体的操作方法（淘汰、繁殖、交叉和突然变异等）无一般的模式，需要根据实际情况建模求解问题，凭借经验和试算进行编程。

3. 基于混合离散优化策略的管网运行优化

天然气管网运行优化模型是一类非线性规划问题。在所有的设计变量中，除工作压力和压缩比取连续值之外，其他值都为离散变量，所以该模型也属于混合离散变量优化问题。有人采用直接搜索法 MDOD 对模型进行求解，获得了较好的速度和效果。MDOD 算法是在综合非线性规划中的"爬山"离散搜索策略和组合优化中的"查点"策略思想基础上得出的一种约束非线性混合离散变量优化设计方法。但该方法在使用时需要根据输气管道优化模型的特点选择合适的搜索方法和查点技术，以避免搜索陷入困境。有人用约束变尺度法研究了输配管网的优化问题，但在其优化模型中没有考虑压气站，也没有考虑用户天然气消费波动性对管网输配气运行方案的影响。当输配气管网中带有储气库时，管网的输配气运行方案将更加灵活，这时输配气受用户天然气消费的波动将会得到有效调节。此时的数学模型将更加复杂，需要求解储气库在计划期内的各个时期应注入或抽出的最优气量，以及何时进行注入或抽取天然气。

作为一种新兴的算法，遗传算法因其具有简单易用，适用于并行分布处理等特点，在管网的运行优化中也有很好的应用。在基本遗传算法的优化过程中，遗传进化初期时，若存在一些超常个体，由于竞争太强，可能导致未成熟收敛现象；另一方面，在遗传进化过程中，如果群体的平均适应度已接近最佳个体适应度，此时由于个体间竞争力减弱，可能导致无目标的随机漫游过程。前者将造成问题不能得到全局优化解，后者会严重影响收敛速度。

4. 其他优化理论和方法

随着相关学科的飞速发展，优化理论也不断更新和完善，进化计算、人工神经网络、群体智能、蛙跳算法等新兴的优化方法也逐步应用于管网的优化中。

进化计算法是遗传算法、进化规划和进化策略的统称，是基于"适者生存"的一类高度并行、随机和自适应的优化算法。区别于传统优化算法，它的特点在于，对问题参数编码成"染色体"后进行进化操作，而不针对参数本身，从而不受函数约束条件的限制，例如连续性、可导性等。搜索过程从问题解的一个集合开始，而不是单个个体，具有隐含并行搜索特性，大大减小了陷入局部极小的可能性。遗传操作具有随机性，并根据个体的适配值信息进行搜索，而无需其他信息。其优越性则主要表现在，算法进行全空间并行搜索，并将搜索重点集中在性能高的部分，从而能提高效率且不易陷入局部极小，具有固有的并行性，通过对种群的遗传变异可处理大量的模式，且容易并行实现。

目前，遗传算法在天然气、石油、城市给排水和农业灌溉管网中都有了一定的应用。

人工神经网络是由大量非常简单的处理单元（人工神经元、电子元件、光电元件等）按照一定的结构模式广泛互连而形成的复杂网络系统，是一种可以用电子线路来实现，也可以用计算机程序来模拟的数学模型。通常用于优化算法模型的是 Hopfield 网络模型。其基本原理是将优化问题的目标函数和约束条件映射为神经网络非线性动力学系统的计算能量函数，将优化问题的最优解映射为非线性动力学系统的稳定平衡态，利用人工神经网络的并行分布式计算结构和非线性动力学系统的动态演化机制，实现优化问题的快速求解。

神经网络模型因具有大规模并行处理、高度非线性、快速收敛于稳定平衡等优点，而被作为一种优化算法模型应用于许多复杂问题的求解中。但神经网络用于优化计算时，其稳定状态可能对应于能量函数的局部最小点，导致寻优过程陷入局部最优。可以引入遗传算法（GA）对神经网络的连接权值进行优化学习，利用 GA 的寻优能力来获取最佳权值，从而跳出局部最优。

粒子群优化算法是基于对鸟群、鱼群的模拟。群体智能优化算法是基于群体的演化算法，其思想来源于人工生命和演化计算理论。

蚁群算法通过模拟蚂蚁搜索食物的过程来求解一些组合优化问题。该算法的主要特点是：正反馈、分布式计算。与某种启发式算法相结合，正反馈使得该方法能很快发现较好解，分布式则易于实现并行计算，从而为求解复杂的组合优化问题提供了一种新思路。

粒子群优化算法通过群体中粒子间的合作与竞争产生的群体智能指导优化搜索。与进化算法比较，保留了基于种群的全局搜索策略，但是其采用的速度—位移模型操作简单，避免了复杂的遗传操作。它特有的记忆使其可以动态跟踪当前的搜索情况调整其搜索策略。与进化算法比较，粒子群优化算法是一种更高效的并行搜索算法。

目前，对于天然气管网拓扑优化的研究仅限于图论模型及在其基础上应用遗传算法。通过对大量资料的调研，该问题还可在图论及传统优化的基础上再有所突破和创新。

在传统的研究中，基于递阶优化的思路对天然气管网系统建立优化模型，将导致模型不能从整体上反映系统的本质，所求得的解往往也不是全局优解。

采用在各级模型间建立协调机制，或用系统论的思想方法考虑工程设计问题，都是一种有益的探索。采用适当的策略，建立能够涵盖管网规划、设计及运行管理等多阶段的优化模型，将是今后天然气管网优化问题的一个研究方向。

将新兴的智能优化算法（例如遗传算法、人工神经网络、群体智能等）引入管网的优化问题中，可以克服传统非线性优化在解决这类问题时所遇到的困难。对于大规模的复杂管网系统，需要解决一些进化算法的计算效率问题，解的质量和求解的稳定性也需要作进一步提高。应针对问题的特点，深入研究新兴的智能搜索策略，将多种方法有机地结合，优势互补，充分利用其强大的全局寻优能力和易于实现的优势，强化管网优化计算方法的通用性。

三、气田地面集输管网系统的优化设计

气田地面集输管网系统是气田地面工程中一个投资巨大、内容复杂的系统，对这个系统进行优化设计，可获得显著的经济效益。气田地面集输系统优化，即是寻求站址、管网市局以及管径、壁厚等主要工艺参数的最佳组合，使得整个系统在技术上可行，经济上最优。通过分级优化和模型协调法，将复杂的气田地面集输系统整体优化问题先分解为若干子问题，分阶段进行优化，然后应用模型协调法，协调管网布局和参数的关系，最终解决气田地面集输系统的整体优化问题[20]。

（一）井组的最优划分

井组的最优划分目标就是确定气井与集气站间的最佳隶属关系，以使各气井到相应集气站间的距离之和达到最短。

（二）集输管网的布局优化

如所研究的气田集输管网的布局是一种星式管网与支状管网相结合的形式，即各气井与所属集气站呈星式连接，各集气站与净化厂（或集气总站）通过集气支线和集气干线呈支状连接。先进行星式管网的布局优化，在此基础上进行干支管网的布局优化。

1. 星式管网的布局优化

最佳隶属关系基础上，以各集气站与气井间的加权距离之和最短为目标函数，优选各集气站的站星式管网的布局优化是在确定了气井与集气站间的地址与管径不同而造成的管道费用的差异，可根据管内气体流量、气体经验流速估算出管径，然后查管材重量与价格表得出。星式管网的布局优化是一个无约束非线性规划问题，可以通过数学模型求解得到结果。

2. 干支管网的布局优化

干支管网的布局优化以集输管网投资费用最少为目标，为研究方便，布局优化过程中暂不考虑压缩机，集输管网投资费用包括管道本身的费用和集输管网年经营费用。

(三) 集输管网参数的优化

集输管网的参数优化是在管网布局已确定的基础上，对管段的管径、壁厚、节点的流量、压力、压缩机的位置以及压比等参数进行的优化。

1. 目标函数

采用净现值法建立目标函数，其目标是使集输系统在整个规划年限内总的净现值为最大。集输系统在规划年限内累计净现值的计算涉及两大费用，即集输管网年现金流入费用（指天然气销售收入）和集输管网年现金流出费用（包括管道、压缩机站的年建设费用和年运行费用）。

2. 约束条件

集输管网参数优化的数学模型较为复杂，采用分解方法，将模型分为管径优化模型和压缩机站优化模型两部分分别进行求解。管径优化模型的求解采用惩罚函数法。求解压缩机站优化模型，需要先确定压缩机站的位置，然后确定最优压比。

(四) 集输管网布局与参数的整体优化

将集输管网布局与参数的整体优化问题划分为两级，第一级子问题为管网布局的优化，第二级子问题为管网参数的优化。在此基础上，应用模型协调法，协调集输管网最优布局和最优参数间的关系，以达到集输系统的整体优化。

(五) 计算软件

根据上述计算，编制了气田地面集输系统优化设计软件，该软件由文件模块、数据输入模块、优化处理模块、数据输出模块、图形显示模块组成，能实现集输系统的优化设计及经济计算等功能，以表格的形式输出管网拓扑关系、集气站位置、各管管径、各节点压力、系统每年的投入、产出费用和净现值等优化结果，并能根据不同的要求以图形方式输出集输管网图，在管网图上可进行站位的调整。

(六) 应用实例

为了有效地降低四川温泉井、黄龙场、渡口河天然气田区块的开发成本，提高开发效益，使用"气田地面集输系统优化设计"软件对温、渡、黄区块的集输管网进行优化设计。根据采输条件和要求分析温、渡、黄区块集输系统优化后的结果可知，该优化方案合理，且具有较好的财务盈利能力。气田地面集输系统的整体优化是一个难于解决的问题，将井组划分、管网布局参数优化相结合，通过分级优化对气田地面集输系统的优化进行研究，建立优化方法和模型，并使用协调变量进行模型协调可以达到集输管网布局和参数的整体优化。

四、天然气集输管网的优化分析

天然气集输工程是气田地面工程的主体工程，也是天然气生产过程中的一个重要环节，集输的任务是收集自地下开采出的天然气或其混合物，并进行分离、转运、外输。集输系统的耗资十分巨大，主要包括管网造价，中间站投资及运行费用，其中中转站的投资近千万元，管材费用也高达每千米数万元。因而在管网规划设计中，采用优化技术确定合理的网络拓扑结构并确定最佳工艺设计方案可以获得较好的经济效益[21]。

（一）天然气集输管网概述

目前国内广泛采用的是多级集输流程，所采用的集输系统管网主要有放射状、枝状和环状，以及这三种的组合形式。放射状管网按照一定的要求将若干气井划分为一组，每组设一个集气站，各气井天然气通过集气管线纳入集气站，再经集气支线、集气干线进入集气总站。枝状管网有一条贯穿于气田的主干线，由干线输入到集气总站。环状管网是将集气干线布置成环状，承接沿线集气站来气，在环网上适当的位置引出管线至集气总站。

天然气集输网络是由弧与节点组成的总体，网络的拓扑结构问题就是确定网络中节点之间连接关系以完成某种特定功能的问题，若是有向网络还要确定弧的方向。与网络有关的组合最优化问题称为网络最优化问题，就是在网络上找一个特定的子网络，使它的权最小或最大。网络的最优拓扑结构问题也是一类网络最优化问题，求解的是满足给定的最优化准则以及约束条件的网络拓扑结构。可以制定经济最优化准则——最大利润、最小总费用、最低成本等；也可以制定技术最优化准则——最大可靠性、最快动作等。这些最优化准则可以作为选择系统功能和系统发展目标的明确策略。天然气管网系统布局优化问题是指在给定气源、用户位置的情况下，确定天然气管道输送系统的最优拓扑结构。

（二）天然气集输管网的优化分析

气田地面集输管网工程是气田地面工程的主体工程，也是一个投资巨大、内容复杂的系统。气田地面集输管网的优化，即明确气井与集气站的最佳归属关系、最优网络布局以及最优管径组合。

1. 井组优化

气田内部的集输流程根据气田的地质、地理条件及气田开发阶段的不同可分为单井集输流程和多井集输流程。对于面积较大和井数较多的气田，为了生产和管理上的方便，通常将气井划分为若干组，每一组气井的天然气都在各自的集气站进行汇集处理后，然后外输。其各组所含的气井数取决于地理条件、气井和集气站的生产规模、井位分布等。根据经验，产量较大的为 6~10 口井，产量较小的为 11~16 口井，最多不宜超过 20 口井。气田集输系统井组最优划分解决的问题是如何最优划分井组，以使建设投资费用最省。目前，在井组最优划分时，大都采用在一定井式和集输半径约束下，以距离之和最短为原则对井组进行划分，没有考虑集气站的集气量规模问题。井组最优划分的目标就是确定气井与集气站间的最佳隶属关系，即在一定的井式约束下，把各气井划分为隶属于各自集气站的井组，以使各气井到相应集气站费用最小，各集气站的集气量分布最合理。

2. 气田站址优化

在气田集输系统工程中，首先遇到的问题是如何确定集气站的数目和站位。很显然集气站的多少直接与投资相关，而且站位的确定又直接影响到整个气田集输管网的结构形式（网络布局），而用于集输的管线投资也高达每千米数万元，管线总的投资一般要占气田集输系统投资的 60%~70%，因此，研究最优化集气站位问题具有十分重要的实际意义。气田地面集输系统是由气井、集气站、压缩机站等部分组成。一般而言，气井和井位是根据已探明的地层构造，在油藏工程设计中确定；集气站位置一般是建在所辖一组生产井的中间。我国的油气田地面集输系统有二级布站和三级布站两种主要类型，采取二级布站，即先将气井用星形网络连接集气站，再将集气站用树枝网络连接到集气总站，形成"集气站—集气总站"两级布站系统。

3. 集气站管网布局优化

在以往的管网布局优化中，一般是根据图论知识将问题分解为两个子问题来考虑，一个是树枝管网的连接方式优化，另一个是中心集气站的选址问题。在问题一的求解过程中，采用的顶点加权的方法进行加权计算得出最小的流量长度之和，求出最小生成数，但是，当无向数转化为有向数后，这个最小的流量长度之和不一定就是干线各管段的最小流量长度之和。虽然在中心集气站的选址问题中考虑了流量的分配问题，目的是为了避免某些管段流量过度集中，造成管径过大增加费用，这样，当把问题二的中心集气站加入到问题一的最小生成数时，会出现某些集气站的气体输往中心站所经过的管线距离过长，而使各管段的流量长度之和没有达到最小。因此，必须将这些集气站的气体进入集气干线接入点进行适当的调整。求得使整个集气干线的流量长度之和达到最小的管网布局。

集气总站的选址问题是属于上述第二类问题中的中心问题，即在给定的集气站中选出一个集气站作为集气总站，使得其他集气站距离集气总站的最大距离为最小。集气总站作为整个气田中综合开发的生产处理、外输及管理中心，其位置的选择要考虑到整个气田管网的流量分布，应使管网的流量分配尽可能合理，有利于整个气田进行最优区域划分和管网布置。

在优化气田综合开发方案时，要在以各集气站作为顶点组成的网络中确定集气总站的位置，其原则是：首先要考虑到各集气站距离集气总站不要太远，即集气总站应处于气田的中心地带，以利于对整个气田的日常管理和维护，这就是网络的中心问题；此外，还要考虑到管网中流量的分配，即要避免某管段中流量太集中，以防管径过大，费用增加，这是网络图中的加权问题。

油气管网系统是大系统，由于其复杂性、多元性，其优化的工作量相当大。当前有必要开展现有设备集输能力优化研究工作，充分利用现有集输设备的工作能力，确保集输管网系统安全、高效地运行，并指导集输设备的更换和改造。然而迄今为止，世界上尚未出现完善的油气管网系统优化设计专用软件，有待进一步努力开拓。

五、天然气集输管网系统规划设计优化

天然气集输管网系统是天然气田地面建设工程的主体建设部分，不仅规划建设投资成本比较大，而且管网建设系统性比较强，对于天然气田工程建设的经济效益影响作用比较大。传统的天然气集输管网系统的规划设计，主要是在确立集输管网规划建设的最优化准则之后，通过建立数学计算模型，使用计算机进行计算分析以得集输管网规划设计的最优化结果[22]。

（一）天然气集输管网中井组的优化设计分析

在进行天然气集输管网系统的优化设计中，对于集输管网系统中的井组规划设计实现最优化，也就是要对于集输管网系统中气井和集气站之间最佳归属关系的确定，以保证天然气集输管网系统中，各气井与集气站之间的距离之和达到最小值，从而实现对于天然气集输管网规划设计成本费用的节约，提高集输管网规划设计经济效益。通常情况下，天然气集输管

网系统中井组的优化设计情况，直接对于整个集输管网系统的规划设计实施有着很大的影响。

在进行天然气集输管网系统中的井组规划设计中，对于井组的传统最优化设计实现，通常都是遵循集输半径以及一定井式条件要求下，在不进行集输管网管道流量情况的考虑条件下，只按照各气井与集气站之间的距离之和最小的优化原则进行划分确定。这样的井组优化设计方案在进行井组的优化设计过程中，由于优化设计考虑条件的局限性，使得在实际中的合理性往往比较低，适用性较差。针对上述问题，在进行集输管网井组的优化设计中，不仅将集输管网系统中各个集气站的集气量规模作为优化设计中的一个需要考虑的要求条件，以保证井组优化设计计算中各集气站之间的集气量更加合理，并且在进行气井和集气站之间距离的计算中，还对于各计算点之间的高差进行考虑，以满足对于优化设计中对于计算结果准确性的要求，此外，在进行集输管网井组的优化设计中，还将传统优化设计中井式的约束条件作为迭代计算的初始条件进行保留处理。在进行井组的优化设计中，主要在根据传统优化方法进行初步设计规划情况下，利用上述模型公式对于气井与集气站之间最短距离计算结果进行验证，以实现对于井组的最优化设置。

（二）天然气集输管网中集气站址的优化设置

以二级天然气集输管网集气站址的规划设置为例，其中二级天然气集输管网集气站主要是指包含集气站与集气总站两级的集气站系统，它主要是在将天然气集输管网系统中的气井在通过星形网络与集气站进行连接的情况下，再使用枝状网络形式将集气站与集气总站进行连接起来集气站布局方式。通常情况下，对于集气站站址的优化设置，是在对于集输管网系统中井组的优化设计完成后进行的，主要是各集气站和气井之间的加权距离和是最小值，为最优化设置目标，来实现对于集输管网系统集气站位置的最优化设置实现。

（三）集输管网系统枝状管网布局的优化设计分析

在进行天然气集输管网系统的规划设计中，对于枝状管网布局的最优化设计实现，主要是为了保证集输管网系统中各个集气站之间的集气管线的连接建设投资成本实现最小，以实现节约天然气集输管网整体规划设计成本的目的。通常情况下，在进行集输管网系统中的枝状管网布局方式的最优化设计过程中，通常需要根据集输管网系统中枝状管网布局设计的图样，通过对于集输管网系统中枝状管网连接方式的优化设计分析，和对于集输管网系统中枝状管网布局设计中的中心集气站位置选择的优化情况进行分析的基础上，实现对于枝状管网布局方式的最优化设计实现。

在传统对于集输管网系统的枝状管网布局方式优化设计中，由于对于依照图样方向和管网各管段的流量以及流向情况不清楚，因此，在进行最优化设计中，主要是采用顶点加权进行最小生成树的计算求解，以进行枝状管网连接方式的确定，往往计算解决准确性不够。而对于枝状管网中中心集气站的位置选择，也是在基于无向图样的情况下计算求出的，对于管网布局的整体考虑不足，设计效果并不理想。为了实现对于枝状管网布局的最优化设计实现，在根据传统优化设计问题的情况下，通过数学计算模型，对于枝状管网的集气站中心站位置进行选择确定，最终通过在有向生成树中对于管网布局方式进行调整，以实现对于枝状管网最优布局方案的最终确定。

在进行天然气集输管网系统的规划设计优化过程中，应注意结合集输管网规划建设的具体情况，确定相应的规划设计准则，选择合理的优化设计方案，以提高优化设计的合理性与与适用性,节约规划设计成本。

六、天然气集输管网优化设计方法

(一) 天然气集输管网优化模型的建立

目前国内广泛采用的是多级集输流程,所采用的集输系统管网主要有放射状(或称星形)、树枝状和环状,以及这三种方式的组合形式。考虑到实际使用的情况,气田集输管网采用一种星形管网与枝状管网相结合的形式,即各气井与所属集气站以星形连接,集气站之间以集气干线连接,集气干线将各集气站与集气总站呈枝状连接起来[23]。

(二) 数学模型的求解

集输管网的最优布局是在集气站的优化站位确定以后,对各个集气站与总站的连接方式进行优化,在暂不考虑某些因素影响的条件下,要使得整个网络铺设的可行管线总长为最短,对于这类问题,可采用图论的方法进行系统分析和确定。设计采用 Prime 算法,来确定集输管网最优布局。

确定集输管网最优布局与最小生成树问题相似,只要给出集气站的位置,算出集气站之间的距离,就可以求出最小生成树,从而也就确定了最小布局。各个集气站之间的距离用数组来表示,采用三个指针来分别记录距离值、最小生成树的本节点和下一个节点。当所有站点都包括在内时,程序便结束运行,否则继续循环。

(三) 参数的优化——最优管径组合的确定

当初始最优网络布局确定之后,就需要确定使管网投资和操作维护费用最小的最优管径组合,即管网的参数优化设计。针对输气管网结构参数设计问题,提出了优化设计模型。数学模型采用遗传算法求解,需要将约束条件转化到目标函数中去对于不等式约束条件,一般采用惩罚函数法。在确定了设计变量和约束条件,建立了优化模型之后,再进行编码。遗传算法中二进制字符串的长度取决于管网的管段数。

管网优化计算中的适应度必须反映管网造价和每年的维护费用以及年运行费用,同时应该做到费用越低则方案的适应度越大,才能达到管网优化的目的。按照这个要求,通常可以将适应度表示为费用函数的倒数。按照编码规则,对群体中的每个个体进行解码,还原出管网的管径和壁厚信息,被选中的每个个体具有一个选择概率,这个选择概率取决于种群中个体的适应度及其分布。

采用轮盘赌选择方法该方法是目前遗传算法中最基本也是最常用的选择方法。在该方法中,各个个体的选择概率和其适应度值成正比。其中交叉是把两个个体的部分结构加以替换而生成新个体的操作,也称基因重组,其目的是为了能够在下一代产生新的个体,就像人类社会的婚姻过程,通过交叉操作,遗传算法的搜索能力得以飞跃的提高。交叉是遗传算法获取新优良个体的重要手段。采用单点交叉具体操作为:在基因串中以概率 P_c 选择一个交叉点,实行交叉时,该点前或后的两个个体的部分结构进行互换,并生产新个体。

变异操作是以概率对群体中的每个个体基因串的基因值进行改变。变异操作就是把基因值取反,即由 0 变为 1 或由 1 变为 0。通常情况下变异概率取 1%~5%。经过上述步骤后,初始种群已经进化成新的种群了。对新的种群再进行适应值的计算选择交叉和变异,如此重复操作,种群中的个体适应值和种群平均适应值将不断提高。

虽然遗传算法具有概率收敛的极限性质,然而实际算法通常难以实现理论上的收敛条件。因此,常用方法包括:给定一个最大进化代数;给定个体评价总数;给定最佳搜索解的最大滞留代数等。这里采用最大进化代数来终止算法。

从程序运算结果可以看出,该方案是经济可行的。在本例中,每一代计算了 50 个个体(即种群数),程序共运行了 50 代,总共对 50×50 = 2500 个方案进行了分析,占管网总方案数极小部分,说明用遗传算法求解效率很高。

七、天然气集输管网优化

由于我国的天然气分布上不均匀,而且用户的需求也不太统一,原有建设的输气管网和储运设施已无法满足要求,随着我国对天然气开发力度的不断增大,天然气输送管道正向着复杂化的网络系统方向发展,因而,对天然气集输管网系统的优化具有很重要的意义[24,25,26]。

(一) 我国天然气管网现状

天然气管网现在主要建成的三类区域性管网线有川渝地区的环形管网、陕甘宁气区的放射形管网和各油田建成的一些区域性管网,这些管网和"西气东输"工程的建成及投入使用改善我国能源消费结构起到了至关重要的作用。我国天然气运输业较发达的川渝地区,20 世纪 70 年代后,继戚成线、泸戚线、卧渝线后,1989 年建成了从渠县至成都的半环输气干线(北干线)。这标志着四川天然气环形管网已初步建成,这是我国第一区域性环形管网系统,基本上具备了向用户安全、平稳供气的能力,历经 40 多年的不断完善,川渝地区天然气管网基础设施配套已形成较完善的供应网络,到目前为止,已建成连接四川、重庆等地区的输气管道约 6500km,占全国天然气管线总长度的 26%。陕京线是我国第一条陆上大口径高压输气管道,1997 年建成投产,主要目标市场是以京津为主的环渤海地区,2003 年完成对陕京线的扩容改造,增建了灵丘压气站,使管道输气能力提高,忠武线是为充分利用川渝地区天然气资源,满足中南地区用气市场需求而修建的一条川气东输出川管道,西气东输管道工程是我国第一条赶超世界先进水平的陆上大口径高压输气管道,主要目标市场是河南、江苏、浙江、上海等中东部地区。为保证供气安全,在冀、鲁、苏地区已开始建设西气东输与陕京二线的联络线——冀宁联络管道,这是我国第一条以联络为主要目的的天然气管道,由于我国的天然气分布和需求不均,现有的输气管网和储运设施无法满足要求。因此,大力加强天然气管道建设是天然气工业高速发展的迫切要求。

(二) 滩海油气集输工程

通过一系列的矿场集输站收集天然气,并经过降压、分离、净化使天然气达到符合管输要求的条件,然后输往长输管道。近一年来,新一轮油气资源评价初步成果统计,远景资源量约为 $17.4×10^{12}m^3$,其中:西部区约占 48.4%,南部区约占 28.4%。大港油田埕海油田油气集输主要采取人工岛与人工井场内油气混输或三相分离器处理后油气分输,生产管理系统的核心是人工岛上的中控室,是整个岛的安全生产中枢,安装了生产控制计算机系统和安全环保数字监控系统,实现海上油田安全、环保、生产实时监控。同时在建设埕海油田过程中,形成了滩海人工岛,海底管线,电缆的设计、施工、防腐、维修等整套成熟的滩海石油工程技术。

(三) 天然气集输管网优化

在满足使用功能和安全生产要求的前提下,将集输管网建设投资和集输生产运行费用对天然气集输及处理生产总成本的影响降到可能的最低限度。

管道材质的选择和对制管方式的要求；钢管材质应与天然气的气质条件、已选定的腐蚀防护作法对管材的要求和管道在当地最低气温时可能达到的金属最低工作温度相适应。其强度由管道的计算壁厚与钢管制作工艺所决定的最小管壁厚度之间的关系来确定，当计算壁厚远大于最小壁厚时适度提高强度水平以降低计算壁厚；当计算壁厚与最小壁厚相近时，以最小壁厚为依据来确定管道金属材料要求达到的强度值。管径不大的集输管道宜选用无缝钢管，大直径集输管道可以采用焊接钢管。目前在湿状态输送含酸性气体、尤其是含 H_2S 天然气时，一般不采用螺旋缝埋弧焊和高频电阻焊钢管。

管网布局与集输场站布局和选址要求相一致。场站布局和选址的合理性也是影响集输生产成本的因素之一，集输管网的优化应与场站布局的优化相结合，在气田集输系统工程中，首先遇到的问题是如何确定集气站的数目和位置。由于集气站的多少直接与投资相关，而且站位的确定又直接影响到整个气田集输管网的结构形成（网络布局），而用于集输的管线投资业高达每千米数十万元，管线总的投资一般要占气田集输系统投资的60%~70%，因此，研究最优化集气站位问题具有十分重要的实际意义。

实现管网的最佳管径组合。管网的最佳管径组合是指管网中各管段的直径在满足流动要求的情况下最小、各管段的直径相互匹配，在管道总长度变化不大的情况下大直径管道的长度在管道总长度中的分率尽可能小。当前世界的输气管道发展的总趋势为：长运距、大口径、高压力、网络化、采用高等级管道钢、控制管理的自动化和通信技术以及采用高压输送富气技术，埕海油田海底管道的成功设计、并顺利投产为滩海地区海底管道的设计积累了一些宝贵的经验。

第三节　天然气集输工艺新技术

一、国内天然气集输工艺技术研究现状

(一) 天然气集输管网方式

根据一个天然气田的气井分布、产气量、所处环境等不同约束条件而采取不同的集输方式。在油气田常用的集输管网形式有放射状、树枝状、辐射—枝状组合、辐射—环状组合、环状等多种结构。气田内部集输流程，采用枝状单井集气流程和放射状多井集气流程情况比较多。对于狭长气田，一般沿气藏长轴方向建设集气干线，单井分别通过支线接入干线的枝状集气系统。对于气井较集中、井距小、大面积成片开发的气田，采用放射状集气系统，便于生产时集中控制和管理。针对不同气藏的形状和开发时的现状，采用不同的集输方式。多种集输方式相结合的方式更能适应气田的前期开发及后期调整[27]。

(二) 天然气地面集输工艺模式

气田生产过程一般采用滚动式开发，气井的压力会随着时间逐渐减低。所以考虑到整个气田的生产生命周期过程，应尽量实行高、低压、增压管网分输。但地面集输工艺模式没有什么变化。

目前，我国有以下几种气田地面集输工艺模式：

(1) 井口加热节流地面工艺模式。

(2) 井口注醇高压集输工艺模式。

(3) 井下节流、井口不加热、不注醇、中低压集气模式。

我国广泛采用加热方法来提高天然气的温度，使天然气节流前后不会在气体所处压力下形成水化物，产生冰堵，影响管输效率。

1. 井口加热节流地面工艺模式

井口加热节流地面工艺模式是在井场对气井产出的天然气先加热，然后节流，对于压力较高的井，可两次加热两次节流，进行气液分离并计量，或去集气站分离、计量后外输。在四川气田、胜利油田等老油田使用较多。

对于开采初期的高压天然气，气井密度大的可采用多井式加热炉进行加热和节流。所谓多井式加热炉就是一台加热炉同时对多口气井进行加热，然后节流。所以一座集气站一般只需 2~3 台加热炉即可满足工艺输送要求。

很多气田已经采用此方法进行生产运行，方法可行，不仅减少加热炉的台数，提高设备的利用率，而且减少了集气站数量，减少了设备占地。但是如果井比较多，气井压力不同，产气量不断变化，加热温度就不好控制了。

2. 井口注醇高压集输工艺模式

井口注醇高压集输模式指在井口不设任何设施，在集气站或是移动注醇车通过注醇泵沿注醇管线将醇注入井口产出的天然气中，以防冻堵。经泵注后的天然气直接集中到集气站，在集气站进行节流、气水分离、计量，然后输往总站集中处理或是直接输送至用户。该模式的工艺特点是：工艺流程简单，管理方便，投资较低；但由于需要注醇，运行的费用较高，一般使用的为乙二醇（可再生）和甲醇（不可重复再生，污染性大，再生二次利用困难）。近年来，井口注醇高压集输模式在新开发的西部气田使用较多，如大牛地气田、靖边气田、涩北气田都采用了这种模式。

注醇量主要取决于单井产量、压力和温度。注醇管线压力取决于井口压力，一般注醇压力比井口压力高 0.1~0.2MPa。注醇管线的最高耐压值为 30MPa。井口注醇方式很多，如滴注、气动注醇、井口雾化注醇、泵注醇以及集气站集中注醇等。目前的气田主要采用集气站集中注醇，因为整套注醇系统建在井口，很容易遭受破坏，需要现场维护和远传控制，维护费用比较高，所以现在采用的是多井集中注醇或是橇装式移动注醇。

3. 井下节流、井口不加热、不注醇、中低压集气模式

井下节流技术是将井下节流器安装安装于油管的适当的位置，井下节流技术使天然气的节流降压过程发生在井内，同时利用地温对节流后的气流进行加热，使节流后的气流温度能够得到一定程度的恢复，并高于该压力下水合物和液烃的形成温度，同时提高气体的携液能力，因此在井口不再需要进行加热或是注醇。这大大减少了地面工程上的设施建设，节约成本，实现了地面无人值守。适合以川西地区和长庆苏里格气田为代表的低孔、低渗、低产、低丰度的气藏。此种工艺方式是苏里格气田实现"低成本开发"的关键技术之一，川西地区海相气藏开发试采正在使用该项集输模式。

（三）高含硫气田的输送

相比于低含硫或是不含硫气田，高含硫的气田其输送方式又不一样。高含硫气藏在我国范围分布广泛，四川盆地渡口河气田、罗家寨气田、普光气田、龙门气田、中坝气田雷口坡组气藏和卧龙河气田嘉陵江组气藏、川西地区须五气藏等，这些气藏遇到的主要问题是硫化

氢对管道、设备的腐蚀。

国内外含硫天然气的集输方式主要采用湿气和干气输送和两相混输三种工艺方案。借鉴了国外一些先进技术，无论哪种方式在技术都是比较成熟的，只是在实际某一气田或是气井时需考虑诸多经验和进行前期先导实验或是试生产现状。干气输送是指原料气在管输前进行气质处理，脱除其中游离水，根除腐蚀问题。干气输送工艺的优点不需要用伴热保温输送，线路施工难度较小；线路压损较小；清管频率低，高含硫气就地脱水提高了输气系统的安全性。但是干气输送工艺增加了集气站、脱水站的投资；加大了污水、废气的处理难度，环境污染大，且污水还需回注，投资较高。干气输送包括加热输送和脱水常温输送两种方式。加热输送顾名思义就是给高含硫天然气加热使其管输温度高于天然气露点，不易形成水合物。脱水常温输送则是靠降低水露点避免管输时游离水析出。现场常选用脱水常温输送，避免在管道停输后管输温度下降带来事故隐患，同时降低了管网的腐蚀。

1. 高含硫天然气湿气输送

常规的湿气输送是在井口和管内加注缓蚀剂以减缓腐蚀。在集气系统常采用向天然气中注入甲醇或乙二醇等水合物抑制剂以及采用水套炉加热等方法以防止水合物生成方案。

湿气输送工艺可节省部分站内管线的管材和设备的安装费用；沿途无废水废气排放，有利于环保；不需脱水压力损失少。但对于高含硫气远距离湿气输送而言，输气系统的安全风险较大；集气支线和集气干线均需采用伴热保温输送，施工难度较大；沿线需加注缓蚀剂、醇并增设中间加热站，长期经营费用较高；而且湿气输送对管道材质要求高，必要时内层也需要加防腐处理，需要埋在冰冻线以下，否则会冻坏管道设备。

2. 两相混输

两相混输主要是针对凝析气田。天然气中含有凝析油、水，采取气液混输方式，实现密闭输送，简化了地面集输流程。目前克拉2气田及长北气田已经使用此种集输方式。对于两相混输管路，流型变化多，具有流动不稳定性。对于崎岖山路，管路起伏较大，管内流型变化大，而且在低洼处和上坡管段会有大量积液，造成较大的摩阻损失和滑脱损失，影响输送效率。且在清管时，段塞产生气压波动而导致设备效率和稳定性的问题。所以两项混输不适合地形起伏较大的地区，尤其是起伏较大的高含硫气田。

二、天然气集输工艺技术的优化创新

针对苏里格气田地质特征，合理解决以下难点，创建一套具有自己特色的地面集输工艺，是开发建设苏里格气田极其重要的任务[28]。

（1）单井产量低，递减速度快，稳产能力差，气井寿命期短，气田单位产能建井数增多，地面建设投资控制难度增大。

（2）气田初期生产压力高达22MPa、但压力下降快，大部分时间处于低压生产状态，系统压力低。

（3）气井携液能力差，井口温度低，易生成水合物，如采用以往防止水合物形成的方法，则注甲醇量很大，成本增加。

（4）气流中含有少量重烃，需采用同时脱油、脱水的工艺。

（5）气田采用区块接替的开发方式，造成地面集输系统部分设施过早废弃。

（一）地面集输工艺的探索

自 2001 年以来，苏里格气田开展了大量的开发前期评价和技术攻关工作，其中包括开辟了苏 6 井区开发试验区。

2002 年苏里格气田开始试采与地面建设工业试验。首先在苏 6 井区先导性开发试验区建井 17 口。2003 年又在苏 6 井区钻加密井 12 口。2004 年开发评价试验区共有 28 口生产井进入系统，建成苏 1、苏 2 集气站及外输集配气总站 1 座。2005 年在现场开展了大量的开发评价试验工作。

在做好开发试验的同时，又开展了大量的地面集输工艺研究与实践工作，其历程如下。

（1）2002 年试采时按照"高压集气、集中注醇、节流制冷、脱水脱油、分散处理、干气输送"的集输工艺模式进行建设，但在生产过程中暴露出以下问题：气井压力下降快，无法满足节流制冷所需的压力能；气井产量低，携液能力差，井口温度低，采气管线频繁形成水合物；气井间压力差异大，造成系统压力匹配困难；建设投资和运行费高。因此，采用以往的高压集气工艺难以适应苏里格气田开发建设的要求。

（2）2003 年为适应中压集气和低成本开发、节能降耗的要求，采用了"井口加热、保温输送、中压集气、分散处理、区域增压"的集输工艺模式，建设了 12 口加密井，同时对原有流程进行了改造。其中，主要完成的工作有：集气站建设氨制冷装置满足低温脱油脱水需要；在集气站设置天然气增压机组满足低压生产要求；采用中压集气工艺，使水合物冻堵现象大幅减少。

同年，为了适应天然气可利用压力能变小的现实，在榆林气田开展了节流制冷工艺的试验研究。为了适应开发部门提出的密集井网开发的部署，进行了丛式井集气工艺和阀组集气工艺的研究工作，两项工作均取得了突破性进展。

2003 年底又对加拿大阿尔伯达气田、美国圣胡安气田和四川新场气田进行了调研。这些气田与苏里格气田具有相似的地质特征，都属于低产、低压、低渗气田，所采用的集输工艺技术各有特点。通过调研取得了如下认识：（1）设置开工加热炉，采用初期放压生产的中低压集气工艺，有利于低压气田的开发；（2）井口设备全部橇装化，井场只作简易处理，有效降低了地面建设投资；（3）采用增压集气工艺，延长气井生产周期，提高气田采收率；（4）采用井口无人值守模式，大幅度降低了管理运行费用；（5）天然气就地销售，降低外输压力，简化了气田增压工艺，降低了工程建设投资。

（3）2004 年随着对苏里格气田地质特点认识的不断深入，明确了采用"集气站和天然气处理厂二级增压外输、采集气系统湿气输送、天然气处理厂集中脱水脱油的地面集输工艺思路，并提出了"井口加热、低压集气、井间串接、带液计量、湿气输送、二级增压、集中处理"的集输工艺流程。虽然该流程简化了集气管网，但井场工艺仍有待进一步的简化。为此，在 2005 年又进一步开展了研究工作。

（4）在前几年的试验基础上，2005 年又进行了井下节流、简化采气、井间串接采气和湿气带液计量工艺等工业试验，并取得良好效果。

由此可知，针对苏里格气田地质特征，经过多年的工业试验和不断优化、创新，最后形成了当前采用的"井下节流、井口不加热、不注醇、井间串接、带液计量、中低压集气、常温分离、二级增压、集中处理"的集输工艺流程。

（二）地面集输工艺技术的主要特点

国内外气田所采用的集气工艺流程主要有单井集气和多井集气两种。所采用的集气管网主要有树枝状、放射状和环状三种集气管网。国外气田采用单井集气和树枝状集气管网的比较多。我国川渝气田大多数采用单井和多井集气、放射状管网和环形组合管网。究竟采用哪一种流程比较合理，要针对各气田开发和建设特点来确定，也可以同时采用两种以上的管网组成联合管网，取长补短。

针对苏里格气田地质特征，采用的是多井集气工艺流程，采气管线、集气支线均采用了树枝状管网，集气干线则采用了放射状集气管网。这种管网组合方式管线短、投资省、可靠性高。

1. 井下节流工艺

2005—2006年，随着井下节流工艺的试验成功，研究与探讨了采用该工艺对地面集输工艺的影响，主要表现在以下几个方面。

（1）井下节流器的投入深度一般在地下1500~2500m。由于在此深度下地层温度很高，气体节流后，一方面降低了井筒压力，另一方面可利用地层温度对气体加热，使节流后气体温度基本能恢复到节流前温度，防止了井筒和井口管线中水合物的生成。

（2）采用井下节流工艺后提高了气井携液能力。

（3）采用井下节流工艺后降低了井口压力，集输系统压力随之降低，注入的甲醇量可大幅度减少。夏季基本不用注入甲醇，而在冬季则可采用临时注醇方法。经试验证明，甲醇注入量最少减少约40%（质量分数）。

（4）采用井下节流工艺后，正常情况下井口不必设置加热炉。在节流器正常投运前，井口采用临时加热节流的方法，防止水合物的形成。运行10d左右，排除井筒残液并且掌握气井产能后，再投放节流器。因此，既减少了加热负荷，又大大简化了井口设施，从而可实现无人值守。

（5）采用井下节流工艺后，可以采用中、低压集气。由于管线埋设深度处环境温度为2~3℃，而水合物形成温度为1.5℃，故管线不必保温。

2. 采气井口高低压切断保护技术

当采集气管线堵塞、节流器失效等情况发生时，气井产气量减少，压力升高，从而导致地面管线超压。此外，当管线发生腐蚀或遭到意外破坏引起泄漏时，又会引起井口压力降低。因此，在井口设置了自力式高低压切断阀，避免因井口超压而破坏下游管线和管线泄漏造成的事故。

3. 单井气量湿气带液计量工艺

根据苏里格气田井数多、产量低、不确定性带水含油和生产压力下降快的特点，其单井产气量计量选择适用、合理的流量计量方法和计量仪表，是确定苏里格气田流量计量系统设置的关键。通过大量的流量计现场比对试验，确定采用简易旋进旋涡流量计对单井气量进行连续带液计量。流量计工作压力为4.0MPa、流量计量范围为6000~9000m^3/d，可显示瞬时工况流量和累计工况流量，并可根据运行压力、温度将工况流量换算为标方流量。简易旋进旋涡流量计相对智能旋进旋涡流量计的计量误差一般在5%~10%，可满足单井在线湿气带液计量的要求。

4. 井口和管线采用橇装移动注醇解堵技术

苏里格气田所处区域气温变化大，冬天最低温度达-29℃，而气田又采用湿气集输工艺，为防止冬季环境温度过低导致气井井口和地面管线发生冻堵影响正常生产，根据气井生产情况，在井口或管线发生冻堵时，采用移动注醇车进行注醇，保证正常生产。

5. 井间串接和中低压湿气采气工艺

由于苏里格气田井数多、井距小、单井产量低，为简化采气系统，采用井间串接管网，通过采气管线把相邻的几口气井串接到采气干管，几口井来气在采气干管中汇合后进入集气站。一般串接的气井井数为6~8口，集气站辖井数量为50~70口。因此，优化了管网布置，缩短了采气管线长度，增加了集气站辖井数量，降低了管网投资，提高了采气管网对气田滚动开发的适应性（图3-7）。

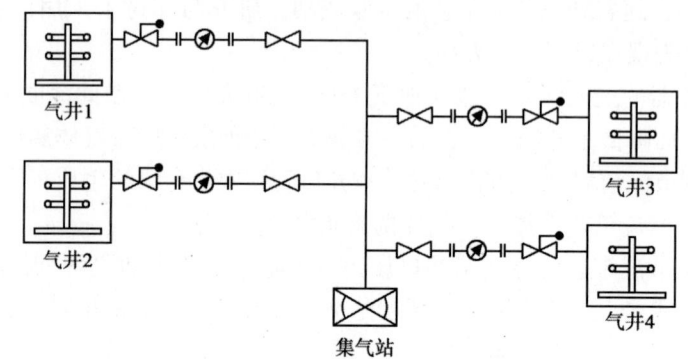

图3-7 井间串接采气工艺示意图

此外，由于苏里格气田气体中微含H_2S和CO_2，其腐蚀性相对较弱，故采用了中低压湿气采气工艺。通过井下节流，井口天然气压力一般为1.5MPa，因而井口不加热，采气管线不保温（采气管线埋设于冰冻线以下）、不注醇。这样就保证了井口和采气管中不会形成水合物，并使井口达到无人值守。

6. 集气站常温分离和增压集气工艺

湿天然气通过采气干管进入集气站的压力为1.3MPa。在集气站的进站总机关汇合后，经常温分离、增压、计量后去集中处理。夏季地温较高时，也可将压力提高至3.5MPa运行，充分利用气井压力，停止压缩机组运行，降低能耗，节省运行费用。集气站分散增压可降低井口最低生产压力，延长气井生产周期，提高单井采收率，同时降低了管网投入，满足气田增压开采和天然气增压输送的要求。根据系统压力，集气站采用一级增压，使天然气压力从1.0MPa增压到3.5MPa后输送到天然气处理厂。

7. 集中低温脱油脱水的处理工艺

为了满足天然气外输质量和压力要求，先在天然气处理厂二次增压，再采用冷凝分离法脱油脱水，制冷剂为丙烷。集气干线来气进入处理厂预分离器，正常情况下对原料气进行气液分离，清管时对进入的液体段塞进行捕集；然后再进行增压，压力由2.5MPa增压至5.6MPa。增压后的天然气先经空冷器冷却，再在进入预冷换热器（冷箱）时注入甲醇。预冷换热器利用外输的冷干气对原料气进行预冷，夏季温度降低至5℃，冬季温度降低至-7.5℃；然后，又进入丙烷蒸发器进一步降温，夏季温度降低至-5℃，冬季温度降低至-15℃（根据水、烃露点要求而定）；降温后的流体进入低温分离器脱油脱水，最后进入聚结分离器进行精细分离，确保外输气的水、烃露点符合要求。由低温分离器分出的气体（干气）进入原料气预冷器与原料气换热，复热后的干气（保证水、烃露点符合要求）在5.2MPa下外输。此外，还在井口设置了简易的数据采集系统，主要由数字电台、太阳能电池板和流量计组成。数字电台将流量计的温度、压力和流量上传到集气站，在集气站对每一口气井进行集中监测，一旦气井发生压力超高或降低、温度降低、流量变小等情况时，集气站数据采集系统就会报警，值班人员可通知巡井人员采取相应的应对措施。采用数据采集系统后不仅减少了巡井工作量，而且保证了气田的安全生产，同时减少了生产操作人员，提高了管理水平。

三、长庆气田天然气集输及净化处理工艺技术

天然气集输就是把气井采出的天然气经过降压、分离、计量及集中起来，输送到输气干线或去净化厂脱硫、脱水的过程。它以气井为起点，以气井采出的粗天然气为原料，以输气干线首站为终点。

长庆气田是我国天然气增储上产的主力气区，也是我国现阶段天然气领域建设速度最快、产能规模最大的气区，主要由苏里格、靖边、榆林和子洲米脂等9个气田组成，气藏具有典型的低渗、低压、低丰度"三低"特征，开发层位主要位于中部的鄂尔多斯盆地，横跨陕甘宁蒙晋5省区。气田工作区域分散，自然环境十分艰苦，北部为沙漠、草原及丘陵区，地势相对平坦；南部为黄土高原，山大沟深，沟壑纵横，梁峁交错[29]。

长庆气田"三低"的气藏特征、气质条件的多样性和地理条件的复杂性，导致气田开发难度极大，经过长期的技术攻关，并采取合作开发的模式，引进了国内数家兄弟油田单位和两家国际知名公司进行合作开发。

（一）地面集输工艺技术

长庆气田区域内不同气田的地面集输工艺技术各不相同，都具有各自的特点。靖边气田集输工艺突出特点是高压集气，榆林气田是低温工艺，苏里格气田则是"井下节流、井间串接和多级增压"的中低集气工艺，而壳牌长北合作区则突出了其安全保护技术和HSE理念，道达尔苏里格南合作区则体现了其大井丛布置理念，随着气田的持续开发，目前出现了上下古合采的新开发模式，地面集输系统需要上下古兼顾、统筹考虑，突出特点是上下古两套流程的合采技术。

苏里格气田主要为二叠系下石盒子组盒8及山西组山1气藏，井深为3200~3600m，是典型的低孔、低渗、致密天然气藏，地质情况复杂，非均质性强；单井产量低，平均只有1×10^4m^3/d左右，且稳产能力差；压力递减速度快，气井原始地层压力高达25MPa以上，开井后压力短期内（6~8个月）下降到5MPa以下。苏里格气田天然气中CH_4含量在90%以上，平均每1×10^4m^3天然气约产0.02m^3凝析油，属低碳硫比、低含凝析油的湿天然气。

苏里格气田的开发经历了相对较长的技术攻关过程，在2002-2006年间，地面集输工艺经过了三个发展阶段：第一阶段的高压集气，第二阶段的井口加热管道保温，第三阶段是在井下节流技术取得成功后形成的"井下节流，井口不加热、不注醇，中低压集气，带液计量，井间串接，常温分离，二级增压，集中处理"的中低压集气模式。苏里格气田中低压集气工艺流程如图3-8所示。

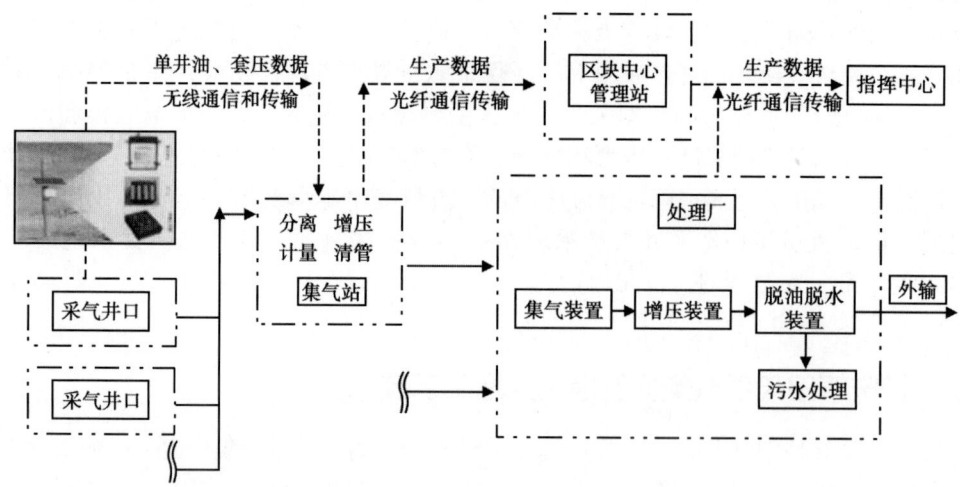

图 3-8　苏里格气田中低压集气工艺流程示意图

井下节流工艺对简化地面集输系统起到了关键的作用，由于地层温度很高，气体节流后，一方面降低了井筒压力，另一方面可利用地层温度对气体加热，使节流后的气体温度基本能恢复到节流前的温度，有效防止了井筒和井口管道水合物的生成；同时，天然气压力的降低提高了天然气的携液能力。

苏里格气田井数多、单井产量低、井口气带液，选择适用的计量仪表和计量方法是确定苏里格气田流量计量的关键。在通过大量的现场比对试验后，采用了简易孔板作为对单井气量进行连续带液计量的流量计。

采用井间串接集输模式，通过采气管道把相邻的气井串接到采气干管并集中进入集气站，减小了采气管网规模，缩短了采气管道长度，增加了集气站辖井数量，降低了管网投资。井间串接集输工艺流程如图 3-9 所示。

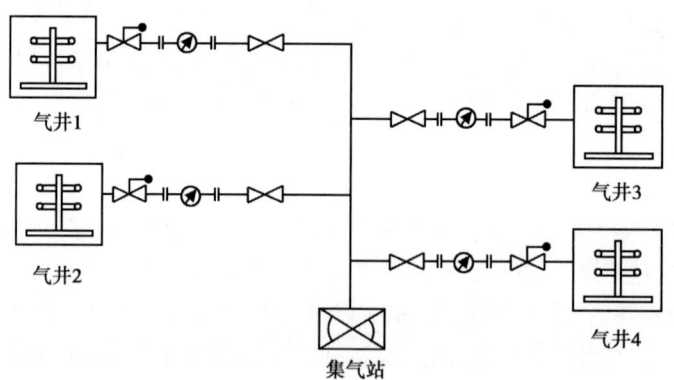

图 3-9　井间串接集输工艺流程示意图

苏里格气田的增压工艺也独具特点，采用了 2 地 3 级增压模式，2 地指在集气站处理厂分别设置增压，3 级指集气站的 2 级增压和处理厂的 1 级增压。2 地分散增压更适合苏里格气田区域面积大、井口生产压力低的特点，可延长气井生产周期，提高单井采收率，降低管网投资。并采用变压运行方式,以最大程度地利用地层压力,节流降耗。气田开发初期,夏季温度较高时只运行处理厂1级增压,冬季温度低时运行集气站、处理厂2级增压;气田开发后期则3级增压全部运行,井口适应压力范围达到0.7~4.0MPa,满足了苏里格气田经济高效开发的需要。

1. 壳牌长北合作区一级布站工艺

壳牌长北合作区一级布站工艺长北合作区位于榆林气田北部,2006年正式开发建设,首次采用了水平井、分支井和丛式井相组合的开发部署模式。总规模为 $30 \times 10^8 m^3/a$,共布置23座井丛53口井。采用初期放压、后期稳产的生产方式,单井初期产量可达 $120 \times 10^4 m^3/d$ 以上。地面集输工艺特点是采用了一级布站的集输模式,区内不设集气站,气井天然气通过集气管道直接输送至中央处理厂。各井丛内单井产出的天然气分别在井口经孔板湿气计量后,再节流降压汇合,由集气支线气液混输就近接入集气干线,集气干线汇集的天然气输送至位于气田中南部的中央处理厂。井口设置开工加热,实现初期放压生产、中压集气,为了控制清管段塞流的大小,采用分段清管、清管球集中回收技术,并首次在国内气田地面系统中应用了仪表保护系统。集输工艺可概括为"井丛集气、开工加热、中压集输、气液混输、井口计量、仪表保护、智能清管、低温分离、集中增压"。长北合作区地面集输工艺流程如图3-10所示。

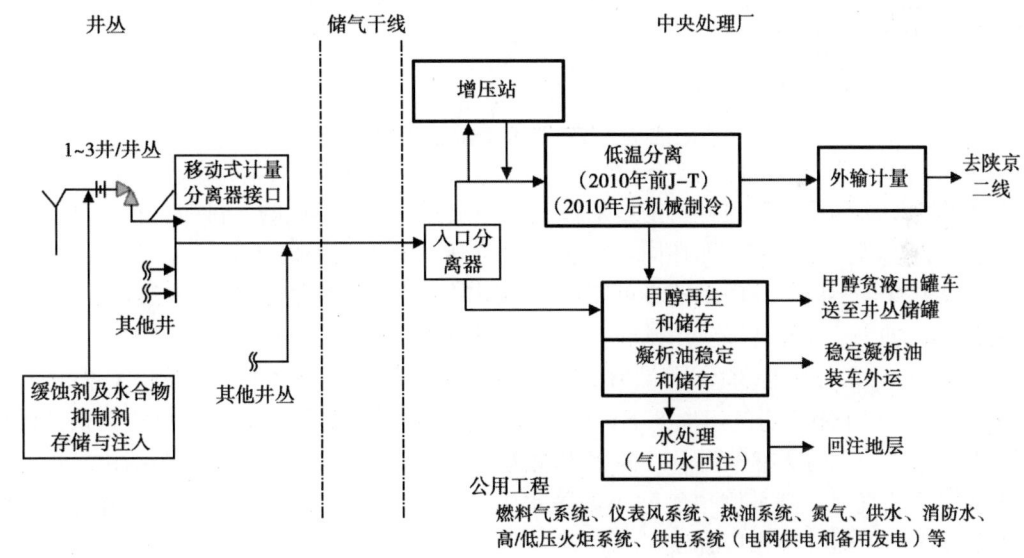

图3-10 长北合作区地面集输工艺流程示意图

2. 道达尔苏南合作区井口注醇、气液分输集输工艺

苏南合作区位于苏里格气田南区,规划总生产规模为 $30 \times 10^8 m^3/a$,2011年开发建设,2012年5月实现首气投产。气田分为4个区块,建9井式井丛(简称BB9)156座,其中77座井丛后期加密至18口井,共计建井2097口,计划建集气站4座,集气站生产期保持稳产,如图3-11所示。

采用井丛串接集气,井丛进入毗邻的井丛,4座BB9井丛组成BB9′,3座或2座BB9井丛组成BB9″,BB9′和BB9″建采气干线进入集气站;采用井下节流、井口注醇和井口连续计量,在 BB9′/BB9″设置集中注醇设施,包括注醇计量橇,每 1 座 BB9 井丛对应设置 1 台计量泵,单井原料气在井场通过孔板流量计连续计量,与该井丛另外 8 口气井的天然气汇集后输至 BB9′/BB9″;采用 2 级 2 次增压(集气站第 1 级,中央处理厂第 2 级)的中低压集气,开发初期 1 级增压,原料气在集气站经过气液分离后不增压,湿气直接经集气干线输送至中央处理厂,当井口压力降至 2.5MPa 时,采用 2 级增压,原料气在集气站增压后,湿气输送至中央处理厂;采用气液分输工艺,集气站分离出来的气田水,通过与集气干线同沟敷设的管道单独输送至中央处理厂集中处理。集输工艺可概括为"井丛集气、井下节流、井口注醇、连续计量、2 级增压、气液分输、集中处理"的中低压集输工艺。

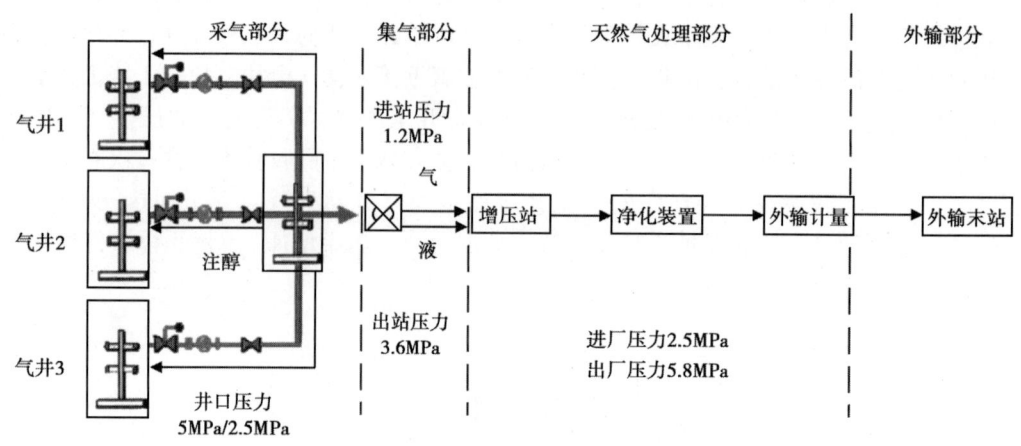

图 3-11　苏南合作区地面集输工艺流程示意图

上述的地面集输工艺都是针对上、下古气藏分别开发情况形成的。目前,长庆气田开始开发上、下古气藏重叠区域,即在同一区域内同时开发上古和下古天然气,二者由于组分、压力和开发方式等不同,地面系统不可能单独采用以上任何一种集输工艺,经过近两年的技术研究和方案对比,并经现场应用试验,针对不同的区域拟采用下述三种合采工艺。

在苏里格气田内部小部分区域存在上下古兼顾气井,天然气中 H_2S 含量最大为 199.28mg/m^3。对于距靖边气田地面下古管网较远的气井,采用集气站小站脱硫工艺,脱硫后的下古天然气与上古天然气混合,并集中输送至天然气处理厂脱油脱水;距靖边气田地面下古管网较近的气井,则采用集气站小站脱水工艺,脱水后的下古天然气进入靖边气田管网,集中输送至天然气净化厂脱硫。

靖边气田的扩边开发造成与周边气田交替区域日益增多。对于气田内的上古天然气,如果距离已建上古集输系统较近,则就近接入上古集输系统;而不能进入上古系统的天然气,则采用小站脱水(三甘醇脱水)后,进入下古天然气集输系统去净化厂脱硫。

靖边南为规划的新开发区域,位于靖边气田南侧和西侧,是上、下古生界气藏复合连片区域,二者规模都较大且同时开发,地面集输系统没有形成,如果采用小站脱水后混输,则对集中脱硫脱碳的净化厂规模要求过大,且上古天然气的轻烃也将影响脱硫运行效果;如采用小站脱硫后混输集中脱油脱水,则由于小站脱硫后尾气处理不易达标;如采用小站常温分离混输,则存在集输系统全为抗硫设备和脱硫规模过大的缺点。因此不宜采用混输工艺,宜采用分输工艺,即采用两套流程和两套管网,同一集气站内设置有上古流程和下古流程,采气管网与集气管网也包括上古管网和下古管网，净化厂和处理厂集中建设，在集中的净化处理厂内先对下古天然气脱硫，上下古天然气混合后低温脱油脱水。

由于上下古天然气生产的压力不同，上古天然气在集气站需采用大压比增压，使上下古集输系统压力一致，集气站外输压力最高为5.8MPa。在气田开发后期，为了延长稳产期，则需要采用靖边气田的区域增压模式。

（二）净化处理工艺

长庆气田已建成天然气净化厂和处理厂共10座，工艺装置共27套，总净化处理能力达到$321\times10^8m^3$。其中天然气净化厂共3座，位于靖边气田区域内，净化能力为$76\times10^8m^3/a$，天然气处理厂共7座，其中榆林气田2座，子洲米脂气田1座，苏里格气田4座，总处理能力达到$245\times10^8m^3$。目前正在建设苏里格第五天然气处理厂，处理能力为$50\times10^8m^3/a$。在天然气净化处理方面，靖边气田的3座净化厂代表了以MDEA进行脱硫脱碳的净化工艺，而以苏里格气田为主的8座天然气处理厂（含在建1座）代表了丙烷制冷低温分离的天然气脱油脱水处理工艺。

1. 下古生界天然气脱硫脱碳净化技术

长庆气田下古生界天然气属于高碳硫比含硫干天然气，CO_2/H_2S摩尔比值一般在80~160，CO_2含量一般大于5%，H_2S含量一般小于0.15%，有机硫含量较少。

第一净化厂、第二净化厂采用了常规的MDEA湿法脱硫工艺，MDEA溶液具有选择性吸收硫化氢、能耗低、腐蚀轻微、溶剂损失少、稳定性好等优点。在第三净化厂设计时，考虑了脱碳需求，首次引进了MDEA配方溶液，它以MDEA为主，复配有其他醇胺、缓蚀剂和促进剂等化学试剂，可以控制溶液与CO_2、H_2S的反应速度与程度，通过测试，净化气中CO_2含量为2.9%、H_2S含量为$6mg/m^3$以下，达到了脱硫脱碳的目的。

随着气田的开发，天然气中CO_2含量增加较多，例如第一净化厂，设计时净化厂来气中CO_2含量为3.02%，实际运行时却达到5.15%，最后扩建了1套$400\times10^4m^3/d$脱硫脱碳装置，采用了MDEA混合溶液（45%MDEA和5%DEA）深度脱出CO_2、通过测试，净化气中H_2S含量为$5mg/m^3$，CO_2含量，1.2%以下。目前在第二、第三净化厂都采用了MDEA混合溶液进行脱硫脱碳，第三净化厂脱硫脱碳工艺流程如图3-12所示。

长庆气田3座净化厂吸收塔设计都采用了浮阀塔盘，在生产运行中局部出现了塔内吸收剂发泡过多、液泛、拦液、效率下降等现象，生产能力也受到限制，给正常的生产带来一定的困扰。在采取了提高原料气和贫液过滤精度、加入消泡剂和调整工艺运行参数等一系列措施后，在第二净化厂进行了调整塔盘构件的改造试验，分析了浮阀塔盘鼓泡传质的特点后，试验采用了喷射传质的CJST塔板，其传质在塔板液层上方，液体主要以分散相（液滴）存在，气相为连续相。经过现场试验，相对于浮阀塔盘，CJST塔板具有分离效率、生产能力和操作弹性高的特点，溶液发泡现象大幅度减少，随后在第三净化厂也得到推广应用。

2. 上古天然气低温脱油脱水处理技术

长庆气田上古生界天然气中CO_2、H_2S含量低于GB 17820—2012《天然气》中二类天然气的技术指标。长庆气田7座处理厂全部采用低温分离工艺，该工艺可以同时脱油、脱水以满足水、烃露点的控制要求，且流程简单，投资低，运行费用低。

低温分离工艺的首要任务是要确定冷凝分离的温度，该温度取决于外输产品气的露点要

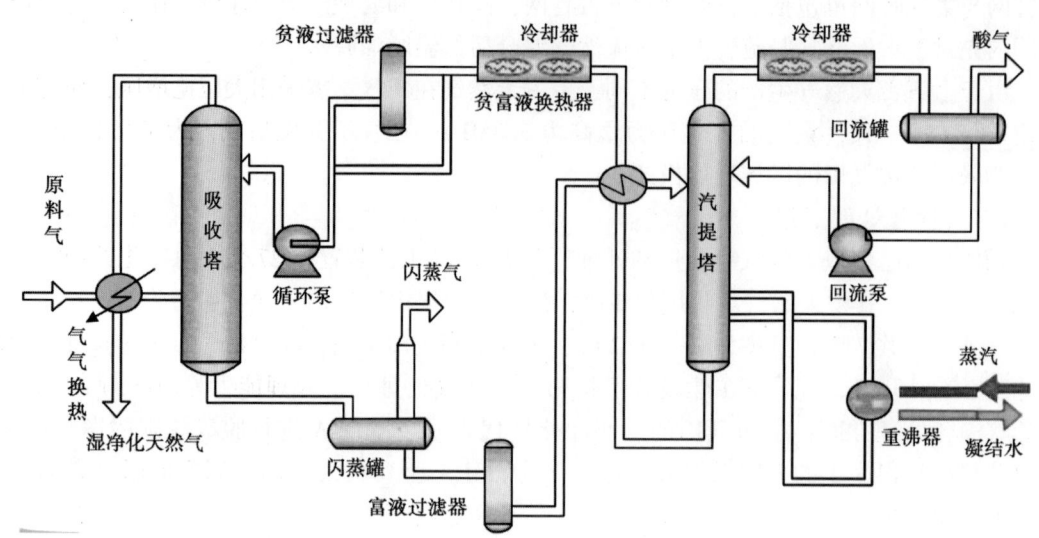

图 3-12　第三净化厂脱硫脱碳工艺流程示意图

求及低温分离器的效率,如果有增压,还与增压的先后有关系。

苏里格天然气处理厂在总工艺上分为两类:第一类是采用了先增压再脱油脱水的前增压工艺,例如第一、第三、第四、第五处理厂;第二类为脱油脱水后再增压的后增压工艺,例如第二处理厂。二者在冷凝分离温度上存在较大的不同,第二处理厂在2.4MPa下脱油脱水,再增压至5.2MPa外输,由于增压后会导致水露点的升高,低温分离温度达到-25℃。

在制冷工艺方面,基本上都采用了丙烷制冷工艺。壳牌长北中央处理厂则根据气田的不同生产阶段采用了J-T阀节流制冷和丙烷制冷相结合的低温分离工艺,即上产期,集气干线进厂压力较高,采用J-T阀节流制冷;稳产期,集气干线进厂压力降低,采用丙烷制冷工艺。

在低温分离工艺中预冷换热器是回收冷量的关键设备,对降低丙烷制冷负荷至关重要,经过对比选择,虽然板翅式换热器效率高,但存在抗堵塞能力较差、解堵困难等缺点,最后全部采用了管壳式预冷换热器,并采用带翅片的换热管束提高换热效率。

低温分离器是低温处理工艺的核心设备,是控制水、烃露点的关键保证。它的分离效率越高,丙烷制冷负荷就越低。需采用高效分离元件,集重力分离、整流、漩流分离为一体,使其分离效率达到98%以上,保证实际的露点比分离温度高。

四、苏里格气田南区块天然气集输工艺技术

鄂尔多斯盆地苏里格气田南区块单井控制储量小、稳产期短、非均质性强,属于典型的低渗透致密岩性气藏。针对该区块的地质特征和特殊的开发方式(采用井间与区块相结合的接替方式开发),采用了以下天然气集输工艺:

(1) 井下节流、井丛集中注醇的天然气水合物抑制工艺;(2) 管道不保温;(3) 中压集气;(4) 井口带液连续计量;(5) 常温分离;(6) 两次增压;(7) 气液分输;(8) 集中处理。形成了"中压集气、井口双截断保护、气井移动计量测试、气液分输、湿气交接计量"等一系列工艺技术,有效降低了地面工程的投资成本,提高了气田开发项目的经济效

益，对类似气田的开发建设具有借鉴意义[30]。

（一）气田概况

苏里格气田南区块（以下简称南区块）位于鄂尔多斯盆地苏里格气田南部，地处内蒙古自治区乌审旗、鄂托克前旗和陕西省定边县境内，是中国石油天然气集团公司（以下简称中国石油）与法国道达尔公司共同开发的国际合作区。

南区块单井控制储量小、稳产期短、非均质性强，属于典型的低渗透致密岩性气藏，具有以下地质特征和开发建设难点。

（1）气田初期生产压力高达22MPa，但压力下降快。

（2）井流物中含少量重烃，不含H_2S，微含CO_2，需采用脱油脱水天然气净化工艺。

（3）单井稳压生产能力较强，可以较长时间利用地层压力采用定压放产的方式生产，在超过5.0MPa的井口压力下生产了4年，其后在2.5MPa以下的井口压力下生产，而未采用苏里格气田其他区块定产量稳产的生产方式。

（4）单井初期配产高，最高配产量为$10×10^4m^3/d$，平均配产量为$3×10^4m^3/d$，为苏里格气田其他区块单井配产量的2-3倍。

（5）单井产量下降快，生产1年后，产量下降了一半。

（6）全部采用9井式井丛开发，后期约一半的井丛需要加密到18井，地面井场数量较苏里格气田其他区块大幅度减少。

（7）采用井间与区块相结合的接替方式开发，地面集输系统庞大，投资高。

如何根据南区块的地质特征和特殊的开发方式，充分借鉴苏里格气田其他区块和道达尔公司的开发经验，创建一套全新的地面集输工艺，降低工程投资成本，提高气田开发项目的经济效益，已成为开发建设这一国内首个中国石油作为作业者的国际合作项目的首要任务。

（二）地面集输工艺

1. 总体布局

南区块规划建设产能为$30×10^8m^3/a$，最大集气量为$958×10^4m^3/d$，集气干线输气能力为$1000×10^4m^3/d$。建集气站4座，集气站总规模为$1350×10^4m^3/d$。当井口压力降至2.5MPa时，在集气站设置压缩机组，区块最大增压气量为$466×10^4m^3/d$，设计增压能力为$500×10^4m^3/d$。原料气通过集气干线输往与苏里格气田其他区块共用的天然气处理厂处理。

2. 压力级制

南区块与苏里格气田其他区块共用天然气处理厂，区块压力级制与其他区块基本一致（图3-13），即井口截断阀及上游设计压力为25.0MPa。井口截断阀下游、采气管线设计压

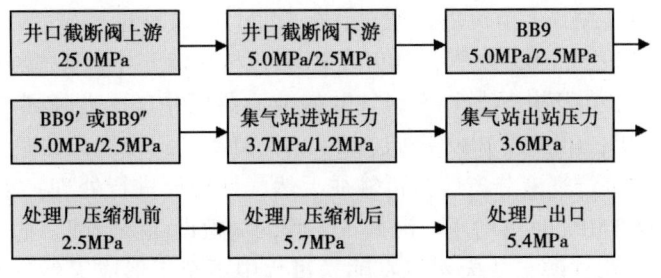

图3-13 苏里格气田南区块压力级制示意图

力为603MPa。集气站设计压力为4.5MPa，集气干线、集气支线设计压力为4.5MPa，注醇管线设计压力为8.0MPa。

天然气汇集后，与附近3座或2座BB9井丛输来的原料气汇合后输至本区块集气站。集气站通过放射状的采气干管汇集本站所辖的BB9′或BB9″井丛来气。前期不增压，原料气在集气站经过气液分离后，经集气干线湿气输送至天然气处理厂进行处理。当井口压力降至2.5MPa时，经分离的原料气通过压缩机增压后与集气站中压气汇合，湿气输送至天然气处理厂进行处理。分离出来的气田采出水通过与集气管线同沟敷设的管道输送至天然气处理厂进行处理。在BB9′或BB9″井丛设置甲醇储罐、注醇泵，将甲醇用罐车拉运至BB9′或BB9″井丛，通过与BB9~BB9′或BB9″采气管线同沟敷设的甲醇管道注入BB9井丛。

3. 地面集输工艺的主要特点

1）基于丛式井的中压集气工艺

南区块全采用9井式井丛开发，包括BB9、BB9′、BB9″3种井丛类型。南区块开发所采用的9井式井丛称为BB9；由另外3座BB9井丛连接到1个BB9井丛，这个汇集井丛组称为BB9′；由另外2座BB9井丛连接到1个BB9井丛，这个汇集井丛组称为BB9″。

区块集输总工艺为（图3-14）：

（1）井下节流，在BB9′或BB9″井丛集中注醇。

（2）中压集气。

（3）所有BB9′或BB9″井丛单独敷设集气管道，放射状接至临近集气站的多井集气管网。

（4）集气站、天然气处理厂两次增压、气液分输。

（5）集中处理。

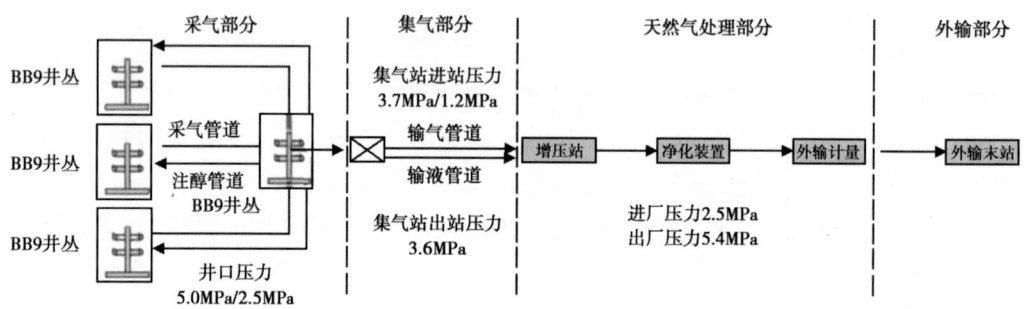

图3-14 苏里格气田南区块集输总工艺流程示意图

BB9的单井原料气经井下节流后，通过孔板流量计连续计量，与该井丛另外8口气井的天然气汇集后输至BB9′或BB9″井丛。BB9′或BB9″井丛9口气井原料气经井下节流后，通过孔板流量计连续计量，与该井丛另外8口气井的节流器把井口压力降到5.0MPa，通过采气支管输往BB9′或BB9″；BB9′或BB9″将周边2~3座BB9丛式井组汇集后通过采气干管输送至集气站，在集气站进行气液分离后，再输往天然气处理厂进行处理；集气站前期不增压，当井口压力下降到2.5MPa时再增压。沿采气支管同沟敷设注醇管线，通过注醇泵从BB9′或BB9″井丛向各BB9井组注醇，使天然气在输送过程中不至于形成天然气水合物，确保气田平稳运行。

与苏里格气田推广的中低压集气方法相比,中压集气工艺的特征是:(1)井场全为9井式井丛;(2)在BB9′或BB9″井丛设有注醇系统,向本井组和周边所属的BB9井丛注入甲醇以防止生成天然气水合物;(3)每个BB9井丛单独敷设采气支管至BB9′或BB9″井丛;(4)每座BB9′或BB9″井丛单独敷设采气干管至集气站;(5)集气站前期不设置压缩机,直接利用地层压力将原料天然气输送至天然气处理厂;到生产末期,气田仍然存在5.0MPa和2.5MPa这2种井口生产压力,所以气田建设产能规模为$30×10^8m^3/a$,而实际最大增压规模约为$15×10^8m^3/a$,占总建设产能规模的一半。

井下节流工艺具有以下优点:(1)充分利用了地层能量;(2)降低了天然气水合物堵塞井筒的几率,提高了携液能力;(3)降低了管线运行压力,保护了储层;(4)与高压集气工艺相比,大幅度降低了甲醇的注入量,可以根据生产工况调整甲醇的注入量,夏季温度高时可以不注入甲醇,工况适应能力强,提高了气田平稳生产的能力;(5)注醇压力由高压降为中压,减小了甲醇泵的功率;(6)降低了注醇管线的设计压力和壁厚。

井口注醇工艺具有以下优点:(1)确保了天然气在输送中不形成天然气水合物,使气田在中压下稳定运行,避免了集气站提前设置压缩机;(2)采气管线可中压运行,相同管径的输气能力增加了2~3倍,降低了采气管线的投资成本。

南区块采用的井下节流和井丛集中注甲醇相结合的中压集气工艺相对于高压集气工艺来说,工艺简单且成本低;相对于低压集气工艺来说,集气站前期不设置压缩机,后期区块增压规模仅为整体建设规模的一半,减少了工程投资,降低了运行、管理成本。

2) 采气井口双截断保护技术

在采气井口除设置苏里格气田已经广泛运用的高低压紧急截断阀之外,还在采气树上设置了液压控制阀。2台截断阀均具有超压、失压自动截断的功能,也可以远程关闭,避免因井口超压而破坏下游管线,同时可有效避免管线泄漏造成的事故。

3) 气井计量测试工艺

在气田的开发过程中,需要对生产气井的产气量、产水量、产油量进行准确、及时的计量,以掌握气藏状况,准确分析气井的动态,了解气层及井筒的特性。这对预测气井产能、指导气田开发、制定生产方案具有重要意义。

南区块采用了丛式气井的计量测试工艺,在井丛出口管线上设置气井测试阀,配置一定数量的三相计量测试车,该测试车可将天然气进行油、气、水三相分离,并分别计量,得到气井准确的生产数据。测试时将需要测试的气井采气树顶部的测试阀与测试车进口相连,测试车出口与井丛出口的测试阀相连,实现气井不关井测试,测试时不影响其他气井的正常生产,提高了气井的生产时率和生产效率,简化了气井测试的程序,降低了测试工作的工作强度。测试后的气、水、油接入原流程,避免了液体拉运和气体放空,既保护了环境,又节能降耗。

4) 数字化集气站技术

南区块采用了在苏里格气田已经推广运用的数字化集气站技术,采用"实时动态检测技术、多级远程关断技术、远程自动排液技术、紧急安全放空技术、关键设备自启停技术、全程网络监视技术、智能安防监控技术、报表自动生成技术"等8项关键技术,实现控制中心对数字化集气站的集中监视和控制。控制中心实现"集中监视、事故报警、人工确认、远程操作、应急处理",集气站实现"站场定期巡检、运行远程监控、事故紧急关断、故障人工排除",提高了气田管理水平,适应大气田建设、管理的需要。

5) 集气站气液分输工艺

根据预测,达产时南区块每天采出水的水量在 400~500m³,由于产水量大,且集中分布在 4 座集气站内,通过与集气支线、干线同沟敷设的采出水输送管道,将其分输到天然气处理厂进行处理。该工艺与汽车拉运相比运行费用低,运行管理方便,输送不受外部条件的影响,减少了车辆运输的安全风险;与气液混输相比,减少了管道的摩阻损失,减小了天然气处理厂的压缩机装机功率,降低了能耗。

6) 天然气处理厂湿气交接计量工艺

南区块与气田其他区块共用天然气处理厂,需要进行天然气的贸易交接计量,因厂内设置的脱油、脱水、增压等工艺装置均为共用,只能在处理前对原料气进行湿气计量。采用湿气计量交接工艺能有效解决商品天然气的计量、分配问题。天然气的计量、分配按照"计量原料气、分配商品气"的原则进行,根据计量出的原料气(图 3-15 中的 A 和 B)的比例分配计量出的商品气。即在天然气处理厂集气区分别就南区块和苏里格气田其他区块来气设置预分离器,经过相同的分离后采用高级孔板计量仪计量各自原料气的气量,设置全组分分析仪来进行组分分析;混合后的原料气经脱油、脱水、增压后外输,在外输出口进行商品气的计量和组分分析,根据集气区原料气的比例进行商品气的分配,并根据组分的不同进行分配比例的修正。

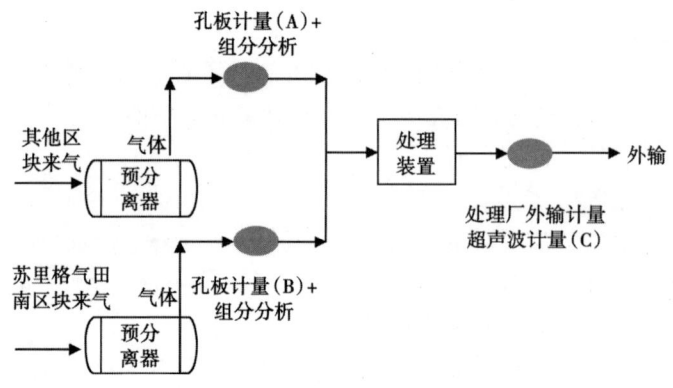

图 3-15 湿气交接计量示意图

苏里格气田南区块采用定压放产的方式生产,单井配产量为苏里格气田其他区块的 2~3 倍,采用全 9 井式井丛开发等有别于该气田其他区块的地质特征和开发方式,形成了一套新的、经济合理、安全可靠、调整灵活的地面集输工艺,有效降低了地面工程的投资成本,提高了气田开发项目的经济效益,对类似气田的开发建设具有借鉴意义。苏里格气田推广使用的中低压集气方法主要特征是:井下节流、井口不注醇、集气站设压缩机;夏季中压运行,井口压力为 4.0MPa,到集气站压力为 3.6MPa,直接外输;冬季低压运行,井口压力为 1.3MPa,集气站增压至 3.6MPa 后外输,集气站总增压能力与气田产能相一致。苏里格气田南区块中压集气主要特征是:井下节流、井丛集中注醇、集气站后期设压缩机;前期运行井口压力为 5.0MPa,到集气站压力为 3.6MPa,直接外输;后期运行井口压力为 2.5MPa,集气站增压至 3.6MPa 后外输,集气站总增压能力约为气田产能的一半。

五、苏里格气田天然气集输工艺和风险探讨

到 2010 年,苏里格气田已建成并投产集输管道线超过 20 条,总长度约 1400km。其中建有集输管网中间阀室、清管站 20 余座,逐步形成集气储量充足、调气功能完善的集输管网系统,并自创一套具有苏里格特色的天然气集输工艺。但由于该气田集输管道线多数需要穿越沙漠、湿地、草场等环境,且沿线地形复杂多变,因此,该集输管道系统在运行过程中极易收到恶劣的自然环境和第三方破坏等因素的影响,非常容易发生管道系统遭破坏而无法使用的事故。需研究和总结这些集输工艺流程和模式,并加强系统运行的风险研究,来保证管道系统的安全稳定地运行[31]。

(一)苏里格气田天然气集输流程和工艺模式

苏里格气田天然气集输工程工艺流程,主要根据本地区的天然气化学和物理性质和苏里格周边自然地理环境等具体情况,并对比以下工艺特征和经济效益特征:

(1)整个工艺流程必须处于密闭条件,以降低天然气损耗。

(2)合理利用来自地下的天然气流的压强差能量,适当增加系统辅助压力,扩大集输半径,减少天然气的中途转换增压,降低集输能耗。

(3)天然气集输工艺设计应结合实际情况,使用简单有效的工艺流程,选用高效设备。以此综合优选出合适的工艺流程,并制定规范。

随着天然气的不断开采,储层的天然气含量逐渐减少,而气压也将渐渐降低,因此如果气藏压力值低于集气管线压力时,此时压力值就不能驱使气体进入集输管道。这种低压气藏在我国开采较早的气田内逐年增多。对于气藏压力下降很不一致的地区,若有条件,应该主要实行高、低压管分输,而低压天然气供给本地需求,而压力较高的天然气则进入集输管道网线。

天然气从气井采出后,在集输过程中,流经转换管网线时,由于气体分流,使得天然气压力降低,而体积膨胀,因此温度急剧下降,此时极易形成水合物而堵塞管网线。因此为预防水合物形成并堵塞管道,目前我国主要开发出两套天然气地面集输工艺模式:一种是转换管网接口加热技术;另一种是井口注醇高压集输工艺模式。国内外气田集输过程中大量采用加热方法来防止节流前后天然气形成水合物。

(二)苏里格气田天然气集输工艺风险分析

苏里格气田产出的天然气气质腐蚀性相对而言较弱,因此整个集输管道采用输送井口注醇高压集输工艺模式。在苏里格气田集输的生产实际中,引起管道故障甚至停运的主要风险有如下几类。

1. 第三方破坏

随着苏里格地区社会经济逐渐发展,苏里格地区以及邻近地区居民生活基础设施大幅增加,陆地交通线和新建天然气管道交叉施工点不断增加,同时由于苏里格气田管道警示牌的自然损耗和人为破坏,现场管理人员监管不全,以及管道沿线居民维护管道安全的意识不够,极易因第三方的生产建设而破坏集输管道。

2. 自然灾害破坏

苏里格气田位于我国毛乌素沙漠腹地,地形平坦,土壤蓬松,春季和冬季风季时间较长,夏季短促,降雨主要集中于 7~9 月,因此在季风时期容易因风沙造成管道的裸露,且

易因集中降雨带来的雨水冲刷而造成管道的裸露甚至破坏。同时，由于苏里格气田集输工艺采用湿气输送模式，而冬季风沙较大，且夜晚气候异常寒冷，风沙一旦造成管道大量裸露，非常容易使管道温度降低，形成水合物，堵塞管道，严重影响管道的正常运行。

天然气集输工艺设计方案对于安全稳定的生产处于十分重要的战略地位。加强、加深天然气集输工艺的研究，提高集输工艺质量，对苏里格气田来说具有相当主要的战略意义和经济价值，需要进行全方位的探讨研究。虽然苏里格气田天然气质量较好，但对于集输管道的安全运行应该时刻警惕，重点监测周边建设生产对管道网的损坏，自然灾害的影响以及人为操作等因素对集输管道正常运行带来的不利影响，做到防微杜渐，未雨绸缪，以保证集输管网的安全生产与稳定运行。

六、天然气集输及净化处理技术

（一）天然气集输工艺流程

天然气集输工程工艺流程应根据气藏工程和采气工程方案、天然气物理性质及化学组成、产品方案、地面自然条件等具体情况，通过技术经济对比确定，并应符合以下原则[32]：

（1）工艺流程宜密闭，降低天然气损耗。充分收集与利用天然气井产出物，生产符合产品标准的原油、天然气、液化天然气、稳定轻烃等产品。

（2）合理利用天然气井流体的压力能，适当提高集输系统压力，扩大集输半径，减少天然气中间接转，降低集输能耗。合理利用热能，设备和管道安全保温，降低天然气处理和输送温度，减少热耗。

（3）天然气集输工艺设计应结合实际情况，简化工艺流程，选用高效设备。

（二）天然气集输工艺模式

天然气生产主要采取枯竭式开采工艺，即自喷生产。随着气田天然气的不断开采，气井天然气的压力逐步降低，当降至低于集气管线压力时，便不能进入集气管网。这种低压气在我国开采较早的天然气气田内逐年增多。对于气井压降不一致的气田，如果条件许可，应尽量实行高、低压管分输，低压天然气输入当地用户，高压天然气进入集气干线；若因客观原因，气田气只能建一个系统时，则需要建气田天然气增压站，将低压气增压后再进入管网。

天然气从气井采出后，在流经节流元件时，由于节流作用，使气体压力降低，体积膨胀，温度急剧下降，这时可能生成水化物而影响生产。为防止水化物的生成，我国目前有两套气田地面集输工艺模式：一是井口加热节流地面工艺模式；二是井口注醇高压集输工艺模式。国内外广泛采用加热方法来提高天然气的温度，使节流前后气体温度高于气体所处压力下水化物的形成温度。

井口加热节流地面集输模式，在四川气田、胜利油田等老油田使用较多，在井场对气井产出的天然气先加热，然后节流，对于压力较高的井，可两次加热两次节流，并进行气液分离并计量，或去集气站分离、计量后外输。配有井下气嘴的气井，在地面集输过程中不再配备加温设备。

井口注醇高压集输模式，近年来在新开发的西部气田使用较多，如靖边气田、涩北气田都采用了这种模式。在井口不设任何设施，设在集气站的注解泵通过注醇管线将醇注入井口产出的天然气中，以防冻堵。注醇后的天然气直接集中到集气站，在集气站节流、分离、计量，然后输往总站集中处理（脱硫、脱水）。这种模式的工艺特点是：简化工艺流程，管理方便、投资较低，但由于需要注醇，运行的费用较高。

（三）苏里格气田天然气集输工艺处理实例

苏里格气田地表主要为沙漠覆盖，含气层为上古生界二叠系下石盒子组的盒8段及山西组的山1段，气藏主要受控于近南北向分布的大型河流、三角洲砂体带，是典型的岩性圈闭气藏，气层由多个单砂体横向复合叠置而成，基本属于低孔、低渗、低产、低丰度的大型气藏。

1. 单井气量湿气带液计量工艺

根据苏里格气田井数多、产量低、不确定性带水含油和生产压力下降快的特点，其单井产气量计量不能照搬其他气田的计量方式。通过大量的流量计现场比对试验，确定采用简易旋进旋涡流量计对单井气量进行连续带液计量。流量计工作压力4.0MPa，流量计量范围为$6000\sim9000m^3$，可显示瞬时工况流量和累计工况流量，并可根据运行压力、温度将工况流量换算为标况流量。简易旋进旋涡流量计相对智能旋进旋涡流量计的计量误差一般在5%～10%，可满足单井在线湿气带液计量的要求。

2. 井间串接和中低压湿气采气工艺

由于苏里格气田井数多、井距小、单井产量低，为简化采气系统，采用井间串接管网，通过采气管线把相邻的几口气井串接到采气干管，几口井的来气在采气干管中汇合，然后进入集气站。一般串接的气井井数为6~8口，集气站辖井数量为50~70口。因此，优化了管网布置，缩短了采气管线长度，增加了集气站辖井数量，降低了管网投资，提高了采气管网对气田滚动开发的适应性。此外，由于苏里格气田气体中微含H_2S、低含CO_2，其腐蚀性相对较弱，故采用中低压湿气采气工艺。通过井下节流，井口天然气压力一般为1.5MPa，因而井口不加热，采气管线不保温（气管线埋设于冰冻线以下）、不注醇。这就保证了井口和采气管线中不会形成水合物，并使井口达到无人值守，降低了工程投资。

3. 集气站常温分离和增压集气工艺

湿天然气通过采气干管进入集气站的压力为1.3MPa，在集气站的进站汇合后，经常温分离、增压、计量后去集中处理。夏季地温较高时，也可将压力提高至4.0MPa运行，充分利用气井压力，压缩机组暂时停止运行，降低能耗，节省运行费用。

集气站分散增压可降低井口最低生产压力，延长气井生产周期，提高单井采收率，同时降低了管网投资，满足气田增压开采和天然气增压输送的要求。根据系统压力，集气站采用一级增压，使天然气压力从1.0MPa增压到3.5MPa后输送到天然气处理厂。

4. 天然气集输防火防爆工艺

天然气处理及轻烃回收场所的电气设备应按有关规定执行。天然气轻烃回收油罐，应符合《压力容器安全技术监察规程》的要求。雷雨天气应停止装、卸轻烃液化气的作业。轻烃回收罐区应按 GB 50074—2014 的规定，设置防火堤及罐体防雷防静电接地装置，接地电阻不得大于10Ω。天然气处理装置在投产前或大修后均应进行试压、试运及气体置换。用于置换的气体应为惰性气体。置换完毕，须取样分析，含氧量不大于2%为合格。

投入运行的天然气处理装置如需动火补焊，应先行放空，再经蒸汽吹扫、清洗、通风换气、取样分析，可燃气体深度应低于其爆炸下限的25%。需动火设备、管道及与可燃气体连通的进、出口法兰应加钢制绝缘盲板隔离，厚度不小于6mm。气温低于0℃的地区，应对气、水分离容器、设备、管汇等采取防冻措施，排除冻结、堵塞故障时严禁用明火烘烤。

天然气脱水应符合下列要求：天然气脱水设计满足相关标准规定。天然气原料气进脱水之前应设置分离器。在天然气容积式压缩机和泵的出口管线上，截断阀前应设置安全阀。天然气吸附脱水器本身可不设安全阀，应在原料气进脱水器之前、截断阀之后的管线上设安全阀。天然气脱水装置中，气体应选用全启式安全阀，液体应选用微启式安全阀。安全阀弹簧应具有可靠的防腐蚀性能或必要的防腐蚀保护措施。

七、特殊气田地面集输及净化处理技术

一些比较特殊的气田地面集输及处理技术不同于一般气田[33]。

（一）高含硫气田地面集输及净化处理技术

普光气田是国内目前探明最大的高含 H_2S 和 CO_2 的气田，H_2S 含量约15%，CO_2 含量约8%，采用改进的湿气集输工艺，甲基二乙醇胺脱硫脱碳+三甘醇脱水+常规 Claus 硫黄回收+Scot 尾气处理工艺。与常规净化技术相比，溶剂总循环量降低10%，再生能耗降低15%，硫黄回收率高于99.8%。普光气田高含硫气田地面集输及净化处理技术代表了国际先进水平。

（二）低压、低产气田地面集输技术

苏里格气田采用以井下节流工艺为核心的井口不加热、不注醇、井间串接、带液计量、中低压集气、常温分离、二级增压、集中处理的地面集输工艺流程。从2006年至今，苏里格气田各区块95%以上的气井都采用了井下节流技术，实现了国内首次大规模应用，该技术已成为苏里格气田经济、有效开发的关键技术之一。

（三）煤层气田地面集输技术

美国、加拿大、澳大利亚煤层气地面工程技术比较成熟，集输工艺主要采用低压集气、井口分流、集气集水、集中处理、增压脱水、干气外输、污水回注流程。我国煤层气资源丰富，但是商业性开发正处于起步阶段。中国石油沁水盆地煤层气田，借鉴苏里格气田等"三低"气田开发经验，采用低压集气、单井简易计量、多井单管串接、二次增压、集中处理的集输流程。中联煤潘河先导性试验项目采用了井间串接、枝上枝二次增压、集中处理的集输流程。

（四）油气集输工程面临的问题和挑战

（1）老区地面系统能耗增大，设备老化，腐蚀严重，污水处理难度高。高含水油田地面系统工程已进入更新和维修期，改造投资逐年增大。主要表现为设备陈旧老化、能耗高，管道腐蚀严重并穿孔，严重危害安全生产。随着污水量的不断增加和污水性质的变化，现有污水处理系统面临降低改造投资和运行成本的挑战。多元复合驱、CO_2 驱产出液处理难度加大，处理成本高。制定老区地面工程更新、改造的标准，及时改造、维修影响安全生产的设施，进一步优化和简化高含水油田地面集输系统，降低生产和运行成本，是地面工程面临的长期任务。

（2）复杂地形使地面工程难度增大。西部新区多位于沙漠腹地、黄土塬等地形复杂区域，自然环境恶劣，原油外输、供水、供电及道路等地面建设可依托条件差，且难度高，系统工程量大，地面工程方案优化难度大。

（3）低产、低品位油气田经济开发困难。随着我国天然气勘探开发资源程度不断提高，剩余油气藏多为低渗、低产等低品位资源，且相当多的油气田逐步进入衰竭期，低压、低产

油气田单井产量低，压降速率快，稳产能力差，油气田开发难度大，成本高，经济开发困难。

（4）非常规地面集输工艺及配套技术亟待研究和完善。我国煤层气田、页岩气田的开发建设缺少行业规范标准，国内已投产和正在规划的煤层气地面集输工艺种类多，投资差异大，需对集输管材、设备选型、增压方式进行研究，优化集输系统，降低投资。常规处理技术对大型酸化压裂返排液处理效率低、效果差，无法满足达标外排和重新回用配制酸化压裂的水质指标要求，直接影响非常规油气田的经济开发。

（5）环保安全、绿色开发对地面工程技术提出严峻挑战。随着国家环保法规的不断完善，"碳减排"规划的逐步实施以及节能降耗要求的不断提高，地面工程系统各项排放均将受到严格限制，势必对地面工程建设和运行提出更高的要求。

（五）油气集输技术研究方向

（1）新型一体化预分水除油技术。针对高含水油田开发，研究预分水除油技术，强化污水除油功能，使预分水出水含油指标降到 15mg/L 以下。

（2）复杂地貌、低压、低产油气田地面集输系统优化技术。推进"地下、地面一体化"设计方法的应用及集输系统优化技术研究，推行油气混输、"井工厂"模式等标准化建设。

（3）超稠油开发地面集输与处理技术。重点应从改质、催化裂化、乳化降黏、低黏液环输送等方面进行攻关。

（4）煤层气田开发地面配套技术。优化简化集输工艺，提出适应于煤层气特点的地面集输工艺技术，研究煤层气采出水无害化处理和综合利用技术，制定煤层气地面工程相关标准。

（5）可再生能源（太阳能、风能）在地面工程中的应用。开展风、光、电一体化全天候供热系统研究。

（6）污水处理及综合利用技术。开展多元复合驱污水处理技术攻关研究；开展大型酸化压裂返排液处理及回用技术研究；开展高矿化度污水配聚及锅炉回用技术研究；继续开展污水余热利用研究。

（7）固体废弃物处理、处置技术。研究含油污泥资源化利用技术。

八、智慧天然气集输站设计

在 2010 年，IBM 公司提出了"智慧城市"的概念，"智慧城市"就是利用现代的信息技术、物联网技术、云计算技术等高科技技术，把电信网、物联网、互联网以及无线网等网络融合进城市及工业的发展及管理中去，使得人们的生活更加便利化、人性化、职能化。把上述智慧的概念应用于天然气集输站，则是把各种工业自动化设备、互联网、电信网、无线网、工业智能控制设备等进行集成、融合，以实现对天然气集输站的智能化管理、自动化管理、人性化管理、信息化管理等，实现简单的"智慧天然气集输站"设计[34]。

智慧天然气集输站的实现分为三个层面：

（1）基层的传感（物联感知）。

（2）中层的信息传输（物联通信）。

（3）高层的管理（计算、监控、分析决策、管理）。

由于天然气集输站现场 DCS 系统采集的各种数据，均通过中层的信息传输系统发布于互联网，所以，在有互联网的任何地方均可以通过互联网监视并访问现场的各种自动化设备,获取其数据。可以专门设计一个人性化的网站,用于显示集输站现场的各种数据,也可以添加控制按钮,对现场的自动化设备进行控制,从而可以随时随地实现对集输站的计算、监控、分析决策、管理的功能。

九、水平井临界携液产量分析

苏里格气田于2008年开始进行水平井规模开发,截至目前,苏里格气田累计投产各类水平井300口,累计生产天然气$58×10^8m^3$,年生产能力达$40×10^8m^3$。截至目前,苏20、苏25、苏76区块累计投产水平井52口,日产能力$200×10^4m^3$,占三个区块总生产能力的40%;日产气量低于$3.0×10^4m^3$的水平井有26口,占总井数的50%[36]。

1969年Turner比较了垂直管道举升液体的两种物理模型认为,液滴理论推导出的公式可以较准确地预测积液的形成。Turner同时指出,这些公式并非对任何气井都适用,它适用于气液比非常高(气液比大于$1367m^3/m^3$或液气比小于$7.32m^3/10000m^3$)、流态属雾状流的气液井。苏里格气田除了初期排液阶段均满足传统连续携液模型的适用条件。目前,各连续携液模型均是针对直井,而对水平井携液理论研究很少。传统的直井连续携液理论在预测水平井携液临界产量时,忽略了井斜角度变化对临界产量的影响,导致了水平井临界携液产量的计算结果与实际有较大的偏差。Belfroid等人结合Fiedler模型将Turner连续携液模型增加了角度相关项,使之适用于定向井。荷兰Keuning测试了管段倾斜角度对连续携液临界气速的影响。实验结果表明,在倾斜角度约为50°时所需的临界携液流速最大。但目前没有针对苏里格低渗透气藏水平井临界携液产量计算公式进行过专门的理论推导。有必要结合苏里格气藏水平井的实际生产情况,对现有理论进行分析,筛选出适合苏里格气田水平井临界携液产量的理论计算公式。

(一)连续携液理论

1. 传统直井连续携液理论

以产气为主的气井,井筒内液体主要以液滴的形式出现。排出气井积液所需的最低条件是使气流中的最大液滴能连续向上运动。因此,根据最大液滴受力情况可确定气井携液临界流速,即气体对液滴的曳力等于液滴的沉降重力(图3-16)。

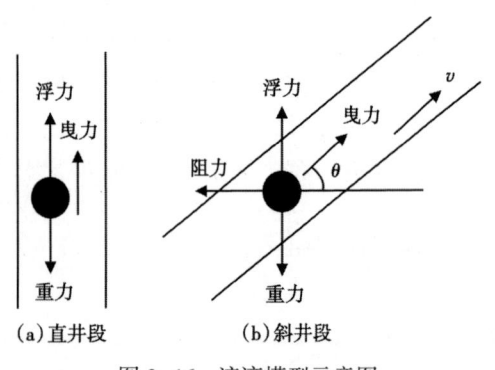

图3-16 液滴模型示意图

1)Turner连续携液理论

Turner假设被高速气流携带的液滴是圆球形的前提下,导出气井连续携液临界流速计算公式,并对此公式加上20%的修正系数,即:

$$v_{cr} = 6.6 \ [\ (\rho_L - \rho_g) \ /\rho_g^2 \ ]^{0.25} \quad (3-1)$$

2)李闽连续携液理论

在Turner连续携液理论的基础上,李闽认为被高速气流携带的液滴在高速气流作用下,其前后存在压差,在这一压差的作用下,液滴会变形成一椭球体。李闽携液模型考虑了被高速气流携带液滴变形这一因素,导出了新的计算气井连续携液临界流速计算公式,即:

$$v_{cr} = 2.5 \ [\ (\rho_L - \rho_g) \ /\rho_g^2 \ ]^{0.25} \quad (3-2)$$

式（3-2）计算出的结果只有 Turner 公式计算出的气井携液临界流速的 38%。

2. 水平井连续携液理论

从垂直井筒到水平井筒，液体重力作用越来越小（图 3-17）。随着倾斜角的变化，井筒内气液两相流型也会发生明显变化。直井段中，液体主要沿井筒四周分布呈环状流，而水平井段中分层流是主导流型。液相重力作用的减小与流型的变化都会对连续携液临界流速产生影响。Belfroid 等人结合 Fiedler 模型将 Turner 液滴模型增加了角度相关项，Turner 连续携液理论在水平井中的连续携液临界流速计算式为：

$$v_{cr} = 6.6\left[\frac{(\rho_L - \rho_g)}{\rho_g^2}\right]^{0.25} \frac{\left[\sin(1.7\theta)\right]^{0.38}}{0.74} \quad (3-3)$$

将角度相关项代入李闽连续携液理论，李闽连续携液理论在水平井中的连续携液临界流速计算式为：

$$v_{cr} = 2.5\left[\frac{(\rho_L - \rho_g)}{\rho_g^2}\right]^{0.25} \frac{\left[\sin(1.7\theta)\right]^{0.38}}{0.74} \quad (3-4)$$

临界携液产量公式为：

$$q_{sc} = 2.5 \times 10^8 \frac{Apv_{cr}}{ZT} \quad (3-5)$$

国内多个气田实际生产数据表明，李闽连续携液理论计算获得的气井临界流量与实际生产数据相吻合；用 Turner 模型计算出的气井排液临界产量大大高于气井实际所需的最小排液产量。因此，苏里格气田水平井临界携液产量分析采用角度相关李闽连续携液理论。根据 Keuning 实验结果可知，分析苏里格气田水平井临界携液产量时井筒与水平方向夹角 θ 取 50°。

（二）实例应用及分析

1. 苏里格气田水平井临界携液产量计算

根据角度相关李闽连续携液理论对 38.1mm、60.325mm、73.025mm、88.9mm 和 114.3mm 不同井口压力下的临界携液产量进行了计算。目前，苏里格气田采用井下节流和地面中低压集气开发模式，启动压缩机时，气井平均井口油压 1.5MPa；不启动压缩机时，气井平均井口油压 3.0MPa。苏里格气田水平井生产管柱目前大多采用 88.9mm 油管（内径为 76mm）。根据水平井临界携液产量计算结果，启动压缩机时临界携液产量为 $1.72 \times 10^4 \text{m}^3/\text{d}$；不启动压缩机时临界携液产量为 $2.42 \times 10^4 \text{m}^3/\text{d}$。

2. 实例分析

1）典型积液井分析

以苏 76-2-3H 井为例，该井配产 $3.0 \times 10^4 \text{m}^3/\text{d}$，目前井口油压 3.0MPa，日产气（1.8~2.0）$\times 10^4 \text{m}^3$，小于 $2.42 \times 10^4 \text{m}^3$。所以该井可能存在积液。该井近期两次关井油套压均存在压差，说明该井井筒存在积液。

2）典型未积液井分析

以苏 76-4-9H 井为例，该井配产 $4.0 \times 10^4 \text{m}^3/\text{d}$，目前井口油压 3.0MPa，日产气量

（3.0~3.5）×10⁴m³，大于 2.42×10⁴m³。所以该井不可能存在积液。该井生产过程中生产平稳，几次关井油套压均无压差，说明该井井筒不存在积液。

十、天然气管道声呐在线监控系统

随着天然气用量逐年增大，天然气集输管网也越来越庞大。如何能够及时了解管线运行状态，确保天然气集输管道安全平稳运行，免遭各种人为因素的破坏，是目前需要考虑的问题。目前对管网的巡护主要靠人工方式，既不能及时了解管线运行信息，又耗时费力。为了能够解决以上问题，通过对管线运行环境进行考察和分析，利用声呐技术研制出天然气集输管道监测系统，能实时监测天然气管道的运行状态，及时了解集输管道是否遭遇破坏等信息，并准确定位，以便及时采取有效的措施[37,38]。

声呐就是利用水中声波对水下目标进行探测、定位和通信的电子设备，是水声学中应用最广泛、最重要的一种装置。声呐按工作方式可分为主动声呐和被动声呐两类。主动声呐由发射机、声阵、接收机和显示控制台这几部分组成。主动声呐主动地发射超声波，然后收测回波进行计算，确定目标参数。一般被动声呐只能测定目标方位，其原理和主动声呐相同。被动测距声呐利用三子阵测量波阵面曲率来测定目标距离。

由于声波是目前已知的唯一能在海水中远程传播的波，因此，声呐（声波）是各国进行水下监视使用的主要技术，用于对水下目标进行探测、分类、定位和跟踪；进行水下通信和导航，保障舰艇、反潜飞机和反潜直升机的战术机动和水中武器的使用。此外，声呐技术还被用于探雷、导航、航道测量、制导、引信等各个方面。在民用方面，声呐技术被用于捕鱼、海底地质勘探、水下定位、导航、石油开发等各个方面。

声呐工作性能的因素除声呐本身的技术状况外，外界条件的影响很严重。比较直接的因素有传播衰减、多路径效应、混响干扰、环境噪声等。这些干扰噪声可以通过特殊的信号处理加以滤除，目前大型声呐系统可以探测几百万至上千海里的目标信号，小型的声呐也可探测十几到几十公里的距离。可以说声呐探测已是一项比较成熟的技术。

管道监测系统主要用于预防因施工造成天然气管道的破坏或人为破坏天然气管道。在线监控系统通过设置的传感器将输送天然气管道上采集到的声波传到信号检测处理箱，信号检测处理箱接收到声波后，通过放大处理、保持采样和模拟信号，再将模拟信号转换成数字信号，最终将数字信号输送到信号处理器，信号处理器通过对不需要的信号进行滤除，并对信号进行信号分析、其中包括频谱分析、模式识别等判断是否有无异常声音以及目标声的地理位置。经过这一流程，再将信号传给主控计算机作出处理意见。

第四节　天然气集输系统节能新技术

依靠天然气采集过程中自身的热能和高温来弥补天然气出井口压力降低、体积增大所引起的温降，优化输送过程中的各项相关参数，使天然气的温度高于形成水合物的临界温度，有效降低压力能的损耗，并减少事故的发生。其次，利用集输过程中的其他方面的有利因素，如在单井集输过程中要很好地利用气井的地层压力，通过低压生产排液，增加单井油压使其进入高压系统，达到减少能耗和降低污染物排放的目的[39]。目前天然气集输系统存在着一些节能缺陷。

(一) 天然气压缩机组方面的节能缺陷

(1) 部分电动机在功率因数 0.5~0.7，相对比较低，其直接结果便是电能的利用效率不高，在节能减排方面有潜力可挖。

(2) 压缩机组的输出压力不合理，通常情况下，输出的压力要比工艺要求或者其他设备标准高，损失了较大的压力能，导致大量的能源浪费，降低了能源的有效利用率。

(3) 天然气压缩机组的运行负荷和额定功率不匹配，导致天然气燃烧不充分所出现的能量损失，或者烟气的排放温度相对较高导致的热量损失。

(4) 天然气压缩机组的保养和维护工作不到位，设备性能降低，零部件老化，发生压缩机泄露和管线泄露的几率大为上升。同时，在设备使用较长时间之后，由于缺乏必要的维修和管理，导致管路内壁之上形成了较多的污垢，管道的直径因此变小，增加了阻力损失。

(二) 地面长距离输送系统的节能缺陷

(1) 由于设备、施工、管理等质量原因，输送系统天然气泄漏损失较大，特别是从输配气站及阀室来看，其泄漏现象比较普遍，在无人值守的情况下更为严重，有的输配气线路泄漏量达其年输送量的2%以上。

(2) 输气管道的经济效益要靠长期稳定高效运行来实现，在管道设计中，一般要求管道在设计输量范围内稳定运行30年左右。但目前输气管道在不同的地区存在超负荷或超低负荷运行情况，系统不能在高效区工作。

(三) 泵机组存在的节能缺陷

(1) 泵机组的额定参数与实际运行工况出入较大，其负载率较低，使泵机组无法运行在高效经济区，有的电动机功率过大、泵的额定排量和扬程与实际工况不匹配等。

(2) 电动机功率因数偏低，有的仅 0.5 左右，远低于标准要求的 0.85 以上，从而造成电网无功分量增加，无功损失加大。

(3) 设备维护保养不够，表现在泵漏损较大、备用设备无法正常运行、设备腐蚀比较严重。

在了解到浪费能源的原因后，相应地采取措施来实现节能。

(1) 提升电动压缩机的自然功率因素，并在此前提下，为电动压缩机应用相控调压技术或者装配无功自动补偿设备，借此来提升电动压缩机的功率因数。

(2) 对压缩机内部流道去垢，对于各种过滤装置要定期清洗，增加冷却循环水的纯净度。

(3) 将天然气泄漏的可能性降到最低，这就要求在检修设备的时候，需要严格依照相关技术标准、配件按照操作要求进行，尤其是注意填料函、活塞环以及进排气阀等方面的检查和修护。

(4) 采用变频技术来合理调节供气压力、供气量等运行参数，保证实现能够以恒压的方式进行供气，不仅可以节能较多的电能，还可以将设备运行对电网的冲击降低到最低程度。对于燃气压缩机容易出现的烟气携带大量热能问题，可以采用余热利用的方式，即用烟气为生活或者原料加热等提供热量。

(5) 降低天然气输送过程中的管道阻力。可采取内涂层来降低摩擦系数。

(6) 对于电动机负荷低、功率因数小的问题，针对性地加装无功自动补偿装置，使功率因数保持在 0.9 左右。

要对天然气的集输过程做到有效控制并消除安全隐患。要避免违章甚至是野蛮操作，而造成设备的泄漏。适时地调节集输过程中天然气的速率和压力，达到输送设备额定工作效率并保证在管道的额定压力内运行，在保证最低能源浪费的前提下，达到合适的传输量，满足生产和生活需要。

实施相应的节能管理措施，能够有效地减少能源的浪费，提高能源的利用率。针对天然气集输系统工艺中存在的问题，需要不断改进和完善。首先，依靠天然气采集过程中自身的热能和高温来弥补天然气；优化输送过程中的各项相关参数，使天然气的温度高于形成水合物的临界温度，有效降低压力能的损耗，并减少事故的发生；利用集输过程中其他方面的有利因素，如在单井集输过程中很好地利用气井的地层压力，通过低压生产排液，增加单井油压使其进入高压系统，达到减少能耗和降低污染物排放的目的。对闪蒸气放空进行工艺调整，保温措施的实施能有效地避免管线的堵塞，减少天然气的放空量，节约能源。在地面长距离输送体系方面，需要综合考虑各方面因素来确定管道的最佳输气压力，从而降低天然气输送的管道内部阻力。

第四章　天然气增压新技术

第一节　井口天然气增压新技术

苏里格气田是典型的低渗、低压、低丰度气田，气井压力下降快，绝大部分时间处于低压生产状态，为满足外输要求，增压集输工艺是苏里格气田开发的核心工艺。苏里格气田形成了井口压力分季节确定，冬季把气井井口的压力节流1.3MPa，集气站增压运行，实现"低压"集气；夏季把气井井口的压力节流到4.0MPa，实现"中压"集气。最终确定的方案结合了两种思路的优点，称之为"中低压"集气工艺。

增压集输工艺是气田开发中后期，集输管网压力受单井压力制约而采用的一项技术，在国内外油气田集输工艺得到了广泛应用。集输管网的整体增压对整个气田地面建设将产生重大影响，它既可以减少系统未来的运行费用，增加管网的利用率，还能指导其配套工程的合理设置，使天然气管网的管理和运营变得更加科学和高效。苏里格气田增压工艺技术研究统筹考虑苏里格气田增压工艺选择、压缩机综合选型技术研究、压缩机基础优化设计技术研究，来满足投资和运行成本最低的需要[40]。

一、增压工艺选择

苏里格气田采用5+1合作开发模式，长庆油田公司统一建设和管理主干集输管网、天然气处理厂、外输管线，其他合作单位负责区块内产能建设和井、站、集气支线的管理，每个区块设置集气交接站，由长庆油田分公司收购合作方生产的天然气，通过骨架干线输往处理厂集中处理。所以与常规开发模式不同，在气田地面建设中需要有集气交接站这一环节。集气站这一级增压目前普遍应用的有分散增压和中心集气站集中增压两种模式。

集气站分散增压：利用井口压力，通过合适口径的管线，将天然气集中到集气增压站。集气站压缩系统较单井压缩和二级压缩系统节省建设和操作费用，且集气站管理方便、操作灵活。目前，美国整装开发的煤层气田大都采用集气站增压系统，我国大庆油田的伴生气集输系统也主要为集气站增压系统。中心集气站集中增压：采用井口—集气阀组—集气增压站—外输干线的集气模式。单井天然气采出后进入集气阀组集气，然后集中到集气增压站增压，输送至集气干线。

集气站分散增压和集中增压两者各有优缺点，具体见表4-1。

苏里格气田一直寻求的是经济、有效开发技术，而井口压力的高低直接影响单井的累计产气量，关系到气田经济开采与否，综合考虑投资、能耗、定员等因素，集气站这一级采用分散增压的方式。

表 4-1　分散增压和集中增压优缺点对比表

分散增压	集中增压
①总体能耗低，单井压降合理，流速经济； ②小站分散增压，单站停运影响范围小； ③压力匹配简单，施工便捷，单井井间串接相邻井，干线不放空，不动火； ④总投资少，总占地少，操作人员少； ⑤建站数量多，操作人员相对较多	①设备集中，便于管理及维护。 ②集中增压站发生事故，影响全局运行，事故率大。 ③单井到增压集气站距离有的长达16km以上，压降损失大，单井废弃压力高，造成可用资源的严重浪费。对相同压力降的情况下，所需管网的管径大、流速低，经济性差；压缩机入口压力低，压比过高，能耗大。 ④阀组之间压力的相互制约严重，集气站远端阀组的单井压力必须高于集气站近端阀组的外输压力才能够外输。这就导致生产时，集气站远端的低压井无法进入系统

二、压缩机综合选型技术研究

（一）压缩机

目前国内外在气田上用于天然气增压的主要是往复式压缩机和离心式压缩机两大类。往复式与离心式压缩机两者各有优缺点，对比见表 4-2。

表 4-2　往复式压缩机和离心式压缩机对比

类别	离心式压缩机	往复式压缩机
适应性	适应性较差，气量调节范围小（80%～120%），不适应分期建设	适应性强，气量调节范围大（60%～100%），分期建设适应性好
适用范围	大流量、工况变化较小，压比较小，一般不超过3，单台功率最大可达30000kW	小流量、变化工况，压比较大，单台功率较小，最大在6000kW以下
压缩机结构	较简单	较复杂
可操作性	多台并机操作，可能出现喘震问题，配套系统可靠性较低	操作简易，可多台并机运行
维护管理	维修工作量较小，但对维修人员的技术要求较高	维修工作量较大，但对维修人员的技术要求较低
占地面积	所需台数少、占地较小	所需台数多，占地较大
压缩机效率	压缩机效率较低（80%）	压缩机效率高（90%）

整体式压缩机组适用性强，现场运行维护较简单，分体式压缩机组机型配置较灵活，功率范围大。其对比见表 4-3。为便于机组选型，将集气站增压生产过程分为两个阶段：

第一阶段（初期、中期增压阶段）：压缩机入口压力 1.0MPa 时增压。

第二阶段（后期增压阶段）：压缩机入口压力 0.5MPa 时增压。

由于苏里格气田进气压力不稳定，后期如果两台压缩机串联工作，则压力平衡点会随着进口压力的变化而变化，导致严重偏离设计工况点，造成负荷率过高，燃气耗量和润滑油耗量大大增加。压缩机基础优化设计技术研究苏里格气田压缩机基础研究主要经历了三个阶段：桩—承台式压缩机基础→大块式压缩机基础→无固定连接式压缩机基础。从 2009 年开始，为了进一步加快气田站场建设周期，节约投资并且更好地适应滚动开发的形势，开始研究无固定连接式压缩机基础。

表 4-3　高速分体和低速整体比较

优缺点	高速分体	低速整体
优点	①转速高，体积小、重量较轻，功率大，处理规模大；发动机和压缩机可分，驱动机配备多样化。②柔性联轴器联结，安装方便，使用时对中发生变化可以得到补偿。同规模的机组价格略低	①技术要求低，现场运行维护简单，易掌握，不需返厂大修。②大修周期较长。③年运行维护费用较低；机组适用性强；润滑油耗量更换时间较长。④运行率平均90%
缺点	①大修周期较整体机短。②速度高，易损件使用周期较短，年维护费用高；操作技术要求较高。③一般需要备用机组，运行率<80%	最大功率有限制，一般不超过630kW，处理规模较小；同规模机组重量相对较重

针对大块式压缩机基础体积大、养护时间长、需二次灌浆、建设周期长、无法搬迁等问题，结合厂家，开始研究无固定连接式压缩机基础。参照国外资料，根据长庆油田地质情况，研究出特有的无固定连接式压缩机基础。该基础主要有以下几部分组成：刚性钢筋混凝土槽型基础，砂石垫层，碎石垫层，基础下部做砾石垫层以满足承载力要求。钢筋混凝土基础做成槽型，主要为了在内部堆放减振材料，槽型端高出地面可抵抗设备水平移动；砂石垫层放置在基础内部减少设备振动；碎石垫层表层形成凹凸面与橇内薄膜内混凝土产生摩擦力。这是公司第一次设计无固定连接式压缩机基础，填补了长庆油田在该方面空白；在松散砂层场地应用无固定连接式压缩机在国内也属首次。该基础缩短了施工周期，降低了工程投资，便于压缩机的拆迁、搬运，基础与设备之间不需要固定连接。

压缩机无固定连接基础技术实现了"一降低、一缩短"，降低了基础建造费用。压缩机基础体积小、不需二次灌浆，减少了钢筋、混凝土的使用，大大减少了钢筋、混凝土的使用，大大减少了基础的建造费用。据测算，每台DPC2803无固定连接压缩机基础可降低投资19.23万元，每台Ariel-JGT无固定连接压缩机基础可降低投资40万元，这将成为低成本开发苏里格气田的又一重要举措。此技术缩短了施工周期，简化了机组的基础处理，有效地解决施工难度大、现场安装和前期准备费时费力、调整互换压缩机时不方便的问题，提高生产建设效率、缩短施工周期、降低建站综合成本，每台压缩机基础施工周期缩短20天，提高了气田建站的速度。

苏里格气田的快速、高效开发，其增压工艺技术和压缩机选型技术可广泛运用大规模应用与低渗透气田、煤层气田的建设中，总体处于国内领先水平。形成的两地多级增压技术，是苏里格气田采用的中低压集气模式的基础。该模式被称为国内第三套集气模式，是国内针对"三低气田"创立的一种独特的集气新模式，具有国际先进水平。压缩机无固定连接基础缩短了施工周期，降低了工程投资，便于压缩机的拆迁、搬运，基础与设备之间不需要固定连接。目前国内外关于基础无固定连接式压缩机基础相关资料较少，大部分是对称平衡式压缩机（不平衡力和力矩极小，可以当静载设备来考虑）和土层条件较好的场地（砂岩层等）。本次在松散砂层场地应用基础无固定连接式压缩机在国内尚属首次大规模应用。

集约型压缩机运行技术使压缩机天然气消耗大幅度降低，节约了运行成本，使集气站能耗处于国内领先水平。提高目前压缩机自动化效率，进一步完善压缩机监控系统，提高运行其可靠性和远程监控能力，向智能化、网络化发展。

第二节　双螺杆压缩机增压新技术

一、单井天然气管道泵的意义和必要性

随着天然气的不断开发，天然气出口压力会不断降低，当天然气压力小于0.3MPa，气井难以自动产出，需要在井口增压，也就是需要安装单井天然气管道泵，使天然气压力达到1~1.3MPa。所以，不管哪个气田，在天然气开发后期，天然气井口压力会持续下降，都需要安装单井天然气管道泵，尽可能多地生产出天然气。这种单井天然气管道泵需要满足现场生产特点：一体化的结构、橇装、快装、效率高、安全可靠和无人值守。

国外天然气压缩机的生产厂家主要集中在美国。以库伯公司（Cooper）、艾里尔公司（Ariel）和德来赛兰公司（Dresser-Rand）和鲍斯公司（Boss）等为代表。各公司生产的压缩机如图4-1至图4-3所示。国内有些厂家也具有制造天然气压缩机的能力，其技术水平达到了国际水平，制造价格低廉。

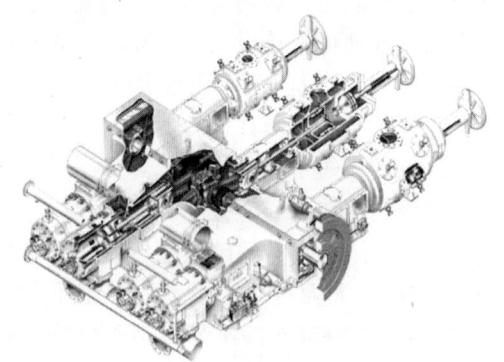

图4-1　库伯压缩机

图4-2　艾里尔压缩机

图4-3　德来赛兰压缩机

为此，设计和研制具有自主知识产权的单井天然气管道泵对于提高气井天然气产量，对我国的能源生产和石油设备业的发展，都具有重要的意义。

二、管道泵国内外现状和技术发展趋势

20世纪90年代，天然气工业迅速发展，加速了气田的开采，随之而来的是气田开采过程中气藏压力逐渐衰减，当井口压力下降到一定程度时，将达不到天然气处理工艺以及输送对压力的要求，必须对天然气进行增压。天然气工业用压缩机主要有往复式、离心式，在一些场合也使用回转式（主要是螺杆式），气田常用的是离心式和往复式。往复式压缩机最适宜于小排量、高压比的情况，而离心式压缩机适宜于大排量、低压比的工作。气田增压集输、气举工艺等气田内部用压缩机大多采用往复式压缩机。下面主要介绍往复式及螺杆式压缩机的现状及趋势。

（一）活塞式压缩机现状及趋势

国内天然气压缩机生产起步比较晚，生产厂家和生产设备相对比较落后，与国外天然气压缩机制造业相比存在着很大的差距。当时，国内的天然气压缩机是在其他类型产品的间隙中发展起来的，绝大部分产品是改型、变型产品，没有充分考虑天然气的特殊性，远不能适应天然气工业发展之需。国内各油气田为了解决一些项目的急需，不得不花大量外汇从国外购置天然气压缩机，其中又以美国库伯（Cooper）公司的DPC系列天然气发动机—压缩机组居多。国外进口机大多数使用可靠，但配件供应和维修困难，价格昂贵。

为了适应我国天然气工业的发展和天然气市场对压缩机的需求，国内许多学者和专家先后致力于这方面的研究，研制出了往复活塞式天然气压缩机。

但是活塞式压缩机具有活塞、活塞环、气门阀件、曲轴轴瓦等连续运转部件，由于不均匀的往复运动，使得这些部件磨损很快，需要经常更换，一般说来，一个月左右即须拆卸修理，多处密封圈随之要更换，需要更换的还有缸套弹簧等几十个零件。由于易损件数量很多，其故障率很高，平时需要配备几个维修人员，消耗品的更换更须几个人才能完成。另外，机房内需要起吊设备，无法做到机房干净无漏油。因此，活塞式压缩机连续运行的可靠性差，不仅影响了正常的生产，而且会增加维护管理的费用。但活塞式压缩机组总的造价便宜。与螺杆压缩机相比，活塞式压缩机的效率低，特别是长期连续运行时，其经济性更差。由于活塞式压缩机的压缩腔内很多都是易损件，这些易损件的磨损和损坏都将造成工质压缩时更大的泄漏，最终导致压缩机效率的降低。由于螺杆压缩机中不存在影响机器效率的易损件，进行压缩的一对转子自身结构的特点不会出现磨损，因此，长期连续运行的经济性要优于活塞式压缩机；活塞式压缩机为往复式运动机构，存在着不可消除的惯性力，因此运行时振动大、噪声高，较大的活塞式压缩机安装时需要专门的固定基础。螺杆压缩机为回转式运动机构，平衡性很好，其振动小，噪声低，无需安装基础，同时也避免了对工作环境的污染；活塞式压缩机是往复间断性供气，运行时气流脉动大，螺杆压缩机转速高，输气平稳，无气流脉动，能够满足要求较高气量用户的需求；活塞式压缩机基本没有自动控制系统，螺杆压缩机有完善的自动控制与保护系统，属于机电一体化产品，方便了设备的维护管理，同时也最大限度地降低了能耗。

（二）螺杆压缩机国内外现状和发展趋势

通常所指的螺杆压缩机即指双螺杆压缩机，由安装在壳体内两个互相啮合的螺旋转子组

成。当转子转过吸气口时，螺旋槽内充满了气体，随着转子转动，槽被壳体封闭，形成了压缩腔，注入螺杆中的润滑剂起着密封、冷却、润滑和降噪的作用。由于润滑剂可以循环使用，螺杆压缩机的润滑剂消耗量比往复压缩机少。气体和润滑剂的混合物通过排气口被压出。

与活塞式、叶片式压缩机相比。螺杆压缩机是一种比较年轻的压缩机型，20世纪60年代以后，随着喷油技术的引入，降低了对螺杆转子型线加工精度的要求，同时对机组的噪声、结构和转速产生了很大的积极影响。经过持续的基础理论研究和产品开发试验，对转子型线的不断改进和专用转子加工设备的开发成功，螺杆压缩机的性能得到了不断的发挥，螺杆压缩机进入了快速发展时期。由于喷油螺杆压缩机兼有活塞式和离心式压缩机的许多优点，可调范围宽、操作平稳，不但在制冷工业上有很大的实用价值，而且在天然气集输和加工工业上也逐步得到广泛的应用。

我国螺杆压缩机的生产，起步于20世纪60年代中期，经历了从仿制到独立自主的开发过程。80年代后，引进和自主设计了先进的螺杆加工、检测设备以及计算机软硬件，大大提高了我国的制造和设计水平。当时的湘潭压缩机厂、柳州第二空压机厂以及天津冷气机厂都生产过双螺杆油田气压缩机。目前，上海压缩机厂、711所、烟台冰轮等公司也先后生产过天然气螺杆压缩机。我国已经具备了生产转子直径超过630mm、气量达到35000m^3/h的大型螺杆压缩机的能力。但国产压缩机在设计水平、运行范围等方面尚与国外产品有明显差距。近年来，国内螺杆压缩机技术的发展主要表现在功率范围大、效率提高、密封性加强等方面。国外有多家厂商可提供天然气螺杆压缩机，如德国Man Turbo公司（图4-4）、日本神户制钢（图4-5）、美国Boss（图4-6）、LeRoi（图4-7）、Ariel（图4-2）、英国Howden公司（图4-8）等。这些企业螺杆压缩机技术的发展主要表现在功率和效率不断提高，目前螺杆压缩机的效率达70%~82%。在压缩机滑阀容量调节方面，可以实现10%~100%的无级调节。近年来，这些公司的产品也越来越多地进口到国内各大油田使用。

图4-4 德国Man Turbo螺杆压缩机组

图4-5 日本神户制钢螺杆压缩机组

统计数据表明，螺杆压缩机的销售量已占所有容积式压缩机销售量的80%以上，在所有正在运行的容积式压缩机中，有50%是螺杆压缩机。今后螺杆压缩机的市场份额仍将不断扩大，特别是在天然气压缩机方面，会获得更快的发展。

第四章　天然气增压新技术

图 4-6　美国 Boss 螺杆压缩机组

图 4-7　美国 LeRoi 螺杆压缩机组

图 4-8　英国 Howden 压缩机组

（三）对已有试验样机的分析

在苏里格气田采气四厂苏 6-1 集气站，有几年前进行过试验的单井增压管道泵，如图 4-9 所示。样机由美国一家公司制造。曾进行过几次试验，都没有取得成功。原因是润滑油和压缩后出来的水混合，无法分离，从而使水累积在出口罐内。螺杆压缩机的一个关键技术就是要保证润滑油既要循环使用，又要不得和水混合，必须采取措施保证水和润滑油分离。另一个使试验失败的原因是发动机天然气进口管不合理，在冬天，天然气里的液滴凝结在进气管道内积冰，堵塞了管道。从整体来看，该样机的设计不尽合理。进气罐容积太小，气液分离效果太差。致使凝结出来的水进入压缩机，最后滞留在出口稳压罐内，影响了工作。稳压罐容积太小，除了分离效果差外。还使系统压力不稳定，无论是压缩机上游，还是下游的波动都会使压缩机工作产生波动。

在苏里格气田采气四厂苏 6-2 集气站安装有一台国产单井天然气管道泵，如图 4-10 所示。压缩机采用鲍斯公司的螺杆压缩机，润滑油采用的是柴油和水，这就降低了对润滑油的要求，这台样机在去年进行了几次试验，发现了不少问题。主要有：天然气出口罐内柴油没有处理好，同样存在润滑不好的问题，天然气出口罐内缺少液位控制，油水分离不好，水不能及时排除。样机工作效率低，每天增压的天然气只有 $3000m^3$，远没有达到 $5×10^4m^3$ 的要求，天然气出口压力也没有达到要求。另外一个比较严重的问题是，压缩机工作时，压力脉

图 4-9　单井增压管道泵样机

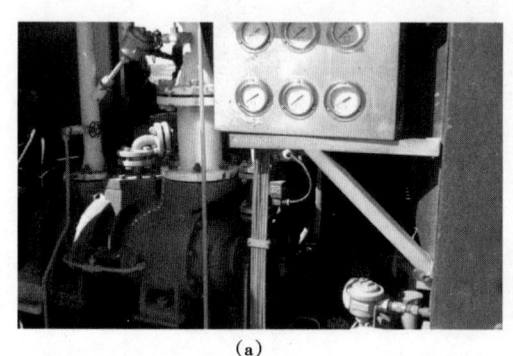

图 4-10　国产单井天然气管道泵样机

动很大。这是机组的进出口罐太小，管道大小不合理造成的，属于系统压力脉动问题。这需要考虑增压泵系统的压力稳定性才能解决好。

三、螺杆压缩机方案的主要技术特点

由于螺杆压缩机优越的适应性、可操作性及稳定性，相对于往复式压缩机和离心式压缩机而言，在气体压缩与天然气集输工艺中具备了明显的优势。

对三种压缩机的各项性能评价见表 4-4。其中，对某项指标评价为"优秀"打 3 分，评价为"一般"打 2 分，评价为"差"打 1 分。

表 4-4　不同形式压缩机性能评价

性能及指标	双螺杆压缩机	往复式压缩机	离心压缩机
初始投资	1（大）	3（小）	2（中）
效率（额定负载时）	3（高）	3（高）	2（中）
效率（轻负载时）	2（中）	3（高）	1（低）
易损件数量	3（少）	1（多）	3（少）

续表

性能及指标	双螺杆压缩机	往复式压缩机	离心压缩机
现场维护性	3（优）	1（差）	2（中）
允许带液体粉尘等杂质的能力	3（优）	2（中）	1（差）
允许吸入压力变化的能力	3（优）	2（中）	1（差）
允许排气压力变化的能力	3（优）	2（中）	1（差）
排气温度	3（优）	1（高）	2（中）
机体气密性	3（优）	1（低）	3（优）
振动和噪声	3（小）	1（大）	1（大）
总分	30	20	19

（1）中小气量的螺杆压缩机在价格上高于往复压缩机，但当气量超过 2000m^3/h 时，中等气量的螺杆压缩机造价与往复压缩机相当，当气量超过 7200m^3/h 时，大气量的螺杆压缩机将比同等气量往复式压缩机的造价低很多，比同等的离心机也约低 15%。

（2）螺杆压缩机的效率在压缩比小于 4 时和往复式压缩机是相当，当压缩比更加大时，螺杆压缩机的效率将超过往复压缩机；但当轻载时，螺杆压缩机由于内泄漏所占比例的增加，将降低压缩机的效率，但也仍然比离心压缩机的效率高。

（3）关于零件数量，双螺杆压缩机一共仅有 300 多个零件，易损件很少，因而可以更长时间无故障运行，判断故障点也更加方便，而往复式压缩机有 2000 多个零件，易损件更多，故障率高，日常维护工作量大。离心压缩机技术要求高，自动控制系统复杂，同样也增加了管理难度。

（4）除了螺杆转子损坏，螺杆压缩机必须返厂维修外，其他的故障都可以很方便地在现场维护。

（5）螺杆压缩机由于阴、阳转子、缸体之间均保持适当的间隙，互不接触，因而允许压缩介质带液滴甚至带粉尘，可以多相混输。而压缩介质带液滴或者粉尘将损坏往复压缩机，离心压缩机则严禁介质中夹带杂质。

（6）被压缩或输送气体在大多数情况下进出口压力都是稳定的，但同时几乎没有哪个场合，进出口压力从来不会波动，螺杆压缩机能承受很大范围的进出口压力波动（进口压力可以是负压），仅仅会在效率上有少许的下降；而这样的波动将使离心压缩机喘振并导致严重的振动而损坏。由于螺杆压缩机允许进出口压力大范围波动，因而螺杆压缩机可以直接从管网抽吸而无须机前缓冲罐或控制进口阀门节流控制进口压力。

（7）湿式螺杆压缩机由于直接将冷却液喷入压缩腔内，气体温度控制在 70℃ 甚至更低，而往复压缩机的排出温度一般都超过 100℃。大多数气体压缩后处理上都有分离设备，更低的温度对提高分离效果是非常有益的。

（8）螺杆压缩机设置机械密封组件，控制机械密封的油压比排气压力略高，这样即使机械密封损坏，工艺气体也不会泄漏到大气中，机组的气密性非常高。

（9）螺杆压缩机由于在工作时没有不平衡力，因此振动很小，噪声主要是排气噪声，螺杆压缩机不需要进出口消音器，机组结构简单，维修方便，工作可靠。

（10）由于工作原理不同，螺杆压缩机非常适合进口压力在负压及低压力的状态下运行，这对用于井口天然气增压非常有利。往复压缩机与离心压缩机在进口压力过低的工作状态下，排气量及运行效率大幅度下降，在进口负压状态时有的将无法正常运行。

从这些对比和分析中不难看出，在中等气量、中低压力场合，螺杆压缩机将逐步取代往复压缩机与离心压缩机。在油气田开发及石化行业的气体增压与输送工艺中，螺杆压缩机具备了其他压缩机不可比拟的性能。随着螺杆制造技术的提高和新型线的应用，螺杆压缩机必将在更大范围内取代其他压缩机而成为市场主流。

四、螺杆压缩机方案

螺杆压缩机在发展过程中，按照运行方式的不同，出现了三种基本型式：干式压缩机、喷水式压缩机和喷油式压缩机。这三种压缩机的工作原理完全相同，但是在某个主要特征上又有显著的区别，每种螺杆压缩机都有其固有的特点，满足一定的功能，并适用于一定的市场范围。下面介绍项目采用的喷油螺杆压缩机。

喷油螺杆压缩机是指大量的润滑油被喷入所压缩的介质中，喷入的油与压缩介质直接接触，吸收压缩腔中介质的热量。单级螺杆压缩机在没有中间冷却的条件下，单级压力比通常可达 10。油的喷入使螺杆压缩机中不设同步齿轮，一对转子就像一对齿轮一样，由阳转子直接带动阴转子旋转，所以喷油机器的结构更为简单，简化了结构设计，提高了能适应的压力和压比，并使排气温度得到了有效的控制，还降低了噪声。喷油给螺杆压缩机开创了新局面，扩大了应用领域，改善了性能。特别是在空气压缩机及制冷装置中，喷油螺杆压缩机获得了广泛的应用。虽然喷油螺杆压缩机和干式螺杆压缩机的工作原理完全相同，但常常被看成是两种不同类型的压缩机。喷入压缩机内的油主要有润滑、密封、冷却和降低噪声的功能。此外，在喷油螺杆天然气压缩机中，为了使压缩机在调节工况下保持较高的效率，普遍采用带调节滑阀的容量调节装置以调节螺杆压缩机的容积流量。这种调节方式虽然比较复杂，但是可以对排气量进行连续的无级调节，并且效率也比较高。因而，在带容量调节滑阀的喷油螺杆压缩机中喷油还起到控制滑阀的功能。图 4-11 给出了喷油螺杆压缩机结构示意图。图 4-12 是气量为 $45m^3/min$ 的喷油螺杆压缩机。

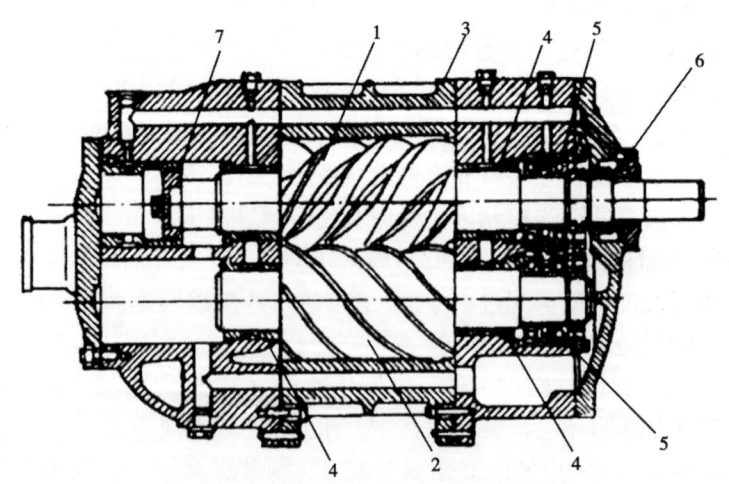

图 4-11 喷油螺杆压缩机结构示意图

1—阳转子；2—阴转子；3—机体；4—滑动轴承；5—止推轴承；6—轴封；7—平衡活塞

图 4-12　气量为 $45m^3/min$ 的喷油螺杆压缩机

在气体密封、材料耐腐蚀等方面，喷油螺杆工艺压缩机与喷油螺杆制冷压缩机要求相似，通常，喷油螺杆工艺压缩机是由喷油螺杆制冷压缩机改制后运行于相应设计工况之内，也有在开启式喷油螺杆空气压缩机基础上改造的。一般喷油螺杆工艺压缩机的系统流程图与喷油螺杆空气压缩机很相似，只是在二次油分离之后，常常需要做进一步的气体净化处理，如经高效油气分离器再次分离，经干燥器进行干燥处理等。

在设计喷油螺杆压缩机时，为了使机器取得优良的性能，必须合理选取各主要参数，一般说来，影响螺杆压缩机热力性能及可靠性的主要参数有：圆周速度和转数、螺杆直径及相对长度、导程及扭转角、级数和压力比以及间隙值等。对于喷油螺杆压缩机，喷油量、喷油孔口的大小和位置、油滴的雾化程度以及油在压缩腔内的滞留时间等喷油参数对压缩机性能都有一定的影响。

与干式螺杆压缩机比较，喷油式螺杆压缩机具有如下的优点：

（1）结构大为简化。

它省去了同步齿轮，又省去高压端的轴封。应用滚动轴承省去大多数干式压缩机常用的滑动轴承所需要的复杂的润滑系统。

（2）接近等温压缩。

通过喷入相当大量的冷却油到压缩腔，气体压缩所产生的热量被油液带走，故不会有显著的温升。因此，单级压缩比可达到 1:15，而压缩温度不会超过 100℃。这种机器的转子和壳体可造成很小的公差配合，因为转子和壳体的热膨胀是近乎均匀的且比干式机器小。

（3）噪声水平低。

基于较小的圆周速度和喷油的缓冲作用，喷油冷却的压缩机产生的噪声远低于干式螺杆压缩机所产生的噪声。

在天然气螺杆压缩机工作过程中喷油，虽然具有上述诸多优点，但是，由于天然气中含有水分，很容易跟润滑油发生油水乳化现象，从而，破坏了润滑油的品质，降低了润滑油的性能，无法达到理想的密封效果，进而影响了压缩机的性能。为了解决这一问题，需要在整个天然气压缩机系统中，添加油水分离器对润滑油和水进行分离，以防止润滑油性能的降低。

五、螺杆压缩机运行工况范围计算

螺杆压缩机运行工况范围计算主要包括两部分,设计工况计算和校核工况计算。

(1) 压缩机设计工况。

压缩机进口温度为 0~15℃,出口温度(冷却后)小于等于 60℃;压缩机进口压力为 0.3MPa(表压),出口压力为 1.2MPa;增压气量按 $5×10^4 m^3/d$ 进行设计。

(2) 压缩机校核工况。

压缩机进口温度为 0~15℃,出口温度(冷却后)小于等于 60℃;压缩机进口压力为 0.3MPa,出口压力为 1.2MPa;单台增压气量校核。

下面根据设计和校核的要求分别进行计算。

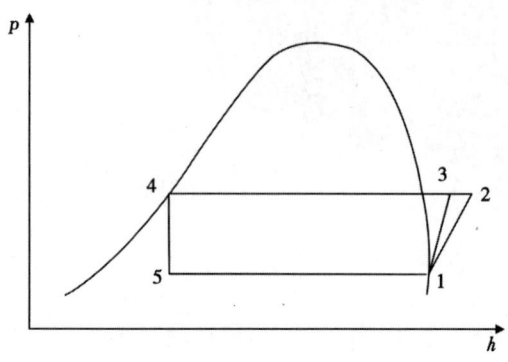

图 4-13 天然气压缩循环的 p—h 图

(1) 设计工况计算

假设螺杆压缩机的进口温度为 15℃,进口压力为 0.3MPa,出口温度为 60℃,出口压力为 1.2MPa,增压气量为 $5×10^4 m^3/d$(20℃,101.325kPa)。天然气压缩循环的 p—h 图,如图 4-13 所示。并假设天然气可以看作理想气体。

天然气的组成成分见表 4-5。

表 4-5 天然气的组成成分

序号	组成	各组分的摩尔浓度
1	甲烷 C_1	0.909178
2	乙烷 C_2	0.052597
3	丙烷 C_3	0.010304
4	丁烷 iC_4	0.001772
5	正丁烷 nC_4	0.001941
6	异戊烷 iC_5	0.000885
7	正戊烷 nC_5	0.000391
8	己烷 nC_6	0.000952
9	庚烷 nC_7	0.001011
10	nC_8	0.000079
11	nC_9	0.000051
12	nC_{10}	0.000028
13	C_{11+}	0.000047
14	CO_2	0.006626
15	N_2	0.007521
16	H_2O	0.006617

第四章 天然气增压新技术

假设天然气的物质的量为 1mol。CH_4 的摩尔质量为 16g/mol，从而 1mol 天然气中 CH_4 的质量为：

$$0.909178\text{mol} \times 16\text{g/mol} = 14.5468\text{g} \tag{4-1}$$

根据气体常数计算公式：

$$R_g = \frac{R}{M} \tag{4-2}$$

其中

$$R = 8.314\text{J/(mol·K)}$$

式中 M——摩尔质量，kg/mol。

可以得到甲烷的气体常数为：

$$\frac{8.314\text{J/(mol·K)}}{0.016\text{kg/mol}} = 519.6250\text{J/(kg·K)} \tag{4-3}$$

同理可求得其他各组分的质量及气体常数。从而 1mol 天然气的总质量为各组分的质量之和为 17.7164g，所以该天然气的摩尔质量为 17.7164g/mol，进而可求得各组分的质量分数以及天然气的气体常数为：

$$\frac{8.314\text{J/(mol·K)}}{0.0177\text{kg/mol}} = 469.2824\text{J/(kg·K)} \tag{4-4}$$

由理想气体状态方程 $pV=nRT$，可以求得通常状况下（20℃，101.325kPa）天然气混合物的体积为：

$$V = \frac{nRT}{p} = \frac{1 \times 8.314 \times 293.15}{1.01 \times 10^5} = 0.0241\text{m}^3 \tag{4-5}$$

所以天然气的密度为：

$$\rho = \frac{m}{V} = \frac{17.7164 \times 10^{-3}}{0.0241} = 0.7351\text{kg/m}^3 \tag{4-6}$$

同理，当压缩机进气压力 0.3MPa、温度为 15℃时，可以求得天然气的密度为 2.465kg/m^3。所以在压缩机进气状态下，压缩机的容积流量为 14892m^3/d。

查《化学化工物性数据手册·有机卷》可以得到天然气各组分的定压比热，根据：$c_p - c_v = R_g$，进而可以求得天然气各组分的定容比热。根据理想气体混合物的比定压热容和比定容热容计算公式：

$$c_p(T) = \sum_i w_i c_{p,i}(T) \tag{4-7}$$

以及

$$c_v(T) = \sum_i w_i c_{v,i}(T) \tag{4-8}$$

式中 $c_p(T)$——天然气的比定压热容；

w_i——天然气某组分的质量分数；

$c_{p,i}(T)$——天然气某组分的定压比热；

$c_v(T)$——天然气的比定容热容；

$c_{v,i}(T)$——天然气某组分的定容比热。

$c_{v,i}(T)$的计算式为：

$$c_{v,i} = c_{p,i} - R_g \tag{4-9}$$

可以求得天然气的比定压热容，为2107.7517J/(kg·K)和比定容热容。根据$\kappa = \dfrac{c_p}{c_v}$，从而求出天然气的绝热指数为1.2842。

因此，天然气压缩机在等熵压缩过程中单位质量所消耗的功为：

$$\begin{aligned} w_{13} &= \frac{1}{\kappa - 1} R_g T_1 \left[\left(\frac{p_3}{p_1}\right)^{\frac{\kappa-1}{\kappa}} - 1 \right] \\ &= \frac{1}{1.2842 - 1} \times 469.2824 \times 288.15 \times \left[\left(\frac{4.1}{1.0}\right)^{\frac{1.2842-1}{1.2842}} - 1 \right] \\ &= 174.3874 \text{kJ/kg} \end{aligned} \tag{4-10}$$

所以天然气等熵压缩的耗功为73kW。

假设压缩机的绝热效率为75%，则压缩机在压缩过程中实际消耗的功为98kW。

以1.2倍功率选取发动机功率为118kW。

对于118kW发动机来说，每天消耗天然气为920m³/d，占管道泵每天增压量的0.18%。

六、螺杆压缩机冷却与润滑系统

在喷油螺杆压缩机中喷入压缩机内的油，主要起到如下4个作用。

（1）冷却作用。

喷入的油与被压缩介质混合，冷却被压缩介质，大大降低了排气温度。使得压缩机工作范围只随压缩效率而定，不再受到最高排气温度的限制。另外，由于排气温度较低，所以不再需要机壳外的冷却水套，也不需要进行转子内部冷却。

（2）润滑作用。

喷油螺杆压缩机中由于润滑油的存在，省掉了同步齿轮，使得阳转子直接驱动阴转子。另外，由于喷入的油与轴承所用的润滑油完全一样，不再需要一套复杂的密封装置把气体同润滑油隔开，减小了转子支撑轴承之间的距离，提高了转子的刚度，减小了变形。

（3）密封作用。

润滑油的存在降低了通过螺杆压缩机各泄漏通道的泄漏量，强化了密封效果，提高了压缩机的效率。

喷油螺杆压缩机中，润滑油通过油路系统分配到轴承腔和压缩腔，因而油路系统较为复杂。喷油螺杆压缩机的润滑油路系统主要由油泵、油水分离器、油冷却器、油分离器、油过滤器、温控阀、调节阀以及必要的管路等部件组成。按油泵的配置特征，喷油螺杆压缩机的油路系统可分为无油泵系统、带油泵系统和联合系统等三类。

在无油泵的油路系统中，冷却油回路不设油泵，润滑油依靠压缩机的排气压力和喷油处的压差，维持在回路中流动。供油设备的心脏是油分离器，它是一个承受压缩最终压力的容器。当机器运转时，一次油分离器中的润滑油在压差的作用下，经过温度控制阀进入油冷却器。再经过油过滤器除去杂质微粒后，大多数的润滑油被喷入压缩机的压缩腔，其余润滑油分别通向轴承、轴封和滑阀等处，起到润滑、密封和驱动调节滑阀等作用。最后，所有的润滑油都被压缩气体一起被排入一次油分离器中，分离出绝大多数的润滑油，以供循环使用。在二次油分离器中分离出的少量润滑油，也被引回到压缩机的吸气口等低压处。

无油泵油路系统具有运行可靠、系统简单等优点，并且喷入的油量与压缩机的排气压力成正比。但当压缩机冷态启动时，由于油的黏度大，因而供油量及油的雾化程度均较差，故通常在一次油分离器设置电热器。另外，一般还在二次油分离器的出口装有最小压力阀，使油分离器中的气体压力不至于降低到 0.3MPa 以下，并保证很快建立润滑和冷却所需要的最低油压。

无油泵的油路系统适合用于采用滚动轴承的螺杆压缩机，几乎所有喷油螺杆空气压缩机的润滑系统都采用这种油路系统。图 4-14 示出了 LGY-17/7 型喷油螺杆空气压缩机的油路系统。另外，在小型螺杆制冷和工艺压缩机中，无油泵的油路系统也得到了广泛的应用。

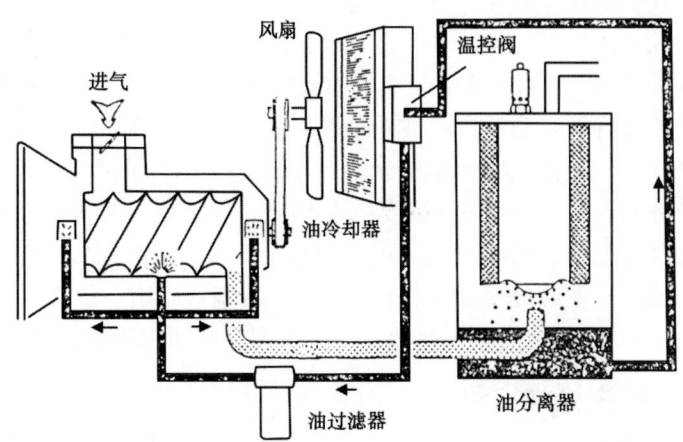

图 4-14 天然气喷油螺杆压缩机油路系统

带油泵的油路系统主要用于采用滑动轴承和调节滑阀的中大型螺杆压缩机中，油泵从一次油分离器中吸入油，提高压力后使油通过温控器、油冷却器及过滤器后送到压缩机。通常油泵使油的压力升高 0.35~0.4MPa，通过油路系统压力损失一部分，到达压缩机时，油压比排气压力大约高 0.2MPa。有时也把油泵放在油冷却器和过滤器之后，油泵吸入的是经过冷却和过滤之后的润滑油。不过，当通过油过滤器或油冷却器的压差较大时，溶解在润滑油中的制冷剂有可能在油泵的入口处逸出，从而影响油泵的正常工作。

带油泵的油路系统可避免机器冷态启动时，因喷油量不足而产生排气温度过高现象。然而，一旦油泵发生故障，就会有使整台机器损坏的危险。另外，在较高压力下运转时，这种油路系统的润滑油流量会显得不足。

为了同时具有无油泵油路系统和带油泵油路系统的优点，还可联合使用这两种系统。在压缩机启动期间和排气压力较低时，由油泵供给足够的油。在高压运行时，受排气压力的控制，供给更多的油。当机器处于冷态或在严寒季节使用时，油的黏度比较大，由油泵向压缩机强制供油。因为有油泵，就允许油分离器完全卸载放空，大大节省了卸载功率。此外，能在各种工况、不同环境温度下运转，也是这种联合油路系统的显著特点。

油分离器是循环系统的主要设备。在油分离器中进行油气的两次分离。第一次是机械碰撞法，依靠重力的作用，能分离回收油气混合物中99%~99.9%的油。在0.3~0.4MPa的喷油压差下，在机械雾化的油雾中，油粒尺寸散布在宽广的范围内，但极大部分通常处在25~50μm的范围内。此时，机械碰撞分离法能有效地捕集油粒。对更小的油粒以及极小油粒的气化—冷凝过程中所形成的油雾（其油粒尺寸约在0~20μm范围内，且通常以8μm的为主），不能用机械碰撞法分离。而是采用亲和集结法分离。第二次油气分离用的滤清元件是这样选择的：要求滤清元件和油的亲和能力以及形成较大油滴的能力大，以使后者相互集结，便于分离；要求滤清元件有足够的机械强度、使用寿命，特别是能多次"复合再生"使用。早期的二次油气分离用的滤清元件采用毛毡垫料，它的缺点是，吸收油分后，容易堵塞，引起过大的压力降和温升；油耗量偏大。近年来人们采用纯羊毛、改性化纤织物以及多孔陶瓷，其优点是：除油效果佳、寿命长、压降小、耗油量也低。采用这类材料作为二次油分离的滤清元件，可使气中含油量降到4~10mg/L，甚至更低，这比一般活塞压缩机的含油量要低的多。经二次分离后，气中含有主要是气相油。气相油不宜再用机械方法予以分离，只能用化学方法去除。降低气相油含量的最有效方法是降低排气温度。

还应该指出，喷油螺杆压缩机的内冷却是如此有效，以致在运转中要注意避免出现过度冷却。排气温度决不允许低到水蒸气将被冷凝的程度，即不得低于气体压缩后水蒸气分压力所对应的饱和温度，它与压力比以及原始分压力有关。在100%的相对湿度时，从20℃的环境温度压缩到0.7MPa时，相应的饱和温度约为59℃。考虑到工况的不稳定，为了保证在这种条件下绝对不出现冷凝水，控制排气温度不得低于70℃。这在设计或者操作带油泵的冷却回路的螺杆压缩机时，对此应充分注意。在压缩机冷却回路中一旦出现冷凝水，应将压缩机停车5~6h，让油与水分充分分离并排放水分；否则，使油质恶化并降低轴承寿命。

七、螺杆压缩机主机结构和优化设计

螺杆压缩机主机的主要部件有阴转子、阳转子、机体、轴承、轴封及容量调节装置等。

1. 转子

转子是螺杆压缩机的主要零件，其结构有整体式与组合式两类。当转子直径较小时，通常采用整体式结构。而当转子直径大于350mm时，为节省材料和减轻重量，转子常采用组合式结构。设计转子时，对螺旋状工作段之外的其余部分，应按通常的"转轴"要求进行设计。

转子精加工后，应进行动平衡校验。校验时，允许在吸入端面较厚的部分取重。允许的不平衡力矩，因机器的尺寸和转数不同，通常是0.05~1.0N·m，可近似地取作（0.1~0.2）$G \times 10^{-3}$ N·m（G为转子重量）。尺寸小、转速高的机器应取偏低值。

2. 机体

机体是螺杆压缩机的主要部件。它由中间部分的气缸及两端的端盖组成。为了制造方便，转子直径较小时，常将排气侧端盖或吸气侧端盖与气缸铸成一体，制成带端盖的整体结构，转子顺轴向装入气缸。在较大的机器中，气缸与吸气端盖常常是分开的。有的大型螺杆压缩机的机体还在转子轴线平面设水平剖分面，这种结构便于机器的拆装和间隙的调整。

具有吸气通道或排气通道的端盖，有整体式结构的，也有中分式结构的。通常端盖内置有轴封、轴承,有的端盖同时还兼作增速齿轮或同步齿轮的箱体。

在喷油螺杆压缩机中,机体多采用如图 4-15 所示的单层壁结构。在这种结构中转子包含在机体中,机体的外侧即为大气。为给进气和排气留下气体流动的空间,机体需向外作必要的延伸。对于天然气压缩机,由于工作在较高的工况下,因而必须以加强筋的形式对机体外部进行加强,以避免发生变形或开裂。

喷油螺杆压缩机的机体有时也采用如图 4-16 所示的双层壁结构。在该结构中,外壁为承受全部压力的密闭壳,由于它是圆柱形的,因而并不会因压力而产生变形,也就不需要特别的加强措施。另外,外壁还承受着连接法兰的负荷,使之不会传递到内部转子的气缸体上。双层壁结构还有一个优点,就是第二层壁同时又是一个隔音板,它能使传播到机器外的噪声有所降低。双层壁结构的压缩机多用于高压力的场合,用于低压力工况时,它也具有上述优点。特别是在封闭式螺杆压缩机中,通常将润滑油的油箱内置于双层壁的机体之内,更能使机器的噪声大幅度下降。无论何种结构的机体,都应具有通道内合理布置加强肋,以确保气缸、轴承、轴封等部分的同心度、平行度,以保证转子高速旋转之需要。

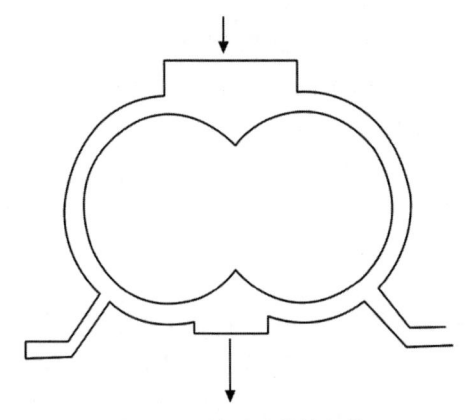

图 4-15 单层壁结构机体

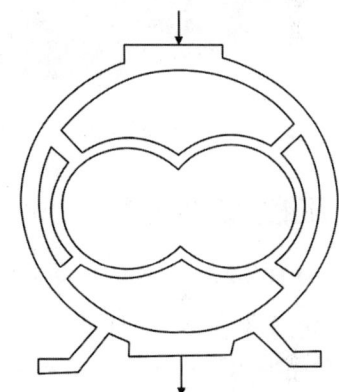

图 4-16 双层壁结构机体

机体的材料主要取决于所要达到的排气压力和被压缩气体的性质。当排气压力小于 2.5MPa 时,可采用普通灰铸铁。

喷油螺杆天然气压缩机转子的外伸轴通常都设计在吸气侧。由于压缩机内密封的是天然气,属于易燃气体,它不允许从外面漏入的空气污染或者冲淡,所以在喷油天然气螺杆压缩机的转子外伸轴处,通常采用复杂的面接触式机械密封,主要有弹簧式和波纹管式两种,并且需要向此轴封处供以高于压缩机内部压力的润滑油,以保证在密封面上形成稳定的油膜。

3. 容量调节装置

容量调节滑阀是螺杆压缩机中用来调节容积流量的一种结构元件,如图 4-17 所示。虽然螺杆压缩机的容积流量调节方法有多种,但

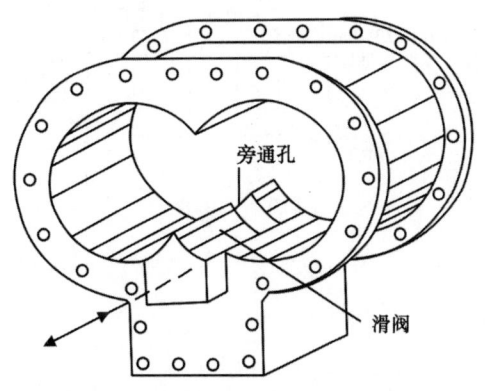

图 4-17 容量调节滑阀示意图

采用滑阀的调节方法获得了广泛的应用。这种调节方法是在螺杆压缩机的机体上，装一调节滑阀，成为压缩机机体的一部分。它位于机体高压侧两内圆的交点处，且能在与气缸轴线平行的方向上来回移动。采用容量调节滑阀来调节螺杆压缩机的容积流量，虽然比较复杂，但是可以对排气量进行连续的无级调节，并且效率也比较高。

八、天然气发动机

图4-18 卡特彼勒小功率天然气发动机

按照计算，每天 $5 \times 10^4 m^3$ 天然气增压所需功率为118kW。天然气发动机可以采用美国德莱赛-沃克夏（Dresser-Waukesha）公司或美国卡特彼勒（Catorpillar）公司制造发动机，这两家公司的发动机在我国石油工业有广泛业务，便于售后服务，他们的发动机质量都很好。

适合参数所用发动机型号为如图4-18所示的卡特彼勒小功率天然气发动机。

九、压缩机机组装置

（一）$5 \times 10^4 m^3/d$ 天然气单井增压泵

$5 \times 10^4 m^3/d$ 天然气单井增压泵原理如图4-19所示。天然气先进入井口天然气立式圆管旋流分离器，把90%以上液体分离出去，再进入天然气井口稳压罐，天然气进一步分离，使液体分离率达到99%以上。分离干净的天然气进入压缩机，压缩后的天然气进入出口稳压罐，在这里，天然气和润滑油进行分离，部分润滑油进入压缩机进口处，和进口天然气混合，一起进入压缩机。从出口稳压罐出来的天然气进入风扇冷却器冷却输入输运管道。

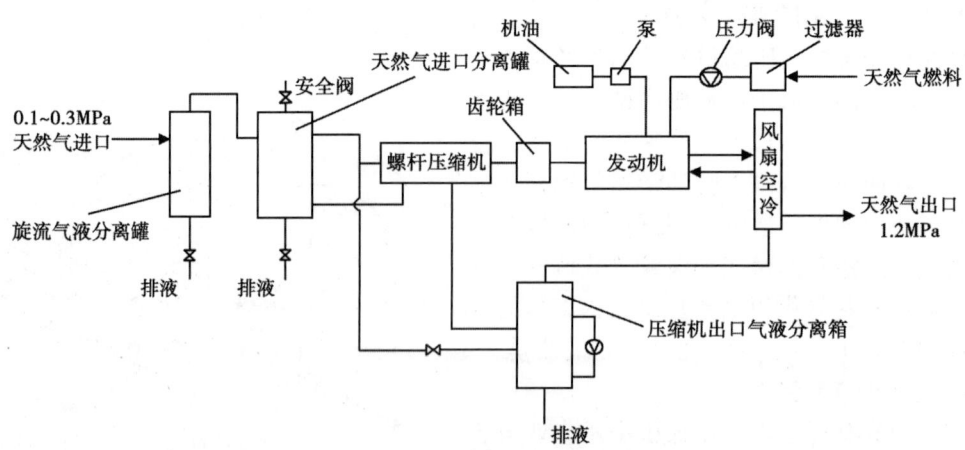

图4-19 $5 \times 10^4 m^3/d$ 天然气单井增压泵原理图

(二) 高效立式圆管气液旋流气液分离装置

高效立式圆管气液旋流气液分离装置是带有倾斜切向入口和气体及液体出口的垂直管 (图4-20)。切向液流由入口进入立式圆管后形成的旋涡产生了作用于液体的离心力和浮力，其离心加速度数比重力加速度要高出许多倍。重力、离心力和浮力联合作用将气体和液体分离开。液体沿径向被推向外侧，并向下由液体出口排出；而气体则运动到中心，并向上由气体出口排出。这一低成本、重量轻的小型立式圆管分离器已经开始替代常规容器式分离器。对立式圆管与常规容器形立式和卧式分离器在尺寸方面的差别进行对比，在某种情况下，需要的立式圆管的内径及高度尺寸分别是1.6m和6.5m，相当于同等规模的常规立式分离器 （3m×12m）的一半左右，相当于常规卧式分离器（6m×25m）的四分之一左右。

立式圆管的操作受到两个因素的限制，即顶部气流中的含液量及底部液流中的含气量。气流中出现液体的迹象表明携带液体的开始，同样，底部液流中气泡的出现表示其已开始携带气体。

立式圆管中的平衡液面由气体出口和液体出口之间的压差决定。由于立式圆管中的摩擦损失很小，因此平衡液面标志着立式圆管中液体的含量。

立式圆管尺寸的小型化，液面容易被控制，现在已经在油田各个方面得到应用。油田将采用小型分离系统替代常规重力式分离设备。根据具体应用的不同，立式圆管气液旋流器可用

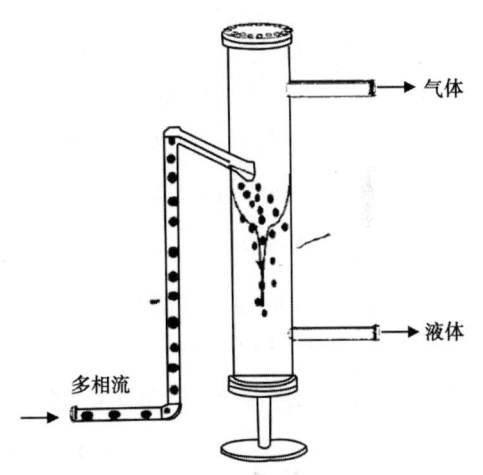

图4-20 高效立式圆管气液旋流气液分离装置

于完全或不完全分离。无论是单独工作还是与其他设备联合使用，立式圆管气液旋流器都可以极大地降低成本及设备重量，尤其适用于橇装设备。

在压缩机进口管道，管道中的流速为12m/s时，在圆柱体内，可以产生很大的旋流，其离心加速度可以达到几个重力加速度，在极短时间内可以达到气液分离。以柱状气液旋流器作为天然气进入压缩机之前的天然气和油水分离是合适的、可行的。其分离程度可以达到98%以上。根据初步计算，对于$5\times10^4 m^3$天然气的气液分离，圆柱状气液旋流器的高度为2m，直径约为150mm，满足橇装的空间大小要求。气液旋流器的工作动力依靠自身压头，压头损失量5%以下，旋流器内部的摩擦压力和局部压力降都很小。

(三) 污水排泄系统

经过立式圆管气液旋流器的天然气被分离掉水和油。油水会在气液旋流器下部沉积，依靠上下液位传感器控制液体的排出，当液位达到上部传感器，开启水泵，在液位达到下部传感器时，水泵停止工作。油水被泵入天然气出口，和天然气一起被输入输运管道。油水没有外流，全部在管道内输送。圆柱状气液旋流器由于油水被及时抽出，难以有固体颗粒等沉积。整个系统闭合。

(四) 空冷天然气冷却换热器

1. 天然气冷却

压缩机将天然气从0.3MPa压缩到0.9MPa，按气体的绝热过程考虑，天然气体积减少，

温度增加。为保证压缩机正常工作,需要将天然气温度降到60℃,则换热总热量为:

$$Q = uA\rho C_p \Delta t \quad (4-11)$$

对管内天然气一侧来说:

$$Q = uA\rho C_p (T_{in} - T_{out}) \quad (4-12)$$

式中　u——流速,m/s;
　　　A——管子截面积,m²;
　　　C_p——定压比热,kJ/(kg·℃);
　　　ρ——天然气密度,kg/m³;
　　　T_{in}——天然气进口温度,152℃;
　　　T_{out}——天然气出口温度,60℃。

天然气(甲烷)在温度为20℃、压力为101.352kPa时的密度为0.7342kg/m³。由理想气体状态方程 $pV=nRT$,可求得工作条件下,0.9MPa、152℃时的天然气密度:

$$\rho = 900/101 \times (273+20) / (273+152) \times 0.7342 = 4.51 \text{kg/m}^3$$

设定每天处理 5×10^4 m³ 天然气,则换热总热量为:

$$Q = 50000\text{m}^3/\text{d} \times 4.514\text{kg/m}^3 \times 1.007\text{kJ}/(\text{kg}\cdot℃) \times (152-60)$$
$$= 21\times10^4 \text{kcal}$$

考虑增加20%传热余量,那么换热总热量为:

$$Q = 21\times10^4 \times 1.2 \text{kcal} = 25.2\times10^4 \text{kcal}$$

这样,确定天然气压缩后冷却器的换热量为25.2kcal。

2. 润滑油冷却

螺杆压缩机工作时,有润滑油喷入,大量的热被润滑油所带走,致使天然气温度大为降低,可是总的热量仍为如上述计算结果,在具体设计中,天然气冷却器分为两个部分,一部分冷却天然气,一部分冷却润滑油。这两部分比例多少,按实际设计来定。

考虑安全和压力要求,换热器采用管式传热,为了强化传热,采用鳍片管。为减少体积,采用立式。和水冷换热器相比,具有以下优点:

(1) 用空气冷却,不需要考虑传热介质的费用。
(2) 空气冷却器的维护费用一般是水冷的20%~30%。
(3) 冷却空间不受限制。
(4) 空气腐蚀性小,设备容易保养,维护清洁。
(5) 空气侧压力降低,运行成本低。

3. 天然气发动机冷却

天然气发动机在工作中,会产生大量热量,需要冷却。为了方便,同样采用空冷。可以和天然气冷却安装在一起,形成一体化冷却装置。

十、螺杆压缩机机组布置及橇装设计

橇装式压缩机广泛用于天然气增压、集输、气举、注气、燃气透平压缩、油气回收、油井回注、馏分气体压缩以及丙烷或丁烷制冷。对于螺杆压缩机来说，尤其适合大流量、低吸气压力、维修量小及振动小的场合。

为了满足天然气井口的工作要求，螺杆压缩机组必须做成橇装式压缩机。移动、安装、维护方便（图4-21）。

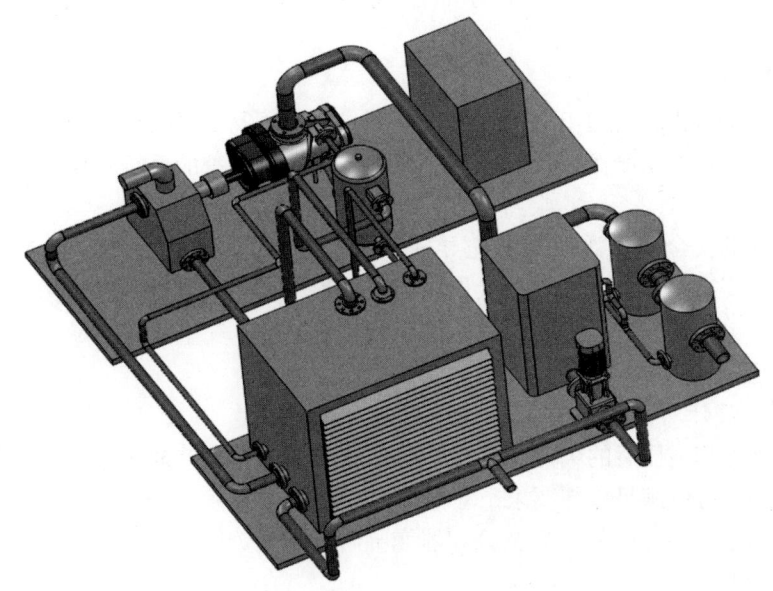

图4-21 螺杆压缩机机组橇装布置示意图

与往复机相同，橇装式螺杆压缩机组也包括驱动级、气体管道、控制盘和仪表以及冷却器。由于螺杆压缩机没有往复运动，以至于引发的振动很小甚至没有，所以不需要缓冲罐。由于机组简单，部件少，它可做成独立、车载单元。

橇装式螺杆压缩机组也包括驱动级、气体管道、控制盘和仪表以及冷却器。

1. 底座设计

橇装式整体压缩机的底座必须有足够的质量以支持整个机组的重量。当对机组的重量有一定限制时，底座只能设计成钢结构。这种设计的特点是：可移动，而且不需要在现场浇注基础。在底座的框架内的排污及放空管可根据需要设置，底座必须设计集污槽，以确保任何泄漏到底座的油污和水被排至排污系统，集污槽通常用角钢焊接在底座的四周，在底座的边缘有4个排污点。底座上设置吊耳，其安全系数取4:1，或在底座的边缘设计挂钩，以便将机组拉上运输车。对于发动机和压缩机共用的底座，最好填充混凝土以减弱压缩机的振动对发动机和压缩机联轴器的影响。

2. 分离器设计

单井天然气管道泵的分离器有两个，为井口气液分离器和压缩机出口分离器。井口气液分离器为容积大于$1m^3$的圆罐，需要足够的空间实现气液分离，同时起到系统压力稳定的作用，消除上游天然气压力波动对压缩机工作的影响。压缩机出口分离器同样需要一定的体积，根据计算，出口分离器的容积应该在$1\sim1.5m^3$，使润滑油和水以及天然气有足够时间分离。分离罐内要有液位传感器，对润滑油界面以及油水界面都有灵敏的监控和调节。分离器也需要排液自动控制,当达到一定液量时,自动排出液体。

3. 管道设计

橇装压缩机的气体管道包括但不局限于:工艺气体管道、卸荷启动旁路管线和阀门、分离器排液管道、发动机的启动及燃料系统的管道等。所有管道应进行水压试验,试验压力按法兰所允许的最大工作压力。管道中的气流速度通常选取小于或等于17.78m/s,尽量减少压力降损失。

4. 安全阀选型

橇装螺杆压缩机出口管道上必须设置安全阀或者泄压阀,当操作压力超过阀的设定压力时,泄压阀开启。这些安全阀的设定压力应根据安全阀所保护的系统中压缩机组的最低工作压力来确定。

有两种形式的安全阀:弹簧式和先导式。当安全阀的操作压力接近设定压力的115%时,采用先导式安全阀;当安全阀的操作压力接近设定压力时,弹簧式安全阀易频繁动作,先导式安全阀不灵敏,只有压力完全达到设定值才会起跳。安全阀喉部尺寸一般由制造厂确定,也可根据相关规范自行计算。

5. 冷却器的设计

冷却器用来冷却增压后的天然气和发动机冷却液。单井管道泵功率比较小,只要体积很小的风扇冷却器就可以满足冷却要求。对风扇冷却器设计要求考虑不同季节下的工作要求,并有20%的充裕量。防止时间久后,冷却器变脏后,传热效果降低,传热量不够。

6. 控制盘和仪表

控制盘是橇装压缩机的大脑,它与大量的安全保护开关相连接,监测机组的运行,保证机组无故障操作。控制盘可以是电控制盘或气控盘,控制盘上设置的最通常的安全保护开关有:发动机润滑油压力/液位低、压缩机润滑油的循环、发动机冷却夹套水温高、水位低、发动机超速、注油器断流、冷却器和压缩机振动、压缩机进气压力高/低、级间压力高/低、排气压力高/低、分离器液位高以及自动开启关闭控制阀。

十一、螺杆压缩机系统的自动控制与信息传输

(一)控制系统

1. 控制系统简介

天然气螺杆压缩机组在工作过程中,控制参数会随着环境温度、吸气压力、排气压力、油温、油压等参数的变化而发生不确定变化。因此对该系统采用自动型控制方案,可以取得良好的控制效果。

自动型控制主要采用PLC可编程逻辑控制器作为控制核心,控制精度好,可靠性高。在核心控制元件中,拟采用施耐德Mondicon公司的TSX MICRO 37-21系列的PLC。施耐德公司的XBTG系列触摸屏的人机界面,全中文显示。

为了机组控制系统平均无故障时间(MTBF)不低于30000h,除采用高可靠性器件外,自动控制中央控制站采用全冗余容错热备的系统设计。

2. 控制功能

1)控制方式

螺杆压缩机组的控制方式为单机自动控制,并在控制盘上安装紧急关断按钮以实现现场

紧急停车，现场控制盘能接收来自 RTU 送来的远程关断信号，实现机组远程关断控制。

2）压缩机气量调节控制

天然气压缩机的滑阀调节装置使压缩机气量可进行 10%~100% 的无级气量调节，并能通过气量指示器显示（相应显示为 0~100%）。

压缩机启动时，滑阀置于"0"指示位置，可以实现减负荷启动，从而达到最小启动扭矩。机组运行过程中能够自动控制压缩机的气量，很大程度上节省了动力消耗。

3）预诊断功能

PLC 控制中心通过模拟量信号的全过程监控，具有超前自诊断功能，能够在故障发生前及时地采取正确的措施，可实现预报警和自动调节功能。如排气压力、吸气压力等参数接近设定限值时，控制中心就会发出指令要求机组停止上载或强制卸载，保证压缩机运行的连续不中断。

4）机组 PLC 显示参数

机组 PLC 主要显示累计运行时间、开机次数、油泵的开停状态、滑阀满载的状态、滑阀零载状态、机组上卸载状态、供油温度、运行模式、吸气压力、排气压力、油压力差、油泵压力、进气滤清器压差、油过滤器压差、油分滤芯压差、润滑油位偏低、排气温度、洗涤罐液位高、振动大、基础沉降、水平位移及发动机的主要运行参数。

5）预留信号

为提高机组运行的可靠性和安全性，PLC 控制系统预留部分电气接口，供上位机系统使用。

硬接线信号包括主机运行信号、外部连锁信号、故障停机信号、机组满载信号、机组零载信号、远程停机信号、强制满载信号等，可用于用户 DCS 系统对天然气压缩机组的控制。机组控制系统为用户预留工艺连锁停机控制接口，当工艺需要停机时，在远程实现对机组的停机操作。

3. 仪表

主要仪表（包括传感器、压力压差控制器、电磁阀等）拟选用国内名牌或国外著名品牌，且仪表型号和类型尽可能选用统一系列产品，以便减少备品备件，便于维修管理。压力变送器选用二线制（4~20mA，24V 直流电）电子式传感器。温度传感器采用 PT100 铂热电阻。

（二）信号传输

Modbus 应用层协议由美国 Modicon 公司（现为施耐德电气旗下品牌）于 1979 年开发，用于实现其 PLC 产品与上位机的通信。由于其简单易用，得到了广大工业自动化仪器仪表企业的采纳与支持，实际上已成为了业界标准，我国标准化委员会已将 Modbus 协议作为我国工业自动化的行业标准，分别制定了 GB/Z 19582.1—2004（Modbus 应用层协议），GB/Z 19582.2—2004（串行链路上的 Modbus）和 GB/Z 19582.3—2004（Modbus-TCP）3 个标准。

MODBUS-RTU 串行通信协议通信性能稳定，系统结构简单，适用范围广，是压缩机监控中常用的一种通信协议。

本机组中，发动机、压缩机监测控制的所有参数通过 MODBUS 传输到机组的 PLC 上及 RTU。

相对于往复式压缩机和离心式压缩机而言，螺杆压缩机在适应性、可操作性以及稳定性等方面具有一定的优越性，因而在气体压缩与天然气集输工艺设备中具备明显的优势。通过对三种压缩机在初投资、效率、易损件数量、现场维护性、允许带液体粉尘等杂质的能力、允许吸入压力变化的能力、允许排气压力变化的能力、排气温度、机体气密性、振动和噪声等各项性能的评价看，中等气量、中低压力场合下，在油气田开发的天然气增压与输送工艺中，螺杆压缩机将逐渐替代往复式和离心式压缩机。随着螺杆制造技术的提高和新型线的应用，天然气螺杆压缩机必将在更大范围内取代其他压缩机而成为市场主流。

在螺杆压缩机方案选择方面，由于天然气的主要成分是烷烃，为了减少油气碳化和着火的危险，排气温度宜在140℃以下。而在螺杆压缩机工作过程中，对压缩机喷水或者喷油，可以使得天然气等温压缩，即使在较高的压比下，单级压缩的排气温度一般不超过90℃。完全可以满足对天然气增压集输的要求。

对于天然气螺杆压缩机的设计与制造，在影响螺杆压缩机性能的关键因素型线设计方面，西安交通大学经过多年的努力，总结出了一套设计方法，已经成功地应用于实际生产，性能达到国际先进水平。

橇装设计的天然气螺杆压缩机机组结构紧凑，便于设备的运输。机组设计过程中主要包括底座设计、分离器设计、管道设计、安全阀选型、冷却器设计、控制盘和仪表等。

在天然气螺杆压缩机控制系统中采用PLC可编程逻辑控制器作为控制核心的自动型控制方案，并运用MODBUS-RTU通信协议，可以有效地对天然气螺杆压缩机组进行控制，满足气田增压的要求。

综上所述，本书认为在单井天然气增压管道泵里，采用喷油螺杆式压缩机是一种比较好的方案。只要对管道泵各个部分仔细设计计算，从系统上来考虑每个部分的工作特点，采用自己研究的新技术，是完全可以研制出国际领先的单井天然气增压管道泵。

第五章 气液多相流量计量技术

第一节 油气水多相流量计

在天然气和原油开采过程中，为确定各气井和油井的天然气及原油产量，了解地层油气含量及地层结构的变化，需要对气井、油井产出的天然气、原油，以及水的体积流量进行连续计量并提供实时计量数据，以优化生产参数，提高采收率。油、气、水多相计量，可以分解为两个技术要点，一是将多相视为液相总量和气相两相计量，二是进行液相组分测量。

油气水多相计量就是在不分离状态下，对油、气、水多相流量进行瞬态和累计计量。

一、油气水多相流计量的研究现状

油气水多相流量仪的研制和开发是一个世界性的技术难题，早在20世纪七八十年代，美国的TULSA大学在其流体流动工程测试环道上就开始了研究。美国、英国、挪威等国家，投入了大量的财力、人力进行多相流量计的研制和开发。在国内，西安交通大学、浙江大学、清华大学、大庆油田先后开展了这方面的研究。近几年来中国石油大学（北京）也积极开展了油、气、水不分离在线计量研究。

（一）多相流计量中的复杂因素及技术关键

精确计量多相流的难度要比单相计量大得多。单相计量可通过测得压力、流动黏度、压缩性和测量装置的几何尺寸来测得流量。如果在多相流动中，每相的变化都是相同的，那处理起来要方便一些。但多相计量在以下几个方面与单相计量作用方式存在着差异：

(1) 各相并非混合均匀。水与油难以均匀混合，气体与液体呈分离状态。

(2) 各相以不同的速度流动，各相之间存在着界面效应和相对速度，相界面在时间和空间上变化比较大，对于液相和气相以不同的速度流动是正常的。

(3) 混合是不规则的。各相混合时，结果是难以预料的，黏度会发生变化。

(4) 相与相之间的相互作用。气体能从溶液中析出或者溶解在液体中，蜡和水合物将在流体中沉淀。

(5) 流动状态非常复杂，特征参数也比单相流系统多，它取决于各相之间的相对速度、流体特性、管路结构及流动方向。

为解决以上难点，关键所在是建立合理的测量模型，重视特征参数的选取，选用可靠的仪器，应用先进的数据处理方法。

（二）采用的主要技术

将油、气、水视为气、液两相流，测试方法主要有：

(1) 相关法。通过两个在管道上相距为 L 的完全相同的传感器来检测流体中的尺寸分布、空间分布、各相含量等变化的随机流动噪声信号，得到与被测流体流动状况有关的在时

间上相差 τ_0 的两个流动噪声信号。建立两信号的互相关函数，进而求得 τ_0，则可得平均流速 $v = L/\tau_0$。

（2）容积法。测量多相流流体的总体积容积，如应用正排量流量计测量其体积、压力、温度等。

（3）节流法。由于节流装置存在压力差，利用其与流体流量及分相含率等因素有关，应用孔板流量计、喷嘴、文丘利流量计，并结合密度计，进行流量计量。

（4）涡轮流量计法。基于流体的动量矩测量流速，需要结合其他仪表，如密度计，来进行气、液流量计量。

（5）激光多普勒法。利用多普勒效应测量流速，具有非接触、精确度高、响应快、测量范围宽等特点。但要求管路透明，且价格昂贵，只能测量总相流速，在多相流测试中很难应用。

（6）PIV（Particle Image Velocimeter）法。粒子成像测速，利用扩散在流场中微小粒子对光的散射性，用多次曝光方法获得流场中粒子在给定的不同时刻的像的位置，从而测出各粒子相应时刻在流场中相应位置处的位移，进而得到其相邻曝光间隔的平均速度 $v_i = \Delta d_i / \Delta t$（$i$ 为粒子编号，Δd_i 为第 i 个粒子的位移）。这是一种新方法，能进行流场测试，但只能对液相或气相进行测试。这种方法造价高，管路要求可视化，现场应用有难度。

（7）热线、热膜风速仪。利用流体流动和热量交换之间的关系，测得流体的流速和含气率，进而求得气、液分相的流量。

（8）过程层析成像技术（Process Tomography，简称PT）。一种以两相流或多相流为主要对象的过程参数二维或三维分布状况的在线实时检测技术。

（9）核磁共振法。核磁共振法的实质就是核对射频能的吸收。在气液两相流测量中，由于核磁共振信号强度与空隙率呈线性关系，故在各种流型下均能精确测量空隙率。核磁共振法能够测量平均流速、瞬时流速、流速分布等。其具有非接触测量，与被测流体的导电率、温度、黏度、密度和透明度等物性参数变化无关等特点。

（10）直接法。直接应用质量流量计进行测量。

以上几种方法在测量气、液两相流时应用比较广泛，但有的需要结合密度计来测含气率。

进行多相流测试的另一技术要点是液相组分测量，主要应用以下方法测量：

（1）电磁波检测法。由于原油和水的相对介电常数相差悬殊，电磁波传播的相位常数取决于介质的介电常数和电导率，通过测量电磁波在原油混合介质中的相移量，就可确定原油的含水率。

（2）电容法。通过测量流过电容两极间的油、水混合流体的平均介电常数来测量含水率。但在高含水时，仪器可能失去油、水识别能力。

（3）电导法。结构简单，成本低廉，响应快，但由于测量结果既受组分影响，又受流动状态影响，现场应用有一定困难。

（4）密度法。利用液相分相的组分不同、密度亦不同来测组分。

（5）短波持水率计。工作频率为几十兆赫，在集流状态下，该仪器能在0~100%的持水率范围内有灵敏度，测量精度为±10%，但测量受水的矿化度的影响。

（6）微波法。利用油、水对微波的吸收来测组分。可测油或水为连续相的状态，准确度不受速度、黏度、温度、密度、盐度、pH 值的影响。

（7）荧光法。其原理为：紫外线和辐射能量（$E_1=h_1$）可被原子或分子吸收，将电子激活到很高的能量级，当电子回落到原来的能量水平时要辐射能量（$E_2=h_2$），与吸收能量时的频率相比，此频率为一低频率，其余的能量被系统用其他的方式散射掉，如动能、热能（E_3）。那么，$E_1=E_2+E_3$。荧光辐射的频率对某一物质来讲是特定的。

（8）放射性法。基于辐射线吸收原理。气液密度不同，对 γ 放射线吸收不同。

在进行多相流不分离在线计量中，综合以上的一些方法进行多相流流量计的研制和开发。

二、多相流量计的研制和开发

多相流量计的研制和开发趋势具有以下特点：

（1）智能式。要确保测量模型和方案的正确性，需重视特征参数的选取。由于多相流动状态的不确定性及不稳定性，为了确保多相计量的准确性，应用智能化的测量方法进行数据处理，特别是应用模糊数学理论、人工智能技术、网络技术及小波分析理论。

（2）组合化。组合化一方面是指功能上的组合，例如将流速表和组分表组合起来使用；另一方面是指组合多种方法和技术来完成一种功能。尽可能地应用单相计量和气、液两相流动测试比较成熟的方法和技术，为实现在线实时计量，应满足信号连续采集。为适应数据实时处理，应与计算机合为一体，可操作性强。

（3）通用化。目前的多相流仪表的测量范围受到很多限制，如受含气率、含油率、含水率、黏度、盐度等的影响。因此，开发和研制大范围的多相流仪表势在必行，增加其通用性。同时，应建立比较完善的检测装置，对多相流量计进行标定，保证准确性。

（4）经济性。经济性是发展多相流量计的一个重要要求。只有价格低廉，可靠性高，才能适合油田使用。

第二节　新型气液两相流量计

一、高气液比两相流量计的关键技术

天然气生产中，需要在井口安装气体流量计，以便精确了解生产情况。气体流量计有很多种，如容积式、压差式、质量式、动量式、超声波等。但是，对于天然气生产中的流量测量，仍然是个难题。测量的困难在于天然气中带有不等量的水和凝析油，天然气与液体的体积和重量之比都是高比率，从而影响了天然气的测量，使得大多数天然气流量计的测量误差比较大。从体积上来说，即使天然气中含水的比例很小，可是从质量上来说，比例就很大，液体的存在使得绝大多数流量计的测量误差增大。例如，苏里格气井每日生产 $1\times10^4 m^3$ 天然气含有水大约为 $0.5m^3$，在 1.0MPa 压力下，天然气体积为 $1000m^3$，和水的体积比是 2000:1，而重量比为 15:1，这就会影响很多种类流量计的准确计量。有些水是以水滴形态存在，当水滴冲击流量计时，会使流量计产生大的测量误差。大多数流量计的测量原理中都需要知道天然气密度，而水和凝析油的存在使天然气的真实密度产生很大的变化。从而使流量测量产生很大误差。另外，水滴附着在测量段，改变了测量的流通截面，直接影响流量的精确测量。天然气中的液体测量也是个难题，凝析油和游离水是伴随天然气从地层产出，以及随生产过程中温度和压力降低而变化。在管线中，液体可以是贴近壁面作液膜流动，也可以作块状流动，这样的流动形态使流量测量更加困难。研究开发测量精度高，设备简单，价格低廉的天然气/液体多相流量计对天然气生产具有非常重要的意义，可以极大地促进天然气计量技术的提高，提高天然气生产开发管理技术水平。

二、新型气液两相流量计——双文丘里管流量计

目前，在苏里格气田，单井天然气计量普遍采用的是旋进漩涡单相流量计和孔板流量计，这些流量计都只能测量天然气单相流量，无法测量液体（水和凝析油）流量。前面已经分析过，由于液体在气液两相流量中，无论是体积还是重量，所占比率太小，以致难以找到合适的仪表来测量天然气中所含有的液体的比率。

由北京杰利阳能源设备制造有限公司研制开发出的 TP1200 气液两相流量计/液体标定器是一种新型气液两相流量计——双文丘里管流量计。2012 年 6 月，经过苏里格气田采气五厂信息中心对该流量计的现场测试，认为：

（1）文丘里管流量计大流量的测量误差很小，小于 1.5%。

（2）流量比较稳定的气体的测量比较稳定，误差很小。

（3）可进行含液天然气井的液体计量。

（4）文丘里管流量计改变差压变送器量程，可以扩大计量量程，适合于额定流量 10% 以下的流量计量。

（5）流量计在现场进行了三个月的测量试验，表明流量计稳定，可靠。

2013 年，在采气五厂安装了 6 台 TP1200 气液两相流量计/液体标定器，并投入使用。长达两年的连续使用表明，该流量计能够测量气井天然气和液体两相流量，测量稳定，是值得在气田推广使用的流量计。

（一）测量原理

基于天然气生产的实际情况，需要考虑水对气体流量计测量的影响，需要考虑天然气中液体的流动形态。应当把天然气流量测量看作是气液二相流量测量问题。

1. 双文丘里管测量新方法

测量设备简图如图 5-1 所示。测量元件为两个文丘里管，一个垂直放置，文丘里管上安装了差压传感器，可得到差压 dp_1，一个水平放置，文丘里管上也安装了差压传感器，可得到差压 dp_2，这样，气液两相总流量为：

$$Q = AC\varepsilon\sqrt{(2dp_2/\rho)} \qquad (5-1)$$

式中　A——文丘里喉口截面积；

　　　C——流量系数；

　　　ε——可压缩系数；

　　　ρ——密度。

垂直放置文丘里管的压力降为：

$$dp_1 = dp_2 + \rho_m gH \qquad (5-2)$$

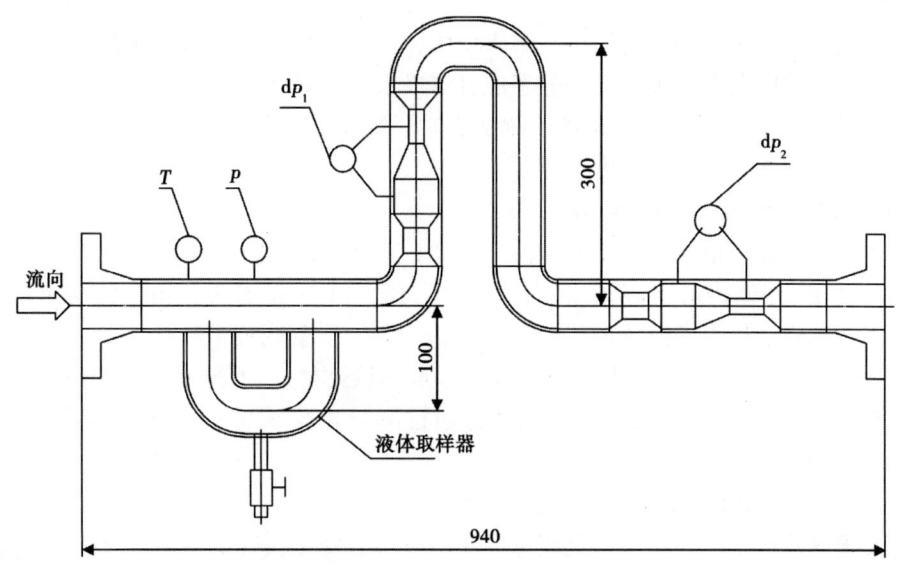

图 5-1 双文丘里管测量原理图

式中 H——管子高度。

也就是说，垂直文丘里管压力降是水平文丘里管动压力降和重位压力降之和。

这两个方程中，ρ_m 是气液混合物密度：

$$\rho_m = \rho_g g\alpha + \rho_w (1-\alpha) \tag{5-3}$$

式中 α——体积含气率；
ρ_g——工作状态下天然气密度，kg/m^3；
ρ_w——水密度，kg/m^3。

通过上述三个方程的联立求解，可以得到气液两相总流量、含气率，进而可以得到天然气流量和液体流量：

$$Q_g = Q\alpha \tag{5-4}$$

$$Q_w = Q(1-\alpha) \tag{5-5}$$

两个差压传感器采用罗斯蒙特高精度差压传感器，测量量程可调，可以在现场调节传感器量程，按需要增大量程或缩小量程。

2. 静态混合器

静态混合器是用来均匀混合气体和液体。当气体和液体混合流动时，存在着速度差。这个速度差会随气体和液体的流量以及压力的变化而变化，静态混合器能够减小气体和液体的速度差，使多相流体均匀混合，避免上游流体流动状况对文丘里管测量总流量带来影响。

静态混合器的内部结构与文丘里管相类似。当多相流量流入混合器时，在缩口处流速增加，压力降低。这时，气体与液体的混合加强，大大减小了气体和液体之间的速度差。

在一般条件下，多相流体的稳定直段需要 50 个直径以上的长度，在实际流量仪工作中，是很难保证这样长的直段，即使设计了这样长的直段，也难以在生产中应用。因为对管径为

62mm 的测量段来说，在文丘里管之前的流动稳定直段就有 3.1m 长。静态混合器的应用可以不用稳定直段。实验室和现场的试验结果说明，在文丘里管之前加装静态混合器后，真实总体积流量的准确度大大提高。由于静态混合器极大地提高了气体液体的混合程度，使流动混合均匀，同时减少了流型对总流量的测量影响。减少了不同流型，如：段塞状流、环状流、间歇状流的气液相之间的速度差异。

3. 液体在线标定器/液体取样器

液体在线标定器，也就是液体取样器，为"U"形管，如图 5-1 中所示。当气液在管内流动时，在"U"形管内会有液体流入，当液体充满"U"形管时，由于流动压力的存在，原有的液体会被后来进入的液体取代，也就是说"U"形管内的液体会不停止地缓慢流动。在"U"形管底部安装了针阀，打开阀门就可以取出液体样。为分析液体成分和预测液体流量提供方便。当在一定时间内取出的液体，通过测量重量或体积，就可以计算出液体的流量。

（二）流量计的功能、特点

一口天然气井在生产过程中，其流量会发生极大的变化，气量会逐年减小。因此，流量计应该能够适气井产量的不断变化；同时，不同气井的生产情况也各不相同，TP1200 流量计从实际生产出发，设置较大量程范围，能够对不同的流量、不同的气液比进行稳定、准确的测量。流量计具有以下功能特点：

(1) 在线连续、自动测量天然气和液体流量。
(2) 无任何运动部件，无放射性，维护工作量小。
(3) 能够用于移动式计量，易于安装、易于更换计量地点。
(4) 实现了远程控制。
(5) 测量精度高。
(6) 价格低廉。

（三）技术指标

(1) 流量计量范围：对 50mm 管径，流量范围分成三段：

天然气：

$500 \sim 3000 \sim 6000 m^3/d$

$5000 \sim 15000 \sim 50000 m^3/d$

$50000 \sim 100000 \sim 200000 m^3/d$

其他管径 50~500mm 计量范围另定。

(2) 气液比：0~100%。

最小可计量液体流量：$0.05 m^3$（50kg）/d。

(3) 测量重复性：天然气、水，±2.5%。
(4) 工作压力：6.4MPa、10.0MPa 或更高。
(5) 环境工作温度：-20~75℃。
(6) 环境湿度：5%~100% RH。
(7) 流量计压力降：0.05MPa。
(8) 电源电压：5V。
(9) 工作连续性：24h 连续工作。

(10) 流量仪尺寸：0.9m 长×0.5m 高×0.3m 宽。
(11) 时间参数：1min 计算和显示一次。
(12) 显示内容：
①气体瞬时流量：单位：m^3/d。
②液体瞬时流量：单位：m^3/d。
③气体累计流量：单位：m^3。
④液体累计流量：单位：m^3。
⑤温度：单位：℃。
⑥压力：单位：MPa。
(13) 远传参数：
远传数据：气体/液体瞬时流量、累计流量、温度、压力。
远传接口：采用 RS-485 接口。
远传协议：Modbus-RTU 协议。

(四) 结构和安装

TP1200 气液两相流量计的结构分为管道部件、变送器和二次仪表三部分。

1. 管道部件

管道部件用来安装传感器。流量计的所有测量传感器均安装在管道部件上，管道部件由静态混合器、文丘里管、倒"U"形管取样器组成。静态混合器、文丘里管和主管道直径相同，并焊接在一起或用法兰连接。管道部件的尺寸由主管道的管径来决定。管道一般用无缝石油钢管制造，也可根据用户要求，用不锈钢材料制造。

2. 传感器

1) 差压传感器

差压传感器可通过测压管子直接测量压差。采用 Rosemont 3051 智能中差压变送器。

精度：0.2%。

输出：4~20mA，1~5V 直流电。

环境温度：-30~+75℃。

湿度：5%~100%RH。

额定工作压力：41.2MPa。

防爆性能：隔爆Ⅰ级（气体、蒸汽）。

2) 压力传感器

压力传感器以螺纹和管道相连，中间安装有阀门，便于拆卸。MPM480 型压力变送器采用的压力传感器是一个装有固态压阻压力敏感芯片的带不锈钢隔离膜片的全焊接不锈钢体。

工作电源：24V。

输出：4~20mA，1~5V。

压力接口：M20×1.5 普通外螺纹带橡胶密封垫或紫铜密封垫。

防爆性能：iaⅡcT6。

精确度：±0.3%FS。

工作温度：-20~80℃。

过程连接：M20×1.5 外螺纹带密封垫。

3) 温度传感器

温度传感器采用 AD590 晶体传感器。

测量精度：温度±1℃，温差±0.5℃。

输出信号：4~20mA。

供电电源：5~15V 直流电。

输出负载：250Ω。

环境温度：−20~70℃。

防爆等级：符合 GB 3836.4—1983《爆炸性环境用防爆电气设备本质安全型电路和电气设备"i"》规定，其标志"didⅡBT5"。

第六章 天然气脱水

第一节 天然气脱水技术发展现状及趋势

地层中采出的天然气经机械分离游离水后，仍然含有饱和水。在一定条件下，如当天然气被压缩或冷却时，这部分水将以液态水的形式析出，并和天然气中的烃类、酸性组分等其他物质一起形成水合物，增加管子压降，降低输气管道的通过能力，严重时还会堵塞阀门和管道，影响正常供气。此外，在输送含有酸性组分的天然气时，液态水的存在还会加速酸性组分对管壁、阀件的腐蚀，缩短管道的使用寿命。因此，天然气在进入输气干线前，必须经过脱水处理，使水露点达到规定的指标。

目前已经工业化的天然气脱水方法有：溶剂吸收法、固体吸附法、直接冷冻法、膜分离法等，其中普遍采用的是溶剂吸收法和固体吸附法。近年来，出现的超音速分离技术得到广泛重视，在国内外开始工业应用，前景广阔。

一、传统脱水技术基本原理及应用现状

（一）溶剂吸收法

溶剂吸收法的原理：利用溶剂对天然气、烃类的溶解度低，而对水的溶解度高和对水蒸气吸收能力强的特点，使天然气中的水蒸气及液态水被溶剂吸收，然后再将吸水后的溶剂与天然气分离；吸水溶剂除水分再生后，返回系统循环使用。由于醇类化合物具有很强的吸水性，因此用作吸收剂的物质多为相对分子质量高的醇类，如乙二醇、二甘醇和三甘醇（TEG）。最先用于天然气脱水吸收剂的是二甘醇，但后来发现三甘醇的热稳定性更好，且易于再生，蒸汽压低，携带损失量更小，在相同质量分数的甘醇条件下，TEG 能获得更大的露点降。它便取代二甘醇成为最主要的脱水溶剂。据统计，在美国投入使用的溶剂吸收法中，三甘醇吸收剂占 85%。常见的三甘醇脱水系统主要包括分离器、吸收塔和三甘醇再生系统，应用了吸收、分离、气液接触、传质、传热及抽提等工艺原理，露点降可以达到 30~60℃，最高可达 85℃。另外，工业实践证明，降低出塔干气露点的主要途径是提高贫 TEG 溶液的浓度和降低原料气温度，但由于后者很难在工业装置上实现，因此提高 TEG 浓度成为提高露点降的关键因素。在 TEG 浓度固定时，使吸收塔板数增多和循环量增大也是降低露点降的实际措施，但工业上塔板数一般不超过 10，循环量最高不应超过 33L/kg（水）。TEG 价格较贵，应尽可能降低其损失量。工业上一般采取合理选择操作参数、改善分离效果、保持溶液清洁、安装除沫网和加注消泡剂等有效措施，降低 TEG 的损失量。目前，三甘醇脱水面临的主要问题有：系统比较复杂，三甘醇溶剂再生能耗大，存在损失、被污染、氧化生成腐蚀性有机酸等问题，设备所占空间大，设备维护复杂。以上原因造成三甘醇脱水法投资和运行成本过高。目前，国内的橇装三甘醇脱水系统多从国外进口，虽然性能良好，

但也存在一次性投资比较大、零配件和消耗品不易购买且周期长、价格昂贵、计量标准和测量系统与国内实际情况不适应等问题[41-45]。

(二) 固体吸附法

固体吸附法是用多孔性的固体吸附剂处理气体混合物，使其中所含的一种或数种组分吸附于固体表面上以达到分离的操作。固体吸附法的工作原理根据机理不同而分为2种，即物理吸附和化学吸附。物理吸附是指固体表面上的原子价已饱和，表面分子和吸附物之间的作用力是分子之间引力（范德华力）；而化学吸附则指固体表面原子价未饱和，与吸附物之间有电子转移，并形成化学键。物理吸附过程是可逆的，吸附和脱附可通过调节温度和压力改变平衡方向实现，而化学吸附则不可逆，吸附剂不能再生。因此，用于天然气脱水的吸附过程多为物理吸附。目前，工业上常用的固体吸附剂有硅胶、活性氧化铝、分子筛。而分子筛具有更多的优点，如吸附性选择性强，具有高效吸附容量，且使用寿命长，并不易被液态水破坏，因而得到了广泛应用。分子筛脱水系统一般包括2个或3个处于脱水、再生和吹冷状态的干燥器，以及再生气加热系统，故分子筛脱水主要问题为设备投资和操作费用比较高，分子筛再生能耗大，而且天然气中的重烃、H_2S和CO_2等可使固体吸附剂污染。虽然溶剂吸收法适合大流量高压天然气脱水，但其脱水深度有限，露点降一般不超过45℃；尽管固体吸附法在天然气工业上的应用没有TEG溶剂吸收法广泛，但在露点降要求超过44℃时，就应该考虑采用固体吸附方法。

(三) 冷冻分离法

冷冻分离法的原理是利用天然气饱和含水汽量随温度降低、压力升高而减小的特点，将被水汽饱和的天然气冷却降温或先增压再降温的方法脱水。冷却方法包括直接冷却法、加压冷却法、节流膨胀制冷和机械制冷等方法。冷冻分离法具有流程简单、成本低等优点，特别适合用于高压气体。该方法是国内气田中除三甘醇法外应用较多的天然气脱水方法，长庆采气二厂、塔里木克拉2等均采用冷冻分离方法脱水。对于要求深度脱水的气体，冷冻分离法一般作为辅助脱水措施，将天然气中大部分水分先行脱除，然后再用其他方法进一步脱水，国内陆上油田气的脱水方法均采用这样的做法。但当天然气压力不足时，使用冷冻分离法脱水达不到管输要求，而增压或外部引入冷源不经济时，则必须采用其他脱水方法。冷冻分离法目前的主要问题为耗能高、水露点高等。

二、新型脱水技术及发展趋势

近年来，一些新技术逐渐被应用到天然气脱水行业中，如膜分离脱水技术和超音速脱水技术。这两种新技术均使得天然气脱水技术向着体积小、能耗少、运行费用低、操作维护简单方便、环境污染小等方向发展，彻底弥补了现有天然气脱水系统复杂、体积大、操作复杂、污染大和运行费用高的不足。因此，这些新兴的天然气脱水技术具有良好的市场前景。

(一) 膜分离脱水技术

膜分离技术是近20多年来发展起来的一门新的分离技术，包括反渗透、超过滤、微过滤、渗析、电渗析、过膜蒸发及气体的膜分离等。膜分离过程就是使混合物中各组分在压力差或浓度差或电位差的作用下，通过特定的界面"膜"进行传质。由于混合物中各组分在膜中具有不同的渗透能力，从而实现各组分的分离。天然气膜分离脱水技术就是利用特殊设计和制备的膜材料对天然气中酸性组分（如HO_2、CO_2和H_2S）的优先选择渗透进行脱除，如醋酸纤维膜对水汽的渗透流速比甲烷要大 500 倍左右，非常适合用于从天然气中脱除水分。最先在工业上成功利用膜分离技术分离气体的是 Mosaton 公司，该公司于 1979 年研制出用于分离 CO_2 的 PRISM 膜分离器，分离效果较好。20 世纪 80 年代，国外开始研究用膜分离技术进行天然气脱水处理，截至目前，该技术在工业中的应用主要集中在美国、加拿大和日本等国。国内对天然气膜分离脱水技术的研发始于 20 世纪 90 年代，中科院大连化学物理所和中科院长春应用化学所等单位对该技术进行了系统研究，并取得了很大的进展。其中，中科院大连化学物理研究所于 1994 年研制出了中空纤维膜脱水装置，并将该装置在长庆气田进行了脱水试验，进一步开发出了天然气膜分离技术脱水工业试验装置，进行了现场试验，采用复合膜结构，膜组件构造是中空纤维式。试验结果表面：在压力为 4.6MPa 时，净化天然气水露点达到 $-8 \sim -13$℃，甲烷回收率不低于 98%。另外，相比应用较广泛的传统三甘醇脱水技术，其富甘醇液需要热能驱赶水分再生，且在海上气处理平台占用空间大；膜分离脱水技术装置所具有特点对海上气田和偏远地区气田更具有吸引力和竞争力。膜分离脱水技术虽然因其众多优点具有非常大的应用潜力，但要实现广泛的工业应用仍需解决一些问题，这些问题主要包括烃损失问题、膜的塑化和溶胀性问题、浓差极化问题和一次性投资较大问题。另外，膜材料也是发展膜分离技术的关键问题之一，理想的膜材料应具有高透气性、良好的透气选择性、高强度、良好的热稳定性、化学稳定性和较好的成膜加工性能。目前，无机膜材料主要有无机致密膜和微孔膜两大类，有机膜有纤维素类、聚酰胺类和改性膜材料。为了减少产品气损失，选择和开发承压能力更高、稳定性更好和选择性更高的膜材料已成为膜分离技术开发和研究的热点。鉴于上述问题，膜分离技术仍需加强基础研究，开发和研制高性能的分离膜材料。另外，应当将膜分离技术和其他处理技术相结合，利用各技术特有的优势，从而实现最优的工艺组合和最低的经济投资，为膜分离技术在天然气行业中的应用开拓更大的空间。

（二）超音速脱水技术

天然气超音速脱水技术按照其原理属于传统方法中的冷冻分离法，该技术的发展基于航天技术的空气动力学应用成果。它的核心部件为超音速分离器，它利用拉瓦尔喷管使天然气在自身压力作用下加速到超音速，此时天然气温度和压力会急剧降低，天然气中的水蒸气将冷凝成小液滴，利用气流旋转将这些小液滴分离，并对干气进行再压缩。天然气超音速脱水系统将膨胀机、分离器和压缩机的功能集中到一个管道中，不仅简化了脱水系统，也提高了系统的可靠性，使得该技术具有效率高、能耗低、体积小、运行成本低、环保、安全可靠和经济效益高等优点，克服了传统脱水技术的诸多缺点。天然气超音速脱水技术由壳牌石油公司于 1997 年开始进行研究，并通过一系列研究验证了该技术长期稳定的工作能力，于 1999 年和 2000 年先后进行了现场试验，在马来西亚进行了第一套商业产品运行，取得了较好的效果。近年来，俄罗斯 ENGO 属下的 Translang 公司针对超音速分离技术进行了大力研究，并于 2004 年 9 月在西伯利亚成功投运了 2 台超音速分离装置，年产能超过 $4 \times 10^8 m^3$，该系统至今运行良好。国内对超音速脱水技术的研究较少，胜利油田胜利工程设计咨询有限公司通过多年攻关，成功开展了室内超音速脱水试验和现场试验，研制出了天然气超音速脱水装置，并建立了国内第一个涡流气体净化分离装置实验台，完成了室内实验和现场中试。另外，北京工业大学在借鉴国际先进技术的基础上，与胜利油田合作，对基于井口余压的高效超音速分离管技术进行了系统研发，并形成了新型高效超音速天然气脱水净化技术。作为一种新型的天然气脱水处理技术，超音速脱水技术目前存在应用经验不足并具有一定的局限性问题。在工业应用方面，国外一些企业对其进行了试点应用，而国内的应用很少。与传统脱水技术相比，它是一种典型的节能环保新型天然气脱水技术，能够显著降低天然气脱水行业的工程投资和生产运行成本。

第二节 三甘醇脱水

天然气脱水的溶剂吸收法中，三甘醇溶液因具有热稳定性较好、易再生、吸湿性高、蒸汽压低、携带损失量小、运行可靠、达到的露点降大、溶液不会固化、工艺流程比较简单等优点，成为应用广泛的脱水溶剂[46]。

一、三甘醇脱水工艺

三甘醇脱水工艺流程包括高压吸收和低压再生两部分。因为进入吸收塔的天然气不允许含有游离液体（水与液烃）、化学剂、压缩机润滑油及泥沙等物，所以湿天然气进站后，先经过滤分离器除去游离液体和固体杂质，然后才能进入吸收塔。吸收塔为圆泡帽结构的板式塔，湿天然气从吸收塔的底部进入，经下部的丝网捕雾器初过滤，然后沿升气帽上升，向上通过各层塔盘，与向下流过各层塔盘的三甘醇溶液逆向接触，气体中的水蒸气被三甘醇溶液充分吸收，变为含水量符合要求的干天然气。吸收塔顶部有丝网除沫器，用来脱除干气中携带的三甘醇液滴，减少三甘醇的损失；离开吸收塔的干气经过干气/贫三甘醇溶液换热器，与即将进吸收塔的贫三甘醇溶液换热后，进入到外输管道中。吸水后的三甘醇溶液变成含水的三甘醇富液，从吸收塔底部的集油箱流出，进入低压再生部分。在低压再生过程中，三甘醇富液经过滤器除去气体带入的固体杂质，经闪蒸罐分离出被三甘醇溶液吸收的烃类气体，经加热过程脱除溶液吸收的水气，重新变为可利用的贫三甘醇溶液。经循环泵回流到吸收塔内完成对天然气的再次脱水过程。

高压吸收部分的关键设备是吸收塔。吸收塔的吸收单元有圆泡帽塔盘、浮阀塔盘、斜孔塔盘、整装或分块式填料等多种形式，根据天然气处理量的大小、来气压力的高低、露点降要求等选择一种或两种组合的吸收单元，来达到理想的脱水效果。低压再生部分的主要设备是重沸器，是四合一的组合装置，三甘醇溶液的再生是在重沸器的加热罐和富液精馏柱中完成的。该部分还包括溶液过滤、缓冲、气体闪蒸以及尾气处理设备，如过滤器、缓冲罐、凝液罐、闪蒸罐、灼烧炉等，根据具体的工艺流程及三甘醇再生深度要求采用的设备略有不同。

（一）高压吸收部分的节能设计

吸收塔是整个脱水装置的核心设备，整个天然气脱水过程在该设备中完成。吸收塔的吸收单元有多种形式，圆泡帽结构的板式塔盘应用最广泛，因为圆泡帽塔盘适用于多数的黏性液体和低气液比的场合；有时根据工艺需要，也采用规整填料或其他形式的塔盘作为吸收单元。采用填料结构可以使吸收塔的高度降低25%，减少了尺寸和重量，但填料塔有时拦液严重，容易引起液泛。进料天然气温度一般为27~38℃，为保证最佳脱水效果，三甘醇溶液的进塔温度应控制在35~46℃，因为温度过低会使三甘醇溶液的黏度增加，起泡增多，塔盘的效率降低，三甘醇损失增加；吸收温度高过43℃，进料气中水气含量太高，三甘醇的脱水能力会显著下降。由于低压再生部分来的贫三甘醇溶液温度较高，为更好控制其进塔的温度，从节能方面考虑，需要对进塔贫三甘醇溶液进行换热。

（二）低压再生部分的节能设计

低压再生部分关键设备是重沸器，其作用是提供热量将三甘醇中吸收的水分汽化，然后从富液精馏柱顶排空，此外，重沸器还提供回流热负荷以及补充散热损失。重沸器是整个脱水装置中最大的耗能设备，它的节能设计对降低整套装置的能耗具有重要意义。重沸器是个四合一组合装置，包含加热罐、富液精馏柱、贫液精馏柱、缓冲罐。加热罐利用"U"形火管对三甘醇加热，使水汽化，变成不含水的贫三甘醇溶液；富液精馏柱用于三甘醇溶液的再生提浓；贫液精馏柱、加热罐与缓冲罐间的溢流管，可以使汽提气量减少，提高贫三甘醇溶液的浓度；缓冲罐则作为贫三甘醇溶液进泵前的临时储存设备。

富液精馏柱安装在加热罐的顶部，精馏柱内填充有鲍尔环填料，可以增加水蒸气的行程，拦截掉大部分水蒸气携带的三甘醇液滴。在富液精馏柱的中上部装有一组换热盘管，可以对吸收塔返回的三甘醇溶液进行预热，同时使部分水蒸气冷凝回流，也使富液精馏柱塔顶温度得到控制，减少三甘醇溶液的损失。三甘醇溶液在加热罐内被加热脱除水蒸气后进入缓冲罐。刚从加热罐中溢流下来的贫三甘醇溶液温度较高，只有温度降到预定范围，才能经循环泵进入吸收塔。这是因为溶液温度过高，不仅影响脱水效果，对循环泵密封要求也大大提高，还会影响工作寿命。而从吸收塔返回的富三甘醇溶液温度较低，若直接进入加热罐，提升温差大，会需要较大的火管面积。为节约能量，降低三甘醇脱水装置的耗能量，可以利用贫三甘醇溶液来提高富三甘醇溶液的温度，避免加热罐火管面积过大。三甘醇富液一般通过换热盘管与缓冲罐中的贫三甘醇溶液换热，故在缓冲罐内部设置了螺旋形的换热盘管。但由于换热盘管受缓冲罐筒体长度的限制，换热面积有限，有时还在缓冲罐筒体下面增加一排外置的散热片，以降低贫三甘醇溶液的温度。实践证明，这两种换热方式都不合理：前者换热盘管管径小、管壁厚，加工制造困难、会受热变形、不宜固定，同时因其本身属于高压管道，放置在设备的内部，发生泄漏时处理较为困难，不符合压力容器的安全要求；后者外挂散热片，虽降低了贫三甘醇溶液的温度，但浪费了大量的热能，存在安全隐患。

在三甘醇脱水操作中，对吸收塔和再生塔的操作温度要求较为严格，因此三甘醇脱水装置的主要设备除吸收塔、再生塔外，换热设备占了很大的比例。在典型流程中，所有换热器均采用管壳式换热器或蛇管换热器，由于其传热系数较低，故各换热器的换热面积相对较大，因而装置占地面积及冷却水耗量均较大，但是安全、可靠耐用。如何提高装置换热效率、减小占地面积、降低能耗以及节省投资成为近年来的热门研究课题。若能以传热效率高的换热器取代传统的低效换热器，无论是从投资角度还是从能耗角度考虑，对三甘醇脱水装置都是十分有利的。

二、板式换热器

板式换热器是一种新型高效换热器，板式换热器由一系列具有一定波纹形状的金属片叠装而成，各板片之间形成许多小流通断面的流道，介质通过板片进行热量交换。

板式换热器的板片一般制成槽形或波纹形，介质在流道内的流动呈复杂的三维流动结构，其流动方向及流动速度均不断变化，造成很大的扰动，在低雷诺数下即可产生湍流，而列管式换热器则要求雷诺数达到2000以上。由于大的扰动减薄了液膜的厚度，可防止杂质在传热面上沉积黏附，从而减小污垢热阻，加之板片厚度仅 0.6~0.8mm，热阻较小，另外在板式换热器中，冷热流体分别从板片的两侧通过，流体流道较小，不会出现像管壳式换热器那样的旁路流，故总传热系数较高。若以水为传热介质，板式换热器的总传热系数可达 8360~25080kcal/m^2，为管壳式换热器传热系数的 3~5 倍，但其设备体积仅为管壳式换热器的 1/3 左右。

板式换热器的传热效率非常高，国际上已有多家公司能提供最小对数平均温差的板式换热器产品。但冷热物流最小对数平均温差过小将导致换热器的换热面积很大，从工程应用角度而言并不经济。

提高传热对数平均温差是强化传热效果的重要手段。流体的流动方向和方式都会影响对数平均温差。板式换热器内流体的流动总体上呈并流或逆流的方式，其传热平均温差的修正系数通常为 0.95 左右。而在管壳式换热器中，两种流体分别在壳程和管程内流动，总体上是错流的流动方式，即在壳程为混合流动，在管程为多股流动，所以传热平均温差的修正系数一般较小（约 0.8 左右）。

板式换热器由若干张板片组装而成，只需增减板片的数量即可方便地调节换热面积的大小，因此使用非常灵活，操作弹性大且维修方便。

板式换热器虽然具有以上优点，但它并不能完全取代管壳式换热器。一方面是因为板式换热器对介质的洁净程度要求较高，它要求介质中杂质颗粒直径小于 1.5~2 目；另一方面是因为早期的板框式换热器只能适用于工作压力小于 1.6MPa，工作温度介于 120~165℃ 的工况。

三甘醇脱水装置的贫液和富液中均无大于 1.5~2 目的杂质颗粒，且不含氯离子，不会产生应力开裂腐蚀，就工作压力及介质类型而言，三甘醇脱水装置的贫富液换热器采用板式换热器是适宜的，但由于再生后的贫液温度达 200℃，已超出板框式换热器的温度适用范围，因而在以往的三甘醇脱水装置中，板式换热器不管是用作贫液冷却器还是贫富液换热器，贫液都必须先经换热罐进行预冷却，这就使得板式换热器在三甘醇脱水装置中的应用受到限制。此外，由于换热罐的传热效率较低，出换热罐的贫甘醇溶液温度通常大于 120℃，即使经过贫富液换热器换热，贫液温度仍然超过 60℃。而板式换热器的换热板很薄，高温贫液在与循环水进行热量交换时，靠近换热板处的循环水局部温度较高。装置运行一段时间后发现循环水侧结垢严重，大大降低了板式换热器的传热效率，证明贫液冷却器采用板式换热器并无明显优势。

较高的传热效率使得贫液和富液换热更为充分，这样，贫液出口温度和富液出口温度较管壳式换热器更低，有效地降低了贫液冷却器及重沸器的热负荷，贫液冷却器的循环水用量及重沸器燃料气用量也随之下降，因此板式换热器用作贫富液换热器的节能效果显著。

三甘醇脱水装置的操作压力、温度及介质清洁程度均适合于使用新型全焊接式板式换热器。三甘醇脱水装置的贫富液换热器采用新型板式换热器，有利于降低设备标高、溶液循环泵的国产化及贫液冷却器的传热，可达到节能降耗，降低投资的目的。

在三甘醇脱水装置中合理地组织工艺流程，选择工艺参数，用新型板式换热器取代传统的管壳式贫富液换热器，可以大大降低脱水装置的能耗、操作费用及总投资，取得较好的经济效益。

三、套管式换热器

传统的套管式换热器通常由标准构件组合而成，设计安装时不需要专门加工，通过增减直管的长度可方便的调整传热面积，适用于高温高压流体，特别是小流量流体的传热。因此，套管式换热器在动力、石油、化工及制冷等工业的生产过程中广泛应用。但由于同心套管结构的传热系数较小，单位传热面积金属耗量多，造成套管式换热器换热效率不够高，占地面积庞大。欲显著提高其总体的传热系数，波纹管是一种较为理想的双面强化管。波纹管换热管的设计和实际应用中发现，传热强化和阻力损失之间存在矛盾。如何根据换热器的实际结构合理选择波纹管的结构参数，以达到传热和阻力损失之间的平衡，是波纹管设计中的难点问题。

以油田注汽锅炉套管换热器的优化设计为例，建立波纹管套管换热器传热的数值模型，并根据正交试验设计的原理研究了波纹管结构参数对其换热和阻力的影响规律，根据对评价指标的综合评定，得到了最优的波纹管结构参数。为验证最终优选的波纹管性能的优劣，对其进行了数值模拟。

波纹管管壁上依次交替出现的波峰和波谷，导致流道中流体的速度和压力周期性变化，变化过程产生的强烈扰动，破坏流体的边界层，使边界层减薄，使其传热系数明显高于直管。

套管式换热器因其结构简单、能承受高压而广泛应用于石油、化工等生产过程中。当壳侧传热系数与管内传热系数相比较小时，强化壳侧传热就具有非常重要的意义。目前，强化套管式换热器壳侧传热的主要途径为改变管子外形或在管外加翅片，如螺纹管、螺旋槽管、外翅片管等强化传热技术。在换热管外表面加上这些翅片的主要目的是为了增大换热管的传热面积；或者湍流换热时，起到壁面扰流和破坏层流底层的作用。通常情况下，这类强化传热技术中所用翅片的高度较低。其实，对流换热过程的整体性能主要取决于速度场和温度场的分布特性，因此，改变速度场是强化对流换热的一个最直接有效的途径。当采用螺旋翅片时，如果翅片的高度为内外套管半径之差，则翅片的作用远不止增大换热面积，它可以使壳侧流体在由内外管以及螺旋片所围成的螺旋形通道内流动，从而改变速度场的特性。此时壳侧流体的流动可以看成为在一个矩形截面螺旋通道中的流动。流体在螺旋通道中流动时，因受到离心力的作用，能出现垂直于主流的二次流动，并形成二次涡。二次涡的大小、位置以及发生的频率会对流动系统的阻力及热质交换产生重大作用。文献表明二次流动或二次涡的存在有利于提高管道的换热特性。螺旋通道的流场结构以及换热方面的研究对工程实际应用有着重要意义，已经引起了人们的关注。实验表明采用正交螺旋坐标系统来研究矩形截面螺旋通道内的二次流动情况是正确的。在实验研究螺旋片强化套管换热器壳侧传热和阻力特性的基础上，利用数值模拟了这种强化技术中流体的流动与传热特性。应用正交螺旋坐标系统研究了流场中的二次流动情况，实验系统主要包括锅炉、旋涡气泵、涡轮流量计、压差传感器、实验段、热电偶及显示仪表等。空气由漩涡气泵经冷却后由涡轮流量计测量流量，并由热电偶测温后进入立式套管换热器壳侧，由下至上与水蒸气逆流换热，在出口处经测温后放空。空气进出口处安有压差传感器以测量换热器壳侧压降。供热介质水蒸气由电加热锅炉产生，由上而下经过换热器管程。水蒸气与壳侧空气换热而冷凝。实验过程中，待空气出入口温度稳定后，收集一定时间内冷凝水量，称重后计算蒸汽放出的热量，与空气吸收的热量进行比较，以检验系统的热平衡性。实验所用套管换热器内管外径及外套管内径分别为20mm、50mm。文献指出若列管换热器管间无挡板，管外流体沿管束平行流动，则对流传热系数可用当量直径下管内强制对流和壳侧阻力系数可由埃索公式计算。光滑内管换热器的换热系数和摩擦系数的实验值与经验值的比较。可以看出，两者的实验值与经验值的变化趋势一致。

螺旋片对壳侧传热系数的影响，随着增大，各换热器壳侧传热系数都增大。螺旋片强化的换热器的传热系数明显高于光滑内管换热器，是其 1.3~4.2 倍。螺旋升角越小，传热系数越高。这是由于在内管外壁上安装螺旋片后，由于螺旋片能诱导流体形成螺旋流动，增加流体流动路径，提高了流体在壳侧的流速，使边界层变薄，因而有利于对流传热；同时，螺旋片的安装还增大了传热面积。更重要的是，流体在由螺旋片所形成的螺旋通道中流动时，因受到离心力的作用，能产生二次流动，虽然与主体流动相比较，二次流动的量级较小，但它对于物质和热量传递的影响却不可忽视。螺旋升角越小，相同长度测试段下螺旋片的数量越多，强化传热效果越好。

安装有螺旋片的换热器的阻力系数是光滑内管换热器的 1.12~3.1 倍。随着螺旋升角减小，尽管传热效果变好，但阻力损失也变大，螺旋升角为 14°的换热器的阻力系数明显高于其他换热器。因此，工业应用时，螺旋升角不宜选取的过小。

将螺旋片强化的套管换热器的壳侧流道抽象成一矩形截面的螺旋通道，以空气为介质，换热壁面取恒定壁温进行数值模拟。模拟时对换热壁面进行网格加密处理，采用可实现的湍流模型，近壁面处采用增强壁面函数，压力和速度的解耦算法，动量和能量方程的离散均采用二阶迎风格式。螺旋升角为 27°的换热器传热系数的模拟值与实验值的比较。可以看出，两者的变化趋势一致，说明采用该湍流模型对此类型换热器进行模拟是可行的。

没有螺旋片强化的换热器的轴向速度呈对称结构，中心处速度较大，壁面处速度为零；二次流动速率很小，几乎为零，截面上没有形成二次涡结构。而在内管外壁上安装螺旋翅片后，由于流道改变，速度场也发生相应变化。流体在螺旋通道中流动时，由于离心力的作用，轴向速度的最大值不再出现在管中心处，而是靠近外管壁，并且偏向于右半截面。由于此处流体速度较大，压力较低，截面上的压力差使流体由内管壁向外管壁流动，碰到壁面后，速度减小至零，而后反方向流动，从而形成二次流动，整个截面上形成了一个较大的二次涡。螺旋升角越小，螺旋通道的截面越短，二次流动产生的涡越强，几乎充满整个截面。随着螺旋升角增大，二次流动在截面左右两侧较强，而中间则较弱。因此，对于采用螺旋片强化的换热器，当螺旋升角较大时，改善截面中心处的二次流动情况应该是进一步提高其传热性能的关键。采取减小螺旋升角，缩短螺距的办法可以改善截面上的二次流动，从而能提高传热性能。但是，减小螺旋升角，缩短螺距往往伴随着阻力的迅速提高。在不缩短螺距的情况下，在螺旋通道中心处布置一些扰流元件与螺旋片复合强化传热也许是比缩短螺距更有效的办法。

螺旋片能显著提高套管换热器壳侧的传热效果，换热器的传热系数是光滑内管换热器的 1.3~4.2 倍；螺旋升角越小的换热器传热效果越好，但压降也越大。因此，工业应用时，螺旋升角不宜选取的过小。

螺旋片改变了套管换热器壳侧的流场结构，离心力的作用使螺旋通道截面上的最大速度偏向外壁面，并因此使流体产生了二次流动，从而提高了传热性能。

三甘醇脱水装置的耗能主要由甘醇再生、甘醇循环及循环水系统的能耗决定，通过分析现有三甘醇脱水装置用能情况，其主要问题如下。

以川渝地区含硫天然气矿场脱水的典型装置为例，说明国内现有甘醇脱水装置用能存在的问题，国内其他气田的三甘醇脱水装置工艺流程基本相同，仅在闪蒸气及再生尾气的去向、甘醇贫富液换热顺序有所不同。

为控制天然气集输管线的腐蚀，湿天然气进入进口分离器，分离出固体杂质、游离水等后进入吸收塔底部，与塔顶注入的贫三甘醇溶液逆流接触而脱除水。吸收塔顶部出来的天然气经贫甘醇换热器换热后进入外输管道。吸收塔底部排出的三甘醇富液经调压后，与再生塔顶部气体换热后进入闪蒸分离器，尽可能闪蒸出其中所溶的烃类、CO_2、H_2S 等气体，闪蒸气体可进入灼烧炉灼烧后排放。闪蒸后的三甘醇富液经过甘醇过滤器。国内多数三甘醇脱水装置常设置了水冷却器和循环水系统，增加了脱水装置的能耗和投资。根据气体处理规模的不同，水冷却器的主要形式有水浴冷却器和管壳式换热器。在夏季气温较高时，水浴冷却器换热效果较差，导致甘醇入泵温度偏高，影响泵的工作寿命。大型脱水装置，如克拉2气田三甘醇脱水装置，采用管壳式换热器作为甘醇贫液的冷却器，实现甘醇与循环水换热，但是管壳式换热器结垢严重，导致甘醇贫液入泵温度和进吸收塔温度偏高。

根据三甘醇脱水原理，三甘醇脱水系统由高压吸收系统、低压再生系统组成。从吸收塔底部出来的高压甘醇富液常采用液位控制阀调节压力，其压力能消耗于控制阀上，未得到有效利用，低压甘醇贫液采用甘醇循环泵增压将消耗一定的能量，使能量的综合利用率低。国内三甘醇脱水装置的甘醇泵普遍采用柱塞式计量泵或隔膜式计量泵。电动柱塞泵出口压力波动较大，流量不稳定，在泵出口处设有缓冲罐，流量调节不便，噪声大，泵使用寿命及维护周期较短。现在部分三甘醇脱水装置通过对电动机加装变频器实现流量调节，有利于降低泵的能耗，但高压甘醇富液的压力能仍然未得到有效利用。

目前，国内多数三甘醇脱水装置普遍缺少在线（或便携）式露点分析仪、酸度计、甘醇组分分析仪等设备。现场操作人员对脱水装置操作参数的调节和控制存在一定的盲目性，致使甘醇贫液循环量及浓度、再生塔重沸器温度、再生气塔顶温度等工艺参数不合理，从而导致脱水装置的能耗增加，甚至造成脱水效果下降和甘醇损失量增加。

另外，再生重沸器火管表面结垢，将降低火管的传热效率，增加再生重沸器的燃料气消耗。

根据三甘醇脱水原理和国内现有脱水装置用能方面存在的问题，对三甘醇脱水装置提出了节能改进措施，其主要措施如下：采用能量转换泵有效利用高压甘醇富液的压力能。应用能量转换泵替代常规的柱塞式计量泵作为甘醇泵，可有效回收高压甘醇富液的压力能，节省甘醇泵的电能消耗。

能量转换泵是将富甘醇的压力能转换为同轴的机械能，实现三甘醇贫液的增压，从而完成三甘醇溶液的循环。能量转换泵由驱动模块和泵模块组成。

板式换热器具有总传热系数大、传热效率高、换热面积小、对数平均温差大、组装灵活、操作弹性大、使用维修方便等优点。为了将高温甘醇贫液热量有效回收利用，甘醇贫富液换热采用高效的波纹板式换热器代替换热罐的换热盘管，能有效改善甘醇贫富液换热效果，提高甘醇富液进入再生塔的温度，降低甘醇再生塔重沸器的热负荷，换热后的甘醇贫液温度可满足甘醇的进口温度要求，取消了甘醇泵前的水冷却器和循环水系统。

三甘醇脱水装置的再生能耗是脱水装置的主要能耗，占脱水装置总能耗的60%以上。与甘醇贫液浓度、循环量和适宜的再生塔回流比等工艺参数密切相关。通过优化工艺流程和工艺模拟，控制合理的甘醇贫液浓度、循环量和甘醇损耗量，确保脱水装置节能运行。应用高效的板式换热器替换传统的盘管换热器，改善了甘醇贫富液的换热效果，换热后甘醇贫液的温度得到有效降低。

在三甘醇脱水装置中采用能量转换泵作甘醇循环泵，能有效回收利用高压甘醇富液的压力能，节省甘醇泵的电能消耗。应用高效的板式换热器作为甘醇贫富液换热器，有效回收高温甘醇贫液的热能，降低了再生塔重沸器的热负荷。

应用实例模拟与分析表明：节能改进的三甘醇脱水装置提高了能量综合利用率，其节能效果明显，在工艺设计和技术改造中值得推广使用。

国内现有三甘醇脱水装置中甘醇贫富液换热普遍采用盘管式换热器，其换热效果较差，甘醇富液换热后进入再生塔温度偏低，导致甘醇贫液进泵温度太高（一般在95℃以上）。针对贫甘醇进泵温度偏高的问题，目前多数三甘醇脱水装置在进泵前的甘醇管路上增设水冷却器和循环水系统，用工业循环水对甘醇进行强制冷却，保证适宜的甘醇入泵温度。为了改善三甘醇贫富液换热效果，降低甘醇再生热负荷，依据高效波纹板式换热器的技术特点和应用特点，对三甘醇脱水工艺流程进行模拟计算和方案对比，对其工艺设备进行优化选型，工艺模拟和设备选型结果表明：甘醇贫富液换热采用两个高效波纹板式换热器串联可满足设计要求。

根据脱水工艺流程图和工艺设计参数，应用专业换热软件对板式换热器进行工艺设计和计算，设计结果表明：与盘管式换热器相比，波纹板式换热器换热面积和体积都较小，重量轻，传热系数大，有效地改善三甘醇贫富液换热效果。

五宝场气田三甘醇脱水装置自投产运行以来，各工艺设备运行正常，主要技术参数及指标均达到设计要求。脱水装置采用电动齿轮泵作甘醇循环泵，与柱塞式计量泵相比，其出口流量稳定，取消了泵出口缓冲罐，使用寿命长，噪声小；采用高效的波纹板式换热器作贫富液换热器，改善了三甘醇贫富液换热效果，其换热面积和体积都较小，取消了水冷却器和循环水系统，简化了脱水工艺流程，降低了脱水装置的能耗。

从国内各个天然气田利用各种三甘醇换热器来看，各有优点和缺点。总的来说，需要换热效果好，节能，可靠，耐用是对换热器的基本要求。针对苏里格气田已有的三甘醇换热器存在的问题，采用套管式换热器，这种换热器采用外翅片强化传热，使得换热效率很高。同时，具有可靠、使用寿命长的优点。

四、套管式换热器设计和制造

对自行设计制造套管式换热器来说，先要进行换热器的热力计算，根据设备运行参数，来计算需要多少换热量，继而计算和确定换热器的结构参数。

甘醇换热器的热力设计计算如下。

（一）确定换热器工作参数

根据生产要求，确定甘醇循环量：

$$q = 350 \sim 1100 \text{kg/h} = 0.097 \sim 0.306 \text{kg/s}$$

换热器工作压力：1.0MPa。

环境温度设定为：25℃。

考虑到运行可靠和换热效率，采用管套式换热器。

外管采用高频焊螺旋翅片管，规格为管子 32mm×3mm，内径 26mm。

需要冷却的三甘醇称为贫液，走换热器的外管，外管受到内外冷却，作为冷却剂的三甘醇称为富液，走换热器的内管。

（二）三甘醇的物性参数

密度：$\rho = 1086 \text{kg/m}^3$。

定压比热：$C_p = 2200 \text{kJ/(kg·K)}$。

导热系数：$\lambda = 0.662 \text{W/(m·K)}$。

黏度：$\mu = 0.00054 \text{Pa·s}$。

（三）换热器运行设计参数

贫液走外管：$D = 32\text{mm} \times 3\text{mm}$。

贫液进口温度：$t_{1in} = 170℃$。

贫液出口温度：$t_{1out} = 60℃$。

温差：110℃。

贫液定性温度：$t_1 = (170+60) \div 2 = 115℃$。

富液走内管：$d = 20\text{mm} \times 2\text{mm}$。

富液进口温度：$t_{2in} = 25℃$。

富液出口温度：$t_{2out} = 150℃$（假定温度）。

富液定性温度：$t_2 = (150+25) \div 2 = 87.5℃$。

（四）传热面积计算

1. 换热量 Q 计算

$$Q = q \cdot C_p \cdot \Delta t = 0.306 \text{kg/s} \times 2200 \text{J/(kg·K)} \times 110 = 74052 \text{J/s}$$

考虑换热效率为90%，所以换热量为：

$$Q = Q \div 0.9 = 74052 \div 0.9 = 82280 \text{W}$$

2. 平均温差

逆流平均温差按下式计算：

$$\Delta t_m = (\Delta t_1 - \Delta t_2) / [\ln(\Delta t_1 / \Delta t_2)]$$

$$\Delta t_1 = t_{1in} - t_{2out} = 170 - 150 = 20$$

$$\Delta t_2 = t_{1out} - t_{2in} = 60 - 25 = 35$$

$$\Delta t_m = (20-35) / \ln(20/35) = -15 \div (-0.56) \approx 27$$

3. 试选传热系数

$$K_0 = 420 \text{W/(m}^2 \cdot ℃)$$

初选传热面积 $F = Q / (K_0 \cdot \Delta t_m) = 82280 \div (420 \times 27) = 7.26 \text{m}^2$

（五）换热器结构参数

由传热面积得到管子总长度：

管长 $L = 7.26 \div 3.14 \div 0.025 \approx 92\text{m}$

考虑外管空气冷却，相应减少四分之一长度，为70m。这样，管子每根长2m，共35根。

（六）换热器流动阻力计算

内管的横截面积较小，计算内管的阻力就可以表示换热器的流动阻力：

$$\Delta p = 2f \cdot l/d \cdot \rho u^2 = 2 \times 0.005 \times 1100 \times 70 \div 0.016 \times 1.38^2 \approx 91649 Pa$$

压力降小于0.1MPa。

（七）换热器核算

外管对流换热系数：

$Re = ud\rho/\mu = 0.0188 \times 1.02 \times 1086 \div 0.000472 \approx 44120$，为紊流。

$P_r = C_p\mu/\lambda = 2200 \times 0.000472 \div 0.662 \approx 1.57$

换热系数 $\alpha = 0.023 Re^{0.8} P_r^{0.3} = 0.023 \times 44120^{0.8} \times 1.57^{0.3} \approx 5007 W/(m^2 \cdot ℃)$

内管换热系数：

$Re = ud\rho/\mu = 0.016 \times 1.4 \times 1086 \div 0.000472 \approx 51538$，为紊流。

$P_r = C_p\mu/\lambda = 2200 \times 0.000472 \div 0.662 \approx 1.57$

换热系数 $\alpha = 0.023 Re P_r = 0.023 \times 51538^{0.8} \times 1.57^{0.3} \approx 5669 W/(m^2 \cdot ℃)$

传热系数 K：

$1/K = 0.02 \div 0.016 \div 5669 + 0.000172 \times 0.02 \div 0.016 + 0.0025 \times 0.02 \div 48 \div 0.016 + 0.000086 + 1 \div 5669 = 0.00022 + 0.000215 + 0.000065 + 0.000086 + 0.00018 \approx 0.000766$

$K = 1300$

取 K_0 为850：

传热面积 $F = Q/(K_0 \cdot \Delta t_m) = 82280 \div 850 \div 27 \approx 3.58 m^2$

管长为57m，每根2m，一共30根。

（八）换热器结构

换热器布置32根管子，每根2m，4列8排、共32根。换热器为橇装，高约1.2~1.4m，宽约0.8m。进出口接口为2in。

换热器为长方体，长2m，高1.2m，宽0.6m。整个换热器重量约为400kg。套管式换热器如图6-1所示。

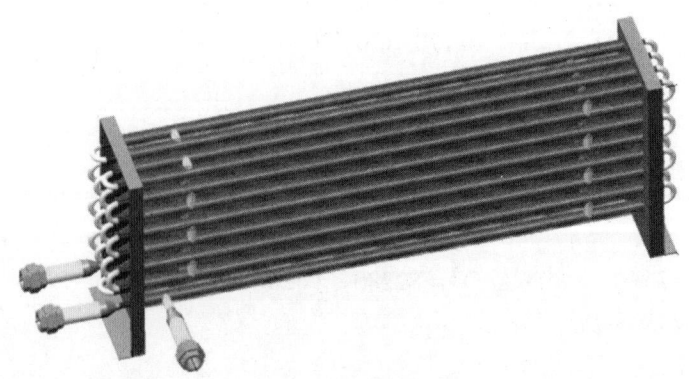

图6-1 套管式换热器

第三节 分子筛脱水

分子筛脱水工艺是目前国内外应用较为广泛、技术较为成熟的脱水工艺。

一、分子筛

分子筛的物理性质取决于其化学组成和晶体结构。在分子筛的结构中有许多孔径均匀的微孔孔道与排列整齐的空腔。这些空腔不仅提供了很大的比表面积（$800\sim1000m^2/g$），而且只允许直径比孔径小的分子进入微孔，而比孔径大的分子则不能进入，从而使大小不同的分子分开，起到了筛分分子的选择吸附作用，故称为分子筛。目前常用的分子筛系人工合成沸石，是一种硅铝酸盐晶体，由 SiO_4 和 AlO_4 四面体组成。在分子筛晶格中存在着金属阳离子，以平衡 AlO_4 四面体中多余的负电荷。分子筛的化学式可表示为：

$$Me_{\frac{x}{n}}[(AlO_2)_x(SiO)_y] \cdot mH_2O$$

式中　Me——某些碱金属或碱土金属阳离子，主要是 Na^+、K^+ 及 Ca^{2+} 等；

　　　n——金属阳离子的原子价数，即可交换金属阳离子 Me 的数目；

　　　x，y——化学式中的原子配平数；

　　　m——结晶水分子数。

分子筛类型根据分子筛孔径、化学组成、晶体结构及 SiO_2 与 Al_2O_3 的物质的量比不同，可将常用的分子筛分为 A，X 和 Y 型几种类型。A 型分子筛基本组成是硅铝酸钠，4A 分子筛的孔径为 0.4nm（纳米）；用钙离子交换 4A 分子筛中的钠离子后形成 0.5nm 孔径的孔道，称为 5A 分子筛；用钾离子交换 4A 分子筛中的钠离子后形成 0.3nm 孔径的孔道，称为 3A 分子筛。X 型分子筛基本组成也是硅铝酸钠，但因晶体结构组合与 A 型不同，形成近似约 1.0nm 孔径的孔道，称为 13X 分子筛；用钙离子交换 13X 分子筛中的钠离子后形成 0.8nm 孔径的孔道，称为 10X 分子筛。

分子筛表面具有较强的局部电荷，因而对极性和不饱和化合物有很高的亲合力，是一种孔径均匀的强极性吸附剂，并随着 SiO_2/Al_2O_3 比的增加，分子筛的极性逐渐减弱。分子筛可根据不同物质分子的极性和可极化性而决定优先吸附的次序，一般极性强的分子容易被吸附。水是强极性分子，分子直径为 $0.27\sim0.31nm$，比通常使用的 A 型分子筛孔道孔径小，所以 A 型分子筛是气体或液体脱水的优良吸附剂或干燥剂，可对气体或液体进行深度脱水，而且在较高温度下仍具有较高的吸附容量。常分子筛的吸附选择性强。分子筛可按照物质的分子大小进行选择性吸附，只有比孔径小的分子才能被吸附到晶体内，而大于孔径的分子就被"筛去"。此外分子筛还能按照分子的极性不同进行选择性吸附。这样，通过选用适当型号的分子筛，可以达到选择性吸附水，减少甚至消除其他物质分子的共吸附作用。目前，天然气脱水多采用 4A 与 5A 分子筛。

分子筛具有高效吸附容量。吸附剂的湿容量与气体中的水蒸气分压、吸附温度及吸附剂性质有关。分子筛在低水蒸气分压、高温及高气速的苛刻条件下仍然保持较高的湿容量。分子筛使用寿命较长。由于分子筛可选择性地吸附水，可避免因重烃共吸附而使吸附剂失活，故可延长分子筛地使用寿命。分子筛不易被液态水破坏。由于分子筛不易被液态水破坏，故可用于携带有液态水地气体脱水。吸附水时，同时可以进一步脱除残余酸性气体[47,48]。

二、分子筛脱水再生

分子筛脱水工艺吸附塔再生用气可以是湿气也可以是干气。原料气经过一个进口分离气，除去所携带的液体与固体杂质，右上部进入脱水吸附器。气体在吸附塔内流经分子筛床层，其中的水被分子筛选择性吸附，分子筛不断吸附气体中的水，直至床层达到饱和。因此在分子筛床层未达到饱和之前就要进行切换。原料气进入另一吸附塔，刚完成脱水操作的吸附塔进入再生阶段。

吸附塔吸附床层的吸附周期应根据原料气的含水量、床层空塔流速和高径比、再生能耗、吸附剂寿命等综合比较后确定。对于两塔流程，吸附塔床层吸附周期一般设计为8~24h，通常取吸附周期8~12h。对压力不高、处理量较大的天然气脱水，为避免吸附塔尺寸过大，分子筛装填量过多，吸附周期宜小于8h。

天然气脱水是分子筛脱水技术最早实现工业化应用的领域之一，技术已比较成熟，但分子筛的发展日新月异，新技术层出不穷，必须加强技术改造，利用新技术加强原料气干燥工序的管理操作，为深冷分离天然气液提供强有力的保证。

分子筛再生又分为变压再生（PSA）和变温再生（TSA）。分子筛脱水工艺分按再生压力来分，可分为变压再生（PSA）和变温再生（TSA）。

1. 变压再生工艺流程

变压再生工艺一般是双塔流程，一塔进行脱水操作，另一塔进行吸附剂分子筛的再生和冷却操作。工艺流程如图6-2所示。在吸附时，为了减少气流对吸附剂床层扰动的影响，原料气经压缩至1.8MPa后需自上而下进入吸附塔，脱水后进入制冷单元。取自外输干气作为再生气，经加热器加热后自下而上进入干燥塔，对饱和的分子筛床层进行脱水再生，富含

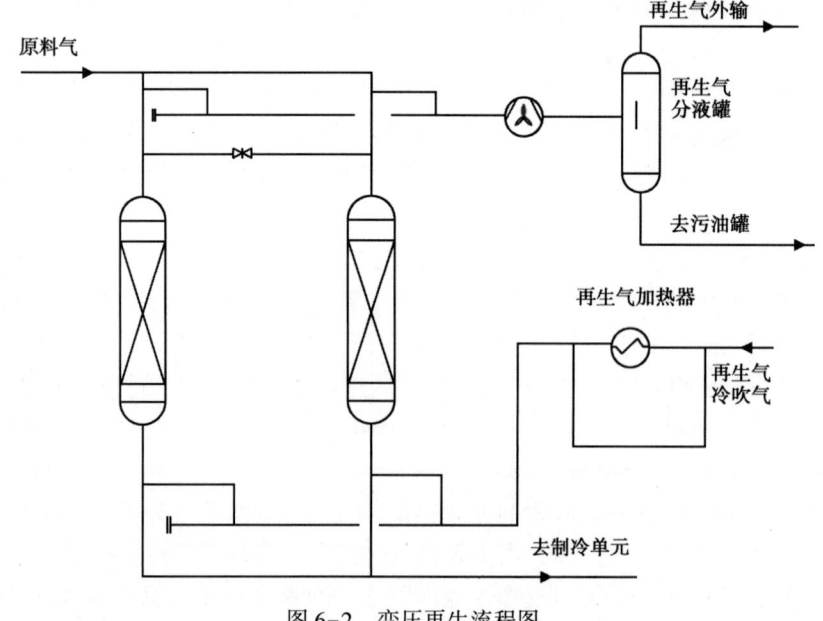

图6-2 变压再生流程图

水的再生气经冷却后进入气液分离器,分离出游离水后返回原料气进口。再生气自下而上流动,可以确保湿气脱水时最后接触的底部分子筛床层得到充分的再生,因为底部分子筛床层的再生效果直接影响到流出床层的干天然气的质量。对分子筛吸附剂再生后,需经过冷却后才能具有较好的吸附能力。此分子筛床层再生工艺采取变压再生,包括泄压、加热、冷吹和充压4个过程。泄压气和再生气经预处理后进入原料气压缩机入口。充压则由另一正在脱水的干燥塔来完成。

2. 变温再生工艺流程

分子筛再生变温再生工艺来自脱碳单元的原料气自下而上进入吸附塔,脱水后进入下一单元。分子筛再生采用变温再生工艺,包括加热和冷吹两个过程。在原料气进入吸附塔之前引出一股气源作为再生气和冷吹气。加热时,再生气经预吸附塔处理后,进入加热器加热至设计温度,自上而下进入再生塔,使其吸附剂升温,对饱和的分子筛床层进行再生,使其中的水和重烃得以解析出来。富含水和重烃的再生气经冷却后进入气液分离器,经分离出水和重烃后的再生气与主工艺气汇合,再进入吸附塔进行脱水。冷吹时,再生气自下而上进入再生塔,对分子筛床层进行冷却降温至常温。从再生塔出来的冷吹气经加热器加热后进入预吸附塔,对预吸附塔的吸附剂进行加热再生。从预吸附塔出来的再生气经冷却后分离出游离水,再返回吸附塔入口。整个过程是在同一压力下完成。

第四节 膜 脱 水

随着膜分离法天然气脱水越来越被人们重视,成为甘醇脱水等传统工艺强有力的竞争对手。自20世纪80年代以来,世界上许多厂家、商家,如美国的Separex、Grace、Monsanto和挪威的Air Product等大化工企业以及日本的日东电工、东丽、松下等,都相继投入大量资金和精力到天然气膜脱水工艺及装置的研究开发中。目前已实现工业化。美国Separex公司开发了醋酸纤维素螺旋卷式膜组件,用于海上开发平台天然气脱水,其H_2O/CH_4分离因子为500,在7.8MPa、38℃下脱水后的天然气的水露点温度可达-48℃,水蒸气含量在$\phi<10^{-4}$时,可以除去97%的水分,这对天然气的输送,避免管道腐蚀十分有利。由于膜分离法天然气脱水装置体积小、结构紧凑、重量轻,减少了海上采油平台建设的投资费用。美国Grace公司利用卷式膜组件开发了天然气水分和酸性气体脱除的工业试验装置,并在加拿大等地现场进行了试验,取得了良好效果。近几年来,挪威Air Products公司已经开发出适用于海洋开发平台的天然气脱水装置。美国气体产品公司的柏美亚部(Permea)是气体分离膜的开拓者,利用专业技术力量从20世纪80年代中开始天然气脱水膜的研究,至1999年已经实现天然气脱水膜的商业化,所使用的膜为新型普里森(Prism)气体分离膜,分离系统在4~8MPa的压力下,并辅以原料气流量的2%~5%干燥气作为返吹气的条件下,可脱除天然气中95%的水分,从而得到含水量达到管线输送标准的干燥天然气。和其他膜分离一样,膜天然气脱水具有结构简单、可靠性高、操作维修方便、无环境污染、操作费用及投资低的特点,它将成为对传统脱水法极具竞争性的新工艺。国内膜分离法天然气脱水情况我国于20世纪90年代初开始膜分离法天然气脱水研究及其应用,中科院大连化学物理所、中科院长春应用化学所等单位在该方面进行了探索,并取得了长足进展。中国科学研究院大连化学物理研究所于1994年在我国长庆气田研制出中空纤维膜天然气脱水装置,并在长庆气

田进行了天然气膜法脱水先导性试验,在此基础上开发出天然气膜法脱水工业试验装置,继而进行了工业规模的现场试验。该方法采用了复合膜结构,其致密层是聚砜材料,支撑层是硅橡胶;膜组件的构造是中空纤维式。试验结果表明:输气压力 4.6MPa 下,净化气水露点达到-13~-8℃,甲烷回收率不低于 98%。大庆天然气公司设计研究所在 1990 年代初用膜法进行了净化大庆天然气的实验研究,他们用三醋酸纤维素(CTA)膜脱除天然气中的水汽及硫化氢,经膜处理后的天然气,硫化氢含量下降 47%,水露点下降 17℃。其实验用膜组件为不锈钢外壳的醋酸纤维中空纤维组件。膜分离器采用三个相同膜组件串联方式,以提高膜的分离效果。待净化天然气在压力 0.4MPa,温度 20℃条件下,进入第一个膜组件,其中易渗透组分(水、硫化氢等)渗透过膜,排出装置外。难渗透组分从壳程流出,进入第二个膜组件,进行二级分离,以此类推。天然气经二三个膜组件分离后,作为合格的天然气进入管网[49,50]。

膜分离法脱除天然气中水分有诸多优点,可保持其原来的压力,且无二次污染,具有低能耗、低成本、易操作、花费低、高负荷和高功效等特点。膜分离器用于去除天然气中的水气时,它能处理含 He,H_2,CO_2,CO,H_2S,NO_2,N_2,O_2 等多种杂质的天然气,少量芳香烃、氯代烷、烯烃、重烃及液态烃都不会影响膜的分离性能。膜分离作为一种处理工艺,有较宽的流量适用范围。原料气流量发生变化,可通过增加或减少膜分离器数量或者分离器内的单元数来获得同样的分离效果,具有良好的市场前景,已经或者正在成为传统天然气脱水方法强有力的竞争对手。

美国 Ben Bikson 等 2003 年在给美国能源部关于天然气浓缩用新颖合成膜和膜过程开发的年度报告中,对膜过程和传统的三甘醇(TEG)过程天然气脱水进行了性能和经济性两方面的评价对比。他们成功地研制了工业化的天然气脱水用聚酰亚胺合成中空纤维膜,膜器在大于 7MPa 操作压力下,性能可靠。在净化比(流入速率与渗透流之比)为 2%~3%时,当进气温度大于 32℃时,可使水露点下降到-1℃。用两种膜器进行了经济分析,一种是新研制的大规模工业应用膜器(膜压差 7MPa 左右),一种是膜压力等于 5MPa 左右的膜器。小规模试验时,当膜过程在处理气量小于 10MMSCFD(每天 1 百万标准立方英尺,1MMSCFD = 28316.8m^3/d)时比 TEG 方法性能和经济性好,而在大规模试验条件下,当处理气量小于等于 1MMSCFD 时,比 TEG 性能和经济性好。全面验证了膜过程天然气脱水的优势和适用条件。意大利的 F. Binci 等对海上平台用创新膜脱水系统与传统三甘醇(TEG)天然气脱水系统进行了比较。经济评估认为,当处理量到 1600000m^3/d(标准条件:$T=15℃$,$p=101325Pa$),膜脱水系统都有性能和成本优势。膜脱水系统特别在人力、化学品需用量、日常维护、特别维护和能源消耗等方面具有很大优势。传统三甘醇(TEG)天然气脱水系统这几项支出的合计为脱水系统总支出的 10%,而膜分离脱水系统仅为脱水系统总支出的 4%。选择性膜系统对海上平台等有限尺寸装备,很有性能和成本优势。

对于一级膜系统,将膜法与胺法(质量分数 35% DEA)进行比较,在处理量是 1.5×10^5~$2.25\times10^6 m^3/d$,天然气水分饱和,CO_2 浓度 4%~27%(mol)的条件下,天然气中 CO_2 含量少于 2%(mol),水分含量低于 $10^6 mg/m^3$,膜法优于胺法。美国路易斯安那州一个较大的天然气处理工厂中安装了一套气体膜分离装置代替原有的 DEA 化学吸收法脱 CO_2 及乙二醇脱水装置,处理量为 $51\times10^4 m^3/d$。结果 CO_2 从 6.1%(V)减少至 2.6%(V),水气含量从 0.1%(V)降至 32mg/m^3。通过经济对比得出,用膜分离方法代替原来的胺法脱 CO_2

及乙二醇脱水装置后，处理费用减少了85%，占地面积只有胺法装置的15%，轻烃回收率比胺法要低一些，但由于膜系统的透过气可作为燃料使用，从而使烃的有效回收率有所提高。该系统自1987年投产运转以来操作是成功的。以上例子说明，膜分离法用于天然气脱水，在处理气量较小（小于3250000m³/d），膜压力差在5~7MPa时，与传统的天然气脱水方法相比，无论是在工作性能，还是经济效益方面都具有优势和竞争力。膜分离法在天然气脱水应用中有其内在的优点，潜力非常大，但是从目前应用角度来看，至今尚未在工业上被广泛采用，膜法天然气脱水的应用范围还较窄，而且规模不大。面对强大的传统脱水工艺，膜法天然气脱水主要面临着下述几方面的挑战：

（1）由于在渗透过程中必然有部分烃类（主要是CH_4）随H_2O进入渗透气中，现场试验中测得的烃损失率一般为5%~6%，损失率随原料气压力升高而增大，而与乙二醇法脱水相比较，能够被接受的水平是2%~3%。

（2）膜的塑化和溶胀性。碳氢化合物、水分子与聚合物膜间有较强相互作用，水分子对聚合物膜会产生塑化与溶胀作用，使水分子在聚合物膜中成簇迁移。这样渗透物在膜中的扩散性能和渗透性能增加。水气对聚合物产生塑化与膨胀作用，除使得水气渗透系数增加外，有时还会使CH_4等的渗透系数增加。Stern和Fang实验验证了水气的这一性能。

（3）浓差极化。所谓浓差极化是由于膜的选择透过性造成膜面水气浓度高于被处理天然气水气浓度的现象。虽然对很多膜来说，水的渗透通量都较高，使得水/气（甲烷）的选择性在两个数量级以上。但是由于水气是微量气体，使得膜分离过程常被操作条件所限制，即被进气侧压力和渗透侧压力比所控制（简称压力比）。假设待分离天然气的进气侧压力为p_f，渗透侧压力为p_p，水汽进口浓度（物质的量分数）为x_f，渗透侧水汽出口浓度（物质的量分数）为x_p。只有在$x_p×p_p<x_f×p_f$时，才能使水气由进气侧渗透到渗透侧。因此不管膜的选择性有多大，渗透侧水气的提浓倍数都将受压力比p_f/p_p的限制。另外，即使原料天然气压力很高，使得压力比较大，但是膜法天然气脱水的水气是微量气体，渗透速度快，容易在渗透侧富集，浓差极化有可能导致传质分离过程的恶化。

（4）一次性投资较大。复杂的制膜工艺使得膜系统造价昂贵，还有在现有工业条件下，膜的性能存在着不稳定性。以现有的研制水平，膜分离技术无法在任何情况下使天然气的脱水纯度达到管输标准，因而有时需要以传统处理技术作为最终的脱水净化步骤。

第五节 天然气超音速分离脱水

超音速涡流管分离技术是近年来受到普遍关注的具有重要技术革新意义和节能环保意义的天然气处理工艺技术。从1996年起，国外开始研究以超音速涡流管技术为基础的天然气低温处理系统。超音速涡流管分离技术，将膨胀降温、涡流式气/液分离、再压缩等工艺集于一个密闭紧凑的装置系统内完成。与传统工艺相比，该系统具有密闭无泄漏、无需化学药剂、结构紧凑轻巧、简单可靠、支持无人值守等优点，该技术与常规处理工艺相比，可使投资和运行费用减少10%~25%[51-60]。

一、超音速分离技术的工作原理

超音速涡流管技术利用空气动力学和热力学的原理实现天然气脱水。与天然气开发过程中常用的节流膨胀阀类似,超音速涡流管分离器在本质上也是一种利用压力能转化为动能过程中产生的 J—T 效应进行低温分离的设备。典型的超音速涡流管分离器由拉瓦尔喷管、超音速整流管、超音速翼、扩压管等构件组成,如图 6-3 所示。在超音速涡流管分离器中,饱和湿天然气通过喷管绝热加速至超音速,其温度和压力将降低,在低温低压条件下,天然气中的重烃和水蒸气达到过饱和状态开始凝结,发生成核现象,同时液滴开始生长,形成气液混合物。然后,气液混合物在置于喷管后直管道中尾翼的作用下,形成强烈的旋流场,在流动中液滴在离心力的作用下旋流到管壁处形成一层液膜。居于管道中心处的气流变成干气,液膜沿管壁流动。最后,分离器将气流外层液膜与中心处气流分离,实现气体和凝析液的分离。然后干气流入扩压管压缩,减速升压。由于水滴在涡流管中停留的时间非常短,涡流管段的压力也很低,不具备形成水合物的条件。

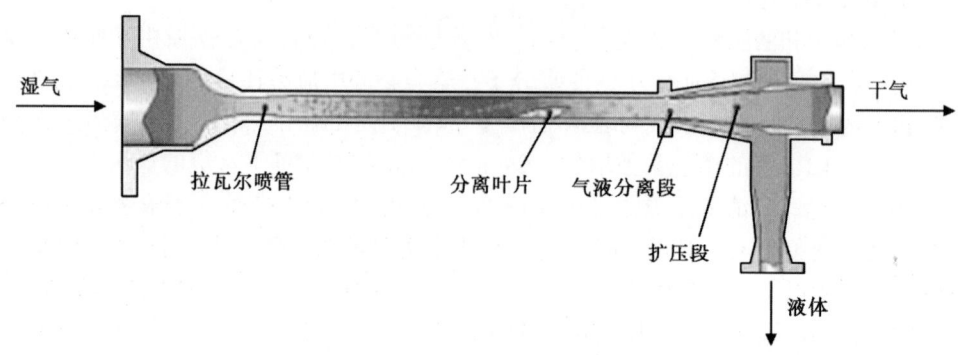

图 6-3 天然气超音速脱水分离器示意图

荷兰 Supersonic Gas Solutions 公司与 Shell Global Solutions International 公司合作,从 20 世纪 90 年代中期就开始从事超音速涡流管制冷工艺技术的开发。第 1 代涡流管研制成功后,分别在荷兰(1998 年)、尼日利亚(2000 年)和挪威(2002 年)等地的 5 处油气田现场,在规模为 (85~850)×$10^4 m^3/d$ 的装置上完成了水露点控制和烃露点控制的工业试验。该公司将此类利用超音速涡流管进行水露点和烃露点控制的设备,命名为 Twister 分离器。其工作的过程如上所述。分离后的干气体进入扩压器,气体速度逐渐降低,压力恢复到初始气体压力的 65%~80%。第 1 代超音速涡流管与常规的天然气脱水工艺相比,虽然有很大进步,但是也存在一定问题:

(1) 由于分离叶片很小(薄),气流对分离叶片的作用力比较大,分离叶片可能无法承受气流的作用力。

(2) 由于分离叶片产生的流场不均匀,使分离效果变差,导致分离器性能无法提高。

(3) 分离叶片处的流动损失比较大,导致分离系统的损失增大。

为克服第 1 代超音速涡流管干气露点偏高,难以满足大多数地区的露点要求的不足,壳牌石油公司对第 1 代 Twister 管的喷嘴、翼片环等结构进行了改进,用先产生旋流后加速降温替代了第 1 代 Twister 管先产生低温加速后旋转分离的工作过程。2005—2006 年,Twister 公司在荷兰格罗宁根 Gasunie 研究中心开展了第 2 代 Twister 管测试工作。2007 年 4—8 月在马来西亚 B11 海上平台进行了工业测试,在入口压力 14.5MPa 条件下,保持原压降不变,其液体回收量提高为第 1 代管的 3 倍,出口干气水含量降低 30%,噪声也有所降低。2008

年,第2代Twister管在尼日利亚SPDC和巴西石油公司均有应用。第2代超音速涡流管的基本组成部件有漩涡发生器、喷管、分离段、扩压器等。技术原理如图6-4所示,它的重大改进主要有以下方面。

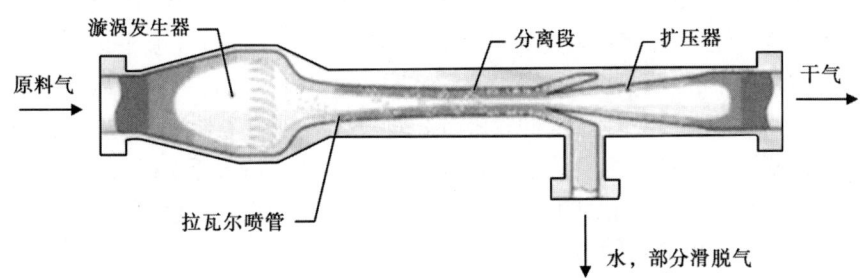

图6-4　第2代超音速涡流管原理图

(1) 改进后的结构可以获得更高的气体加速度,从而可以缩短涡流管的长度。
(2) 提高了旋转速度,从而提高了分离段对液滴的离心力,大大地改善了涡流管分离段分离液相水的效果,有效地防止其在扩散段发生再汽化。
(3) 改进后的结构使分离器的压降更低。

二、俄罗斯3S技术

3S超音速分离器也是基于天然气旋流在超音速喷管内绝热膨胀降温来分离天然气中的水分和液态烃组分的一种新型、高效分离设备。1996年,俄罗斯ENGO公司专家团的研究人员开始对超音速分离器进行研究和测试。3S由旋流器、超音速喷嘴、工作段、两相分离器、扩散器和导向叶片组成,其结构如图6-5所示。其工作原理是,天然气首先经过旋流器旋转,产生高速旋流,旋流气在喷管处降压、降温和增速。由于天然气温度降低,其中的水蒸气和液态烃组分凝结成液滴,在旋转产生的切向速度和离心力的作用下,液滴被甩到管壁上,然后,液体及少量滑脱气通过专门设计的两相分离器出口流出,气体则进入扩散器,减速、增压、升温后流出。该公司在俄罗斯莫斯科州建立了处理量为$30\times10^4 m^3/d$的工业实验装置,还在加拿大卡尔加里附近建立了$110\times10^4 m^3/d$的工业实验装置,对3S装置的各项技术性能进行了验证。2004年9月,该公司第一套工业用3S装置在西伯利亚一座天然气工厂的低温系统中成功投运,处理能力超过$140\times10^4 m^3/a$。根据3S的实验数据,在进出口压力比2.0时喷管进出口温度降可达到51℃。由于3S内的流体力学模拟以及旋流器设计等的复杂性,对3S的研究和改进国内研究者鲜有涉足,目前国内一些气田正在酝酿成套引进该技术。

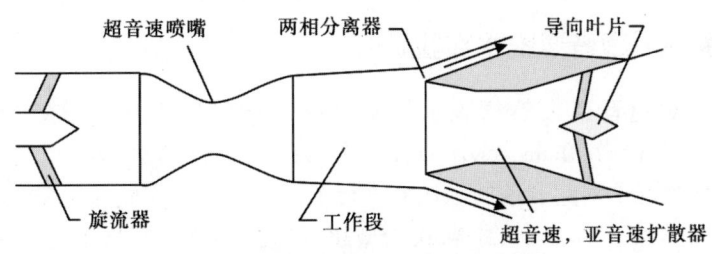

图6-5　3S超音速分离器结构示意图

三、天然气超音速脱水系统

图 6-3 是典型的天然气超音速脱水系统流程图。为了提高系统的性能，可以对天然气进行预先冷却。冷量可以由空气或者海水提供，比较常用的做法是从离开超音速涡流管的冷气中获得。超音速涡流管上游安装过滤分离器，防止涡流管入口气流中带有液滴和固体颗粒。在超音速涡流管中，经过膨胀、降温、气/液分离和再压缩过程，将气流中的水和重烃组分分离。超音速涡流管分离段流出的气液混合物进入气液分离器，分离出的滑脱气并入干气管线。以超音速涡流管技术为基础设计气体处理系统时，必须考虑以下问题：

（1）超音速涡流管是一个固定体积流量的设备，在喷管喉部气流的轴向速度约为当地的音速，由此限定了可以通过管道的流量。

（2）超音速涡流管是压力降设备，典型的净压降为 20%~30%。任何设计压力下，气体在设备中的最低压力约为进口压力的 30%，由扩压管将气体出口压力提高到进口压力的 65%~80%。

（3）腐蚀是必须关注的问题。超音速涡流管中流体具有很高的速度，任何粒径的微粒都可能会造成管材的腐蚀和磨损。同时，涡流管入口天然气中微粒粒径不是越小越好，一些研究者认为微粒的存在有利于成核，Twster 管在马来西亚的最新试验中对粒径的要求为不大于 20μm。

超音速涡流管技术优势超音速涡流管的制冷能力和极大的离心力使其在分离、制冷等诸多领域得到了广泛应用。就天然气开发领域来说，天然气从井口到用户是压力逐步降低的过程，在压力降低过程中，利用涡流管可以获得大量的冷量和热量，并获得相对干燥的天然气。因此，从天然气集输、处理到输配均可采用涡流管技术。超音速涡流管技术运用于含硫气田的脱水所带来的优点，主要有以下方面：

（1）整个脱水系统比较简单，需要的设备少，可实现橇装。由于天然气高速通过脱水系统，因此在相同的处理能力下，其体积要比传统的系统小得多。

（2）脱水系统没有大的转动部件和化学处理系统，其可靠性较高，日常维护很少，适合在海上恶劣的环境条件下以及偏远井站实现无人操作。

（3）该技术利用天然气自身的压力工作，能够在短时间内启动和停止工作，并且不需要大量的外部能源供应。

（4）该技术工艺流程中不需要化学试剂，如甲醇、乙二醇和三甘醇，避免了化学试剂对环境的危害。

（5）与常规的处理工艺相比，该技术可使投资和运行费用减少 10%~25%。

（6）与 J-T 阀和膨胀机相比，分离效率高且能耗低。

四、低压条件下超音速脱水实验研究

北京工业大学对超音速天然气脱水技术进行了试验研究[56]。试验研究对象是全长 1507mm，装置最大直径为 80mm，最小直径为 10mm 的超音速脱水器，并建立了空气—水分离试验台，在低压情况下对超音速脱水性能进行了研究，试验介质为压缩湿空气。实验中用到的超音速分离器类似于 Twister TM Mark Ⅰ 型超音速分离器。实验中研究了压损比（超音速分离器的压力损失与入口压力的比值）和露点降的关系。从实验结果来看，低压情况下，

天然气的露点降最大到 37℃ 左右。该实验为超音速分离技术在低压石油伴生气脱水方面的应用提供了依据。低压石油伴生气含有饱和水，为防止在输送过程中形成水合物，通常采取透平膨胀机脱水技术。透平膨胀机脱水过程需要热换设备，经济性较差。采用超音速分离技术不仅能保证外输商品天然气的水露点和烃露点，还会取得较好的经济效益。同时，实验中亦研究了超音速分离器入口流量和分离过程中激波产生的位置对超音速分离性能的影响。

虽然超音速涡流管分离技术在天然气开发过程中的运用取得了良好的开端，然而，该技术有着一些问题需要去解决，如何在深度脱水的同时又尽量减少压降。超音速涡流管脱水利用的是类似于节流膨胀阀的原理，对于高压天然气，使用该技术脱水是很经济的，而要达到深度脱水，就必须有足够的低温，在管路输送有压降限制的情况下难以实现。如何提高超音速涡流管的操作弹性范围，以适应产量、压力急剧减小的生产条件。和国外的应用情况有所不同，国内一些气田的很多气井在开采之后井口压力下降很快，如何应对这一工况是研究过程中要特别考虑的。超音速涡流管内部结构的复杂性以及高精度的加工要求的局限性问题。超音速涡流管内部结构比较复杂，任何一个结构的偏差都会致使内部流场偏离预期，因而对内部通道的加工有较高的精度要求，在工业化的结构设计和生产中都会有一定的难度。处理含硫介质时，材质与防腐问题以及含硫污水的处理问题。在国内外还未有超音速涡流管分离技术运用于高含硫气田的实例，如何保证含硫天然气处理条件下超音速涡流管长周期平稳运行，对涡流管选材和设计的安全性及经济性等都有待探索。

第七章 天然气管线冰堵预测与冰堵位置测定

第一节 天然气水合物

1884 年，Roozeboom 提出了天然气水合物形成的相理论。此后不久，Villard 在实验室合成了 CH_4，C_2H_6，C_2H_4，C_2H_2 等的水合物。1919 年，Scheffer 和 Meijer 建立了一种新的动力学理论方法来直接分析天然气水合物，他们应用 Clausius-Clapeyron 方程建立三相平衡曲线，来推测水合物的组成。天然气水合物（Natural Gas Hydrate，简称 Gas Hydrate），又称笼形包合物（Clathrate），从外表看像冰。它是在一定条件（合适的温度、压力、气体饱和度、水的盐度、pH 值等）下由水和天然气组成的类冰的、非化学计量的、笼形结晶化合物，其遇火即可燃烧。它可用 $M \cdot nH_2O$ 来表示，M 代表水合物中的气体分子，n 为水合物指数（也就是水分子数）。就物理性质而言，水合物像冰，但它既可以存在于零下，又可以存在于零上温度环境。水合物具有比其他冷凝相（如液化气）气体低几十倍的气体平衡压力。水合物的沸点低于+60℃，与水不发生化学反应。和冰一样，水合物晶格架由水分子组成，但晶格架的孔腔要比冰的大得多，等于 $4.8\sim6.9\text{Å}$。CH_4，C_2H_6，C_3H_8，C_4H_{10} 等同系物以及 CO_2，N_2，H_2S 等可形成单种或多种天然气水合物。形成天然气水合物的主要气体为甲烷，对甲烷分子含量超过 99% 的天然气水合物通常称为甲烷水合物（Methane Hydrate）[47,61]。

天然气水合物形成的必要条件是气体处于水气的饱和或过饱和状态并存在游离水；有足够高的压力和足够低的温度。在具备上述条件时，水合物有时尚不能形成，还必须有一些辅助条件，如压力的脉动，气体的高速流动，因流向的突变产生的搅动，水合物晶种的存在及晶种停留的特定物理位置如弯头、孔板、阀门、粗糙的管壁等。水合物形成的临界温度是水合物可能存在的最高温度，高于此温度，不论压力多高，也不会形成水合物。

一、天然气水合物物理化学性质

在自然界发现的天然气水合物多呈白色、淡黄色、琥珀色、暗褐色等轴状、层状、小针状结晶体或分散状。它可以以多种方式存在：占据大的岩石粒间孔隙；以球粒状散布于细粒岩石中；以固体形式填充在裂缝中；大块固态水合物伴随少量沉积物。气水合物与冰、含气水合物层与冰层之间有明显的相似性：

（1）相同的组合状态的变化：流体转化为固体。

（2）均属放热过程，并产生很大的热效应：0℃ 融冰时需用 0.335kJ 的热量，$0\sim20$℃ 分解天然气水合物时每克水需要 $0.15\sim0.6$kJ 的热量。

（3）结冰或形成水合物时水体积均增大：前者增大 9%。后者增大 26%~32%。

（4）水中溶有盐时，二者相平衡温度降低，只有淡水才能转化为冰或水合物。

(5) 冰与气水合物的密度都不大于水,含水合物层和冻结层密度都小于同类的水层。
(6) 含冰层与含水合物层的电导率都小于含水层。
(7) 含冰层和含水合物层弹性波的传播速度均大于含水层。

到目前为止,已经发现的天然气水合物结构有三种,即结构Ⅰ型、结构Ⅱ型和结构H型。结构Ⅰ型气水合物为立方晶体结构,其在自然界分布最为广泛,仅能容纳甲烷(C_1)、乙烷这两种小分子的烃以及N_2,CO_2,H_2S等非烃分子,这种水合物中甲烷普遍存在的形式是构成$CH_4 \cdot 5.75H_2O$的几何格架;结构Ⅱ型气水合物为菱形晶体结构,除包容C_1、C_2等小分子外,较大的"笼子"(水合物晶体中水分子间的空穴)还可容纳丙烷(C_3)及异丁烷(iC_4)等烃类;结构H型气水合物为六方晶体结构,其大的"笼子"甚至可以容纳直径超过异丁烷(iC_4)的分子,如iC_5和其他直径在7.5~8.6Å之间的分子。结构H型气水合物早期仅存在于实验室,1993年才在墨西哥湾大陆斜坡发现其天然产物。Ⅱ型和H型水合物比Ⅰ型水合物更稳定。除墨西哥外,在格林大峡谷地区也发现了Ⅰ、Ⅱ、H型三种气水合物共存的现象。

为防止形成天然气水合物,通常有三种方法:
(1) 向气流中加入抑制剂(各种水溶性物质)。
(2) 提高天然气的流动温度。
(3) 脱除天然气中的水分。

二、天然气输送管线中水合物形成

天然气水合物是对经济发展的重要矿产资源。估计全球天然气水合物中的碳量为10×10^{12}t左右,相当于全球已探明化石能源总碳量的两倍。同时,天然气水合物对全球碳循环和全球气候变化有重要的影响和控制作用,有资料表明55Ma海底天然气水合物的分解引发了全球气候突然变暖。天然气水合物分解能引发海底沉积层液化,产生大面积海底滑坡。天然气水合物在输气管线中的形成,可产生堵塞并引发爆炸,Lysne报道3个由于输气管线中天然气水合物形成而产生的灾害实例,并在1.5m的实验管线中产生了6处天然气水合物的堵塞,导致3人死亡,财产损失超过7百万美元。Austvik等报道北海Tommeliten Gamma油田11.5km长的管线中产生了17处天然气水合物的堵塞。因此,天然气水合物的研究受到了各国政府和学者的高度重视,是当今科学界的一个前沿热点领域。国际上天然气水合物研究关注的重点科学问题主要集中在四个方面:天然气水合物的物理与化学特性研究;天然气水合物开采技术研究,天然气水合物灾害研究,以及天然气水合物在全球碳循环中的作用研究[61]。

目前,国家正在实施西部天然气通过管道输送到急需清洁能源的东部地区的"西气东输"工程,以满足东部地区对天然气能源的迫切需要。"西气东输"工程的天然气管道横贯新疆、甘肃、宁夏、陕西、山西、河南、安徽、江苏和上海等9个省(自治区)市,几千千米的输气管线将经历多种地貌和气候环境,天然气水合物形成而产生的管线堵塞是必须考虑的重大问题。

控制天然气水合物形成的热力学条件主要有:温度、压力、天然气的化学组成、天然气和水的供给。

现有的研究表明,在体系中加入阻碍剂和增高盐度,有助于阻碍水合物的形成。这里,根据青海和甘肃地区输气管线的天然气组成特征和工作压力条件，应用天然气水合物形成的热力学模拟计算方法，确定输气管线中水合物形成的边界条件，提出预防水合物堵塞的热力学方法，指导预防"西气东输"输气管道中天然气水合物堵塞产生的危害。

（一）输气管线中天然气水合物形成的边界条件

1. 输气管线中天然气组成及运行参数

"西气东输"工程的青海和甘肃天然气输送管线的天然气源主要来自涩北气田。涩北气田探明天然气储量达 $4.9×10^{10} m^3$。天然气主要由 CH_4 组成，有少量的 C_2H_6、C_3H_8 和 N_2。输气管线的工作压力范围约 2.5~4.11MPa。

2. 天然气在输气管线中形成水合物的边界条件

由于天然气组成对水合物的形成条件有影响，涩北气田天然气在输气管线中形成水合物的边界条件有一定的范围。根据输气管线中的工作压力（2.5~4.11MPa），水合物形成的最低温度约 1~5℃，涩北气田天然气平均组成形成水合物的温度约 2℃。在输气管线的工作压力范围内，水合物形成的最低温度约 1~5℃。平均天然气形成水合物的最低温度约 2℃。

3. 盐度和甲醇对水合物形成边界条件的影响

由于西部地区冬季气温较低，通常在 0℃ 以下，因此必须增加体系盐度或加入阻碍剂预防水合物在输气管线中的形成。在大于 5℃ 时将明显改变水合物生成的压力，在小于 5℃ 时影响不显著。在 -7~5℃ 时，增加盐度和加入甲醇可有效地控制水合物的形成；在低于 -7℃ 时，单一地增加盐度（20%）或加入甲醇（20%）不能防止输气管线中水合物的形成，必须同时增加盐度和加入甲醇才能有效控制水合物的形成。在 -10℃ 时盐度和甲醇应同时大于 10%、在 -20℃ 时盐度和甲醇应同时大于 15%，才能抑制输气管线中水合物的形成。

4. 输气管线中水含量与水合物的形成

涩北气田天然气均处于水合物的热力学稳定范围内。但水合物形成的必要条件是天然气和水的同时存在，在天然气、水、水合物三相体系中，即使处于水合物的热力学稳定区域内，输气管线中达不到一定的含水量，天然气也不能形成水合物。因此，除增加体系盐度和加入甲醇的方法外，也可降低输气管线中的水含量来防止水合物的生成。在气温低于 0℃ 和压力为 2.5~4.11MPa 时，随输气管线中的温度增加，水合物形成的最低水含量增加。因此，降低体系的水含量也可以有效地控制水合物的生成，如压力为 4.5MPa 时，输气管线中的温度为 0℃ 和 220℃ 时，防止输气管线中水合物形成的水含量应分别低于 $164μg/g$ 和 $27μg/g$。

防止水合物在输气管线中的生成而产生的堵塞，主要方法有增加体系的盐度和加入阻碍剂。从研究结果看，在低温条件下，单一地增加体系的盐度和加入阻碍剂不能有效地控制输气管线中水合物的生成，增加体系的盐度和加入阻碍剂的联合应用，可以更为有效地抑制水合物的形成。此外，通过去除输气管线中的水分也可防止水合物的形成。对于涩北气田的天然气，在输气管线约 2.5~4.11MPa 的压力范围内，水合物形成的最低温度为 1~5℃。因此，温度大于 5℃ 时输气管线可以正常运行，但在温度低于 5℃ 时应预防水合物生成。在 5~27℃ 时，在体系中加入甲醇或增加盐度可有效地防止管线中水合物的形成。在低于 27℃ 时，单一地增加盐度或甲醇达 20% 时，仍不能防止输气管线中水合物的形成，盐度和甲醇的联合应用，才能有效抑制输气管线中水合物的形成。在温度低于 0℃ 和压力为 2.5~4.11MPa 的水合物热力学稳定范围内，降低体系的水含量，也可有效控制输气管线中水合物的堵塞。

第二节　天然气管线冰堵位置测定

苏里格气田冬季极端温度可达-35℃。冬季平均温度在-20℃左右。地面冻土层厚度平均1.2~1.5m，极端可达1.8~2.0m。且冰冻期持续4~5个月（当年11月—次年4月）。苏里格气田气井原料天然气含部分游离水，每$1×10^4m^3$天然气含水量约为$0.5m^3$。在冬季，地面管线由于气井产水，当管线外地层低于零度，气井地面集输管网内易产生更多凝结水而冰堵。气井冰堵会导致无法正常生产，给气田冬季生产管理带来很大的麻烦。中国石油长庆油田分公司第五采气厂2010—2011年冬季，因管线冰堵影响气井生产约10%。

在北方的冬季，输油输气管线冰堵是常常发生的，这给油气生产带来严重的影响。为此大家对冰堵问题非常重视，重点研究怎样确定冰堵位置和寻找解堵措施。近几年来，对于管线冰堵位置检测技术主要有以下几种方法：钻孔法、敲击法、理论数值分析法、超声波法、应力应变测试法、压力波分析法等。这些方法各有特点，解决了生产中的一些具体问题。但是，大多数方法需要时间较长、工作量大，或是测定精度低、不确定性较高。

在苏里格气田生产中，对于管线冰堵的问题主要采用两种方法去应对：

（1）加注甲醇防冰堵（兼防止水合物生成）。甲醇可以降低水的凝固点，从而防止冰堵发生。

（2）经验法判断冰堵，再加热解堵。经验法是根据在管线低洼地带、管线变径处、阀门等部位容易发生堵塞的经验来判断管线冻堵位置。

前者经过气田的应用，已经产生了很大的效益，但存在甲醇的消耗量急剧增加的问题，同时含醇污水的处理也需要在处理厂附加专用流程，增加了生产成本。后者难以准确找到冰堵位置，费时费力。

目前确定管线冰堵位置方法虽多，但是如何准确有效、快速经济地判断管线冻堵位置，尚无较好的方法。因此，研究设备简单、准确可靠、快速经济地测定管线冰堵位置的测定方法和仪器设备，对天然气稳定生产具有特别重要的意义。

一、冰堵研究现状

辽宁石油化工大学介绍了管道中流体冻结位置的快速检测方法，他们根据管子在不同压力下产生的应变特性，用应变传感器来检测冰堵位置，他们对从抚顺石油三厂至乙烯厂之间的长度约为27km的输油管道进行了检测，共检测7点来准确确定出了流体冻结的位置。辽宁石油化工大学在以压力引起管子应力变化测量冰堵位置的基础上，改进了检测用的电阻应变式传感器，对传感器进行了优化设计。在测量时，常常会遇到这样的问题：应变片粘贴角度不精确；黏合剂涂层厚度不均匀；工业现场的环境温度变化范围大而剧烈，冬季一般在零下二三十度。这些因素造成传感器的输出值由两大部分组成，一部分是有效应变信号，一部分是受外界环境温度影响而产生的温度漂移干扰信号，这个干扰信号几乎与管线输出的有效应变信号同量级而难以区分，造成了测量的不准确。因此对应变片粘贴环节的卡具结构进行了优化设计以增大管线的有效应变信号。为了提高管线有效应变信号的输出，对传感器的卡具结构进行了优化设计，新的外形设计使传感器有效应变信号增大，提高了传感器的精度。在此基础上，应用C语言程序对新卡具结构的参数进行了分析，画出了应变与参数的关系曲线，并提出了较好的结构设计建议。文章提到他们的测量误差小于 5%。通过对冰阻状态下输气管线压力变化规律的研究来判断冰堵位置。他们研究了输气管线冰阻附近的截面在输气管口从加压到稳定这段时间内压力变化的规律，给出了相应的压力变化曲线。得出了冰阻段的压力平方差曲线的斜率大于无冰阻段的压力平方差曲线斜率的结论，提出用应变测量的方法对输气管线同时进行两点或两点以上的测量来判断半阻位置。

假定输气管线压力有一个增加，这个压力增加会产生的微弱压强扰动波向前传播，被扰动波扰动过的气体压力瞬时升高到某一数值，在某个时间产生又一微弱压强扰动，传播速度相同，被第 2 个微弱扰动波扰动过的气体中的压强、密度、温度都比第 1 个扰动波扰动过的气体中的相应参数略大。从而第 3 个扰动波又以比第 2 个略快的速度向右传播。所以当 2 个或多个波同时到达某点时会产生波的叠加，然后一起向右传播。所以，根据管线在半阻状态下的压力差，用应变测量的方法对输气管线同时进行两点或两点以上的压力变化测量可以判断半冰阻位置。

中国人民解放军 62217 部队负责从格尔木到拉萨输油管线输运工作，格拉成品油管线投运 26 年来已发生过三次严重冰堵事故，冰堵地点均在海拔 4700~5300m 的唐古拉山地区。造成冰堵的原因是该地区的地温低，油料中的溶解水大量析出而转变为游离水，游离水大量积聚，在低温情况下结冰而形成冰堵。另一原因是油品和管线中有水，油品在输送中会增加含水量，格拉管线的野外管道和站内管道在初建时有残留下来的试压水未排净，管线事故抢修中易使水进入管线未排除等。格拉成品油顺序输送管线全长 1080km，横跨青藏高原，其中 900km 均在海拔 4000m 以上，管线最高点达海拔 5230m，管线通过 560km 的常年冻土地带，气候严寒，冰冻期长达八个月，冰丘、冰锥、冰山曾使埋地管线多处凸起地面，给管线的安全运行造成了威胁。管线投运 26 年来曾发生过三次严重冰堵事故不仅迫使管线长期停输，造成重大损失，也使在零下 35℃ 的严寒缺氧环境下进行野外排堵作业的管线部队艰苦异常。

第一次管线冰堵主要冰堵点在 16 号泵站到 19 号泵站的唐古拉山南坡的 20km 范围内。在地形起伏较大并且背阴的 5 个地点开挖了 25 个探坑，用超声波检测仪进行检查，在 3 个地点的 4 个探坑里检测到管线里有全堵或半堵的现象。冰堵后用电伴热熔冰和烧牛粪煨管熔冰并通过 16 号和 19 号泵站正反方向启泵升压等多种方式处理，到 6 月初开始疏通，6 月中旬基本解除冰堵，恢复了管线畅通。在 3 个多月的排堵施工中，部队投入大量人力、物力，造成很大损失。第二次管线冰堵主要冰堵点在 16 号泵站到 19 号泵站的唐古拉山北坡 15km 范围内。输油管线部队管线部队先后派出 4 个管线排堵小组，在风雪、严寒、缺氧的恶劣条件下，在 5 个月时间里，共排除冰堵点 8 个，挖探坑 86 个，开挖土方 1795m^3，割换管线 10 处，从管线内取出冰块 1780kg，割换管线 342m，在管线上钻孔 77 个，完成了排除冰堵和恢复管线正常输油的异常艰难施工。第三次管线冰堵主要冰堵点在 12 号泵站到 14 号泵站的开心岭山脚下 150m 处。格拉输油管线部队派出了管线排堵小组，在严寒恶劣的条件下，找到了管线冰堵段，采用遇堵不排而铺设并联管线 150m 绕行的方法，迅速地恢复了输油。

他们寻找冰堵位置的方法是：

（1）首先利用油品体积压缩（膨胀）公式粗略定位即利用该公式，进行反复放油卸压和计算，可将堵点范围缩小到 1km 以内。油品体积压缩（膨胀）公式为：

$$\Delta V = GL\beta \Delta p \tag{7-1}$$

$$\beta = 1/K$$

式中 ΔV——管线人工在泵站卸压放出管线内油品体积，m^3；

G——格拉管线每千米容积，$16.972 m^3/km$；

L——管线冰堵点到提供压力的泵站间距离，km；

β——油品压管系数，cm^2/kg；

K——油品体积弹性模量，在唐古拉山管线排堵期间，管中汽油温度为 $-5℃$，查得此时的 $K_汽 = 10500$；

Δp——管线卸压前后的压强差，MPa。

（2）利用优选法逐步缩小式（7-1）计算出的管线冰堵点范围，即在算出的冰堵点上、下各 1km 范围内分别采取优选法进行开挖探坑和钻孔放油而逐步缩小坑点范围。

（3）在逼近冰堵点小范围内，管线上钻大孔用钢筋探孔来确定堵点的确切位置。当管线冰堵点范围缩小到 100m 以内后，在堵点的管线放空一侧，离探坑 40~45m 处再挖坑钻大孔用 6mm 钢筋插入管道内部可探测左右各 35m 内堵点的确切位置，这样可减少个坑的工作量，提前找到冰堵点。

（4）割管取冰，实现管线畅通。管线冰堵点每找到应立即将此管段割断 0.8m 长断口，接着向两端清除管内冰块，直到冰块清除干净而使管线畅通为止。

重庆科技学院利用脉冲法动态监测天然气长输管道冰堵。利用管道入口处人工产生的质量流量脉冲在非完全堵塞天然气管道中的传播特点，采用时间分裂算法和混合格式，对非完全堵塞管道进行了数值计算。提出了运用 5 点二阶精度 TVD 格式来解决双曲守恒律非线性系统中的非线性数值问题，该方法改进了传统的显式和隐式有限差分方法对间断分辨率低等缺点，对于快速瞬变现象的捕捉具有优越性。通过动态监测非完全堵塞的天然气管道，实时分析管道入口处的压力波动历史曲线，计算了堵塞位置、堵塞长度和堵塞强度，与实际值相比，计算误差百分率分别为 2.15%，0.84% 和 2.43%。

这个方法的测量原理为：在管道入口处人为产生一个质量流量脉冲，该脉冲到达管道堵塞的前端时流动受阻，动能降低，势能增加，导致该处压力升高，且以正压波的形式向管道上游传播。如果管道完全堵塞，则在入口只能检测到一个压力波峰。如果管道未完全堵塞，则脉冲通过堵塞处继续向管道下游传播，进入未堵塞区，由于突然膨胀和速度降低会形成一个负压波向管道上游传播，在入口处将会检测到一个压力波峰和一个压力波谷。利用质量流量脉冲在管道中的传播特点，以及质量流量脉冲在非完全堵塞后端突扩处形成的膨胀波向上游传播的特点，定期监测压力数据，可监控管道的堵塞状况。

中国石油西南油气田公司利用 SCADA 系统趋势图预判冰堵。通常在生产正常的情况下，各井压力趋势的变化是呈一条平稳的直线。当发生冰堵时，压力趋势会产生升高变化，2005 年 2 月 26 日黄龙 4 井—黄龙 1 井管线出现冰堵时，黄龙 4 井出站压力就呈现趋势增高变化。冰堵初期，压力趋势是呈一条斜率较小的直线缓慢上升的，当压力上升到一定的时候，突然急剧上升，然后又迅速降落，这是由于气流冲开小部分水合物的缘故造成。压力趋势的变化总体上是呈波浪状。除了管线压力升高，还可以结合管线下游产量的变化以及管线两端压降的大小来判断冰堵。若发现管线下游产量波动很大，且慢慢演变成产量急剧下降，同时管线两端压差增大。此时就应该考虑发生冰堵了。在判断冰堵时，要把压力与产量的变化结合在一起分析，因为发生冰堵时产量的变化通常会伴随压力的变化。

西南石油大学提出了利用管道水击过程中的正压波确定天然气管道冰堵位置的原理和方法。其原理为当管道堵塞时，在管道首端发出一正压波，正压波沿管道向下游传播遇堵塞物后反弹向首端传播，在管道首端可以获得两次正压波信息，通过采集管道首端压力信号，并利用小波变换法提取压力信号突变信息，获得正压波两次通过传感器的时间差，最后结合正压波波速确定管道冰堵位置。具有所需设备少、操作费用低、操作简单等优点，有着广阔应用前景。

正压波实际上是一种水击波，当管道发生堵塞时，堵塞处管道内流体受到挤压压力上升，达到一定程度后，由于堵塞点与堵塞点前的管道内存在一个压差，且堵塞点压力高于堵塞点前的压力，堵塞点流体向管道上游不断扩充，相当于堵塞点处产生了以一定速度传播的正压波（增压波）。由于天然气管道的冰堵是一个缓慢的渐进过程，在冰堵的形成过程中无法产生瞬态的正压波，因此该方法只能用于冰堵形成后的位置判定，当在距离管道首端某处发生冰堵后，在管道首端用压缩机对管道加压，产生一正压波，它将沿管道向下游传播，当到达冰堵点受阻又向上游传播，在某个时刻回到管道首端，通过捕捉正压波两次到达传感器的时间差，根据正压波的传播速度便可以确定管道冰堵位置，其定位公式为：

$$L = a\Delta t/2 \tag{7-2}$$

式中　L——冰堵位置；

　　　a——正压波传播速度；

　　　Δt——正压波二次传播到首端的时间差。

对某天然气管线长10.6km，管径210mm，在4.4km处人为制造了一堵塞点。其试验测量误差为1.1%。

辽宁石油化工大学提出了利用气体发出的声波测量冰堵位置的方法。通过声波测量法的数学推导，建立了利用传感器对冰堵段位置检测的实验装置，天然气流过管道收缩面时会发出噪声。冰堵段发出的噪声是多种噪声的合成。其中最主要的是管道阀门噪声。如果管道中气体流速不大，通道面积减小，流量影响不大，噪声也不大。当通道面积减少到气流接近堵塞后，流量才完全由通道面积决定。上下游压力比逐渐增大，发出强烈的声音。声波测量法是对管道冰堵处发出的声音分析来得到病变的位置。发出的声音信号频率与气流速度、管径、收缩面等效直径有关。病变处发出的信号是随机性的，随机过程各个样本记录都不一样，因此不能用明确的数学关系式来说明，但这些样本都有共同的统计特性，可以用概率统计来说明。通过对自相关函数和互相关函数，以及功率谱密度函数，对随机信号进行分析处理，从而判断冰堵（不完全冰堵）位置。由于只有管道截面足够小时，高速气体流经时才会发出强烈的噪声，所以声测法只可以测量冰堵比较严重的管线。声测法并不适用于各种完全冰堵的情况。

辽宁石油化工大学对输油管道基本全冰堵的情况进行了冰堵位置的有效定位的实验研究，用信号的相关分析方法对压力波（声波）信号进行处理，并提出了具体可行的在线实时监测方案。声波在钢管中传播时，由于受到极小的阻力，其传播速度高达5000m/s以上。当管道发生冰堵时，由于冰会将管道基本堵死，上游持续加压给油，而下游却得不到供油。上游的加压油不时地给冰块冲击，也即给冰块点处的管道以冲击，产生振动，发出声音，形成声波。产生的声波会随着管道向上游或下游快速传播。压力波定位方法是根据由冰堵产生的瞬态压力波传播到上下游的时间差和管内压力波的传播速度计算冰堵点的位置。管道发生冰堵时，当安装在管道（钢管）外壁上的高灵敏度声学传感器接收到该声波后，将声音信号转换成音频信号送至信号放大器，信号经放大、一级滤波处理判别以后，将环境中高频噪声除去，把处理后的音频信号与声波传感器的坐标信号由无线传输设备发出，到达总控制室（主机）。设备有数据信号采集处理系统（信号放大器、低通滤波器、A/D 转换器和单片机等组成），计算机主要是信号处理、相关函数处理和快速傅里叶变换等。

中油管道兰州输气分公司在冬季运行时，天然气场站部分关键设备如调压阀、流量调节阀等由于节流原因易产生冰堵现象，严重影响着输气场站的安全平稳供气。通过涩宁兰输气管道兰州末站在冬季运行时调压阀、流量调节阀等关键设备发生的冰堵现象，总结设备冰堵产生的原因以及处理措施。

2010 年 9 月，涩宁兰复线输气管道投产后，末站在采取加强分离器、汇管、阀门等设备排污密度的措施下，供气一直比较稳定，但是进入冬季运行后，由于管线运行压力波动、外界环境温度降低以及复线刚投产含有水、较多杂质等原因造成了调压阀、流量调节阀出现了严重的冰堵现象。目前，调压设备多采取缠绕恒功率电伴热带或自控温电伴热带的保温措施。恒功率电伴热带需要温控器进行调节温度，温控器出现故障后，易造成电伴热带过热现象，不利于管线的安全运行；国产自控温电伴热带使用寿命较短（约 3~4 年），且易出现故障，虽其无需维护，但电伴热带日常检查显得尤为重要，因此建议安装涡漩加热器利用其自身涡流效应产生的热量解决调压设备的冰堵问题。

中国石油吐哈油田分公司鄯善采油厂针对一起天然气管线冬季冻堵事故，采用向管线内充气的方法，通过计算充气量来快速判断冻堵点的位置最后取得成功。鄯勒站是中国石油吐哈油田分公司鄯善油田一个边远井站，井口伴生气经分离器分离，后经两台往复式压缩机增压后输送到 14km 外的天然气回收装置进行处理。2008 年 12 月，一场气温普降过程中，出现输气管线初始端压力升高，由于压力接近出口安全压力 1.55MPa，操作工手动停运压缩机，天然气通过火炬放空燃烧。为了快速判断埋地管线冻堵位置。技术人员讨论通过充气的方法判断冻堵点。方法是：先将管线内气体泄压平衡至初始入口压力，然后开启压缩机加载计时，压力升高到 1.5MPa 时手动停机，待压力平衡稳定后，计算管内气体填充数量。根据管道气体容积估算冻堵点位置。

中国石油抚顺石化分公司和辽宁石油化工大学对油气输送管线冰堵定位检测技术进行了开发与应用。他们的冰堵定位检测仪就是以应力应变为基本原理，利用电桥加减特性，采用黄金分割对分原理定位，当油气管线某点发生冻堵时，给管线加压，在加压过程中冰堵点前后管内介质压力不同，致使冰堵点前后管道变形程度也不同，通过传感器来捕捉冰堵点前后管道的变形度，从而判断冰堵点的位置。但在局部阶段，管壁变形情况并不十分稳定。所以需要结合现场实际情况进行判断。

从这些确定管线冰堵位置的新技术和新方法中可以看到，大多数采用声波和管线应变特性方法来测定冰堵位置，这些方法需要可靠稳定的传感器作为测定设备，而自行研制的传感器稳定性和精度比较欠缺。而且测量的不确定性比较高，难以在生产中推广使用，难以形成标准化设备。

二、应用分压原理测定冰堵位置

本书首次提出应用分压原理新方法来测定冰堵位置。这种测量原理不同于已有的任何别的方法。分压原理是基于气体的热力学性质，即气体状态方程和气体质量守恒方程提出的，可以准确、快速地测定天然气管线冰堵位置。

(一) 水、水合物和冰

水是一种可以在液态、气态和固态之间转化的物质。水气温度高于 374.2℃ 时，气态水便不能通过加压转化为液态水。在 20℃ 时，水的热导率为 0.006J/(s·cm·K)，冰的热导率为 0.023J/(s·cm·K)，水的密度在 3.98℃ 时最大，为 $1 \times 10^3 kg/m^3$，温度高于 3.98℃ 时，水的密度随温度升高而减小，在 0~3.98℃ 时，水不服从热胀冷缩的规律，密度随温度的升高而增加。水在 0℃ 时，密度为 $0.99987 \times 10^3 kg/m^3$，冰在 0℃ 时，密度为 $0.9167 \times 10^3 kg/m^3$。因此冰可以浮在水面上。

水的各种异常性质让科学家困惑了几十年，人们也提出很多假设来解释它们的特性。其中的一个谜题是，是什么决定水在结冰之前可以被冷到的最低温度。几乎没有人在外界看到冰的形成，要么看到的是冰，要么看到的是水。水在一定温度下，快速形成冰晶，再扩展成冰，现在还没有人了解冰晶形成的速度。对天然气管线中的冰堵机理同样研究还很少，还不清楚冰堵形成的各种条件。管线内水的过冷是冰堵的一个必要条件，但是过冷度究竟是多少还没有比较清楚的认识。

对于任何组成的天然气，在给定压力的条件下，就存在有一定的形成水合物的温度，低于这个温度就会形成水合物，而高于这个温度就不形成水合物或形成的水合物发生分解。当压力升高时，形成水合物的温度也随之升高。若天然气中没有自由水，则不会形成水合物。另外，形成水合物还有一些次要的条件，如气体流速高，任何形式的搅拌及晶种的存在等。这些次要条件大多经常存在于工艺管道的气流中。由此可知形成天然气水合物有一个临界温度，也就是水合物存在的最高温度，当环境温度高于临界温度，再高的压力也不能使天然气形成水合物。

目前，有 4 条途径可阻止天然气水合物形成：

(1) 脱除天然气中的水分，降低水露点，使水蒸气不致冷凝为自由水。
(2) 压力降低至一定温度下水合物的生成压力以下。
(3) 提高天然气的温度。
(4) 向气流中加入抑制剂，降低水合物的形成温度。

天然气长距离输送前必须有效地脱除其中水分。也就是在输送的最高压力和最低温度下，天然气中的水分尚处于不饱和状态。相对湿度为 60%~70%，或者是在输送压力下天然气的露点比最低输送温度低 5~10℃。在天然气实际生产中，防止冰堵的方法通常是脱除天然气中的液态水，降低运行压力，提高天然气的温度及采取添加抑制剂的方法。

然而，对于已经开始生产天然气的气井管线来说，这几个办法都不易实现，现有的运行条件都不允许这样做。从已有运行经验可以知道，冰堵点一般出现在管线低洼处，管内积聚的水比较多，或是弯头角度比较大的地方，并且埋设深度较浅，在冻土层以内。在集输站内可以通过管道输气量的非正常变化，有明显的压降，伴有压力波动来判断是否有水合物的形成。在冰堵开始形成时，从压力降梯度的变化和波动上进行分析。可以做初步判断，通过比对历史压力数据，会出现压力梯度陡增；从管道外壁上可以测量到温度低于上下游管道外壁温度，一般在 5℃ 以下。管道埋设周围的土含有一定的水分并且已有冻结现象。

在大多数情况下，积液量的增加会在管线低洼处形成段塞，增加压力降和压力波动，如

图 7-1 所示。

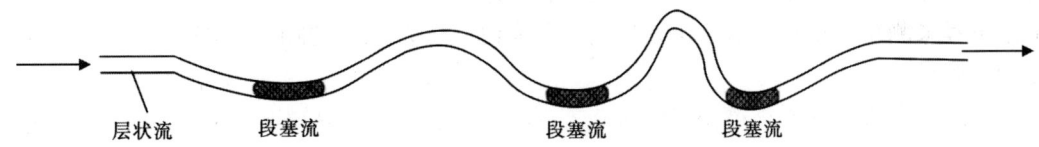

图 7-1　冰堵易发生区段

（二）分压原理

分压原理测定冰堵位置，也就是应用气体状态方程和质量守恒方程；在一个闭合系统中，热力过程的每一平衡态气体均需满足状态方程式，它的质量总是守恒的。

系统和外界有能量交换时，其状态从一个状态变化到另一个状态时。这个系统就经历了一个热力学过程。在这种过程中系统所经历的任一中间状态都无限接近平衡态，可以认为是平衡态。当然这是一种理想状态，因为状态变化必然会破坏系统的平衡，原来的平衡被破坏以后，需要经过一段时间才能达到新的平衡态。但是实际发生的过程，往往比较快，以至于在还没有达到新的平衡态以前又继续下一步的变化，因而过程中系统经历的是一系列非平衡态，这也称为非静态过程。如果系统进行得足够缓慢，使得过程中的每一步，系统都非常接近平衡态，这种过程可以近似地看作准平衡态过程。实际上，准平衡态过程是足够缓慢的理想极限。在实际工程问题中，大多数情况下都是准静态过程。对于理想气体的一些典型准静态过程，可以利用热力学第一定律和它的状态方程，计算过程中的功、热量和内能的改变量以及它们的转换关系。

在平衡态下，系统的宏观性质才可以用一组确定的参量来描述。一定质量气体的平衡态可以用其状态参量压力 p、体积 V、温度 T 的一组值来表示。一组参量值表示气体的某一平衡态，而另一组参量值表示气体的另一平衡态。如果系统的宏观性质随时间而变化，它所处的状态称为非平衡态。在非平衡态下，系统各部分的性质一般来说可能各不相同，而且在不断变化着。对于进行的分压试验，是一个平衡态过程。

实验表明，描写一定质量气体平衡态的三个参量中，当任一参量值发生变化时，其他两个，或是一个也将随之变化。也就是说，三个参量，p、V、T 之间必然存在一定的关系，其中一个参量是其余参量的函数。这个函数与气体的性质有关，需要通过实验来确定。各种实际气体近似低遵守玻意尔定律、查理定律、盖钙—吕萨克定律以及阿伏伽德罗定律。根据这些定律可以导出 1mol 气体的状态方程，就是一定质量气体处于平衡态时的压力温度体积之间的关系是：

$$pV = nRT \tag{7-3}$$

其中，$R = 8.31 \text{J}/(\text{mol} \cdot \text{K})$，是摩尔气体常数。

状态方程是根据实验定律导出的，而这些实验定律都是在一定的实验条件下得到的。它们反映的都是实际气体的近似性质。在压强不高，温度不太低（和常温比较），近似度就越高。在压强趋于零的极限条件下，各种实际气体才严格遵守。这表明一切实际气体在 p、V、T 之间的关系变化上具有共性。各种气体的不同个性，则反映了它们在遵守状态方程时的近似程度的一种内在规律性。通常，在把任何条件下都严格遵守克拉柏龙方程的气体称为理想气体。显然，理想气体是不存在的，只是实际气体是近似和理想化模型。实际气体在一般温度和压力下，在工程应用问题中都可以近似看作理想气体而去应用气体状态方程。在应用气体状态方程来测量冰堵位置这一工程应用问题来说，压力小于10MPa，这种近似是完全可以满足测量要求。

在管线内的天然气同样遵循气体状态方程。从状态方程可以知道，在一个密闭的体积一定的系统中，当压力增加，气体的温度就增高。当压力降低，气体的温度就降低。当这个密闭系统体积增大（另有容器和它相通），压力就降低。天然气在一个密闭系统中，它的压力、温度和体积就遵循气体状态方程的关系。

从气体的质量守恒来看，在被冰堵塞的一段管子里（这也是一个密闭系统）的天然气具有一定质量，当用一个空的容器分装一部分天然气时，那么总的天然气质量是不变的，它的质量是守恒的。

从分压原理示意图来说明怎样应用状态方程去测量冰堵位置（图7-2至图7-4）。

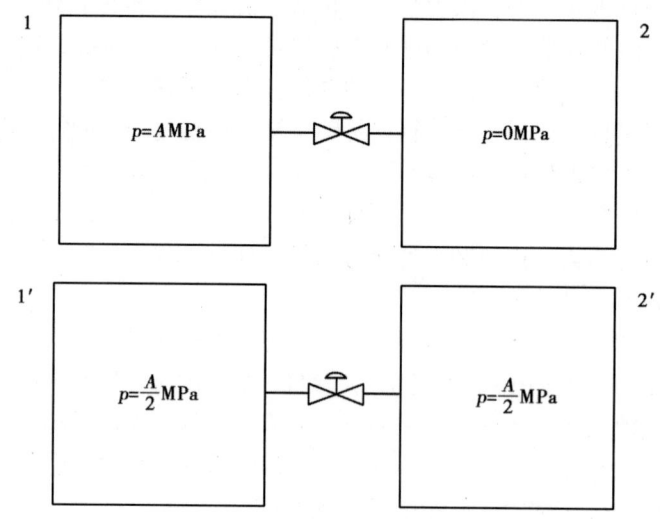

图7-2　等容积分压原理示意图

容器1内的气体压力为AMPa，另一个同样大小的容器2内压力为零，如图7-2所示。打开阀门使二个容器连通，这时容器1内的气体就流向容器2，一段时间后，二个容器内的压力就处于平衡状态。这样，二个容器内压力相同，都是$\frac{A}{2}$MPa。那么可以知道压力和气体体积是反比关系。同样质量的气体体积越大，压力就越小。也就可以知道当把一个容器内气体排放到另外一个已知容积的容器内，测量压力变化了多少，就可以反过来知道原先的容器的体积是多少。比如，如图7-3所示，容器1的体积为$V = B\text{m}^3$，压力为AMPa；容器2的体积只有容器1体积的1/10，压力为0。那么，两个容器连通后，平衡压力就是$\frac{10A}{11}$MPa。当容器1只是容器2的1/10大小，如图7-4所示，那么两个容器连通后的平衡压力就是$\frac{A}{11}$MPa。这些图很好地说明了分压原理，也就是应用了气体状态方程（7-3），在温度不变状

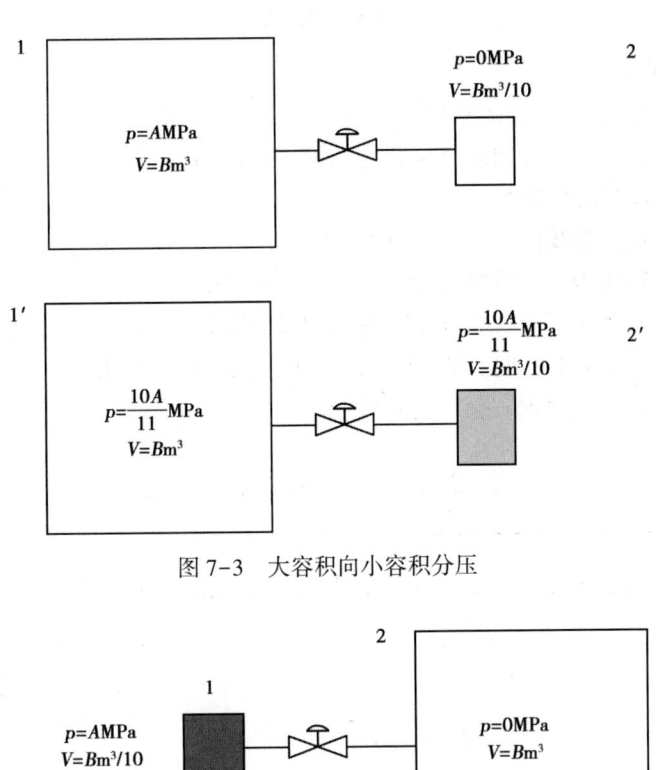

图 7-3 大容积向小容积分压

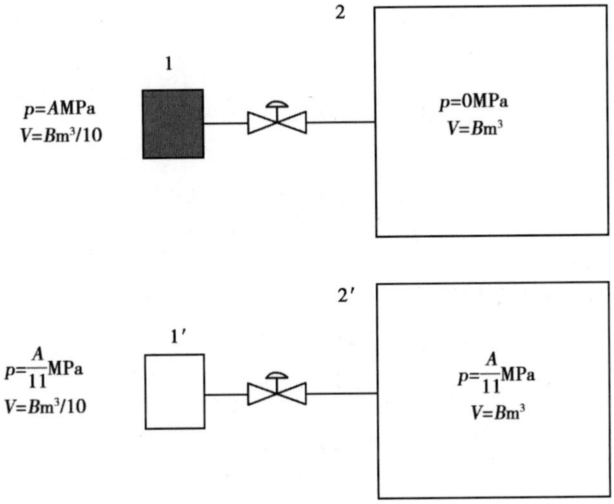

图 7-4 小容积向大容积分压

态下,仅仅是容积和压力的变化,那么式(7-3)为 $p_1V_1=p_2V_2$。这样可以直接了解到应用气体状态方程测量冰堵位置的工作原理。当气体状态方程应用在天然气管线冰堵位置测量这个问题时,由于压力和体积关系简单,测量方便、准确,它具有足够高的测量精度。

当一定质量的天然气的体积改变了,其相应的温度和压力也随之改变,通过这种改变量,就可以知道天然气原有体积。分压原理就是通过改变天然气被冰堵管线内的压力和温度,来求得冰堵管线体积,也就是长度。必须记住,不管怎样分压,天然气的质量是守恒的。

应用分压原理测量冰堵设备主要是一个压力容器和压力传感器,压力容器用来分压天然气管线内的压力,压力传感器用来测量压力变化值,根据状态方程就可以计算出冰堵位置。

具体来说,一根天然气管线被冰堵住了,需要知道管线内从井口到冰堵位置处的容积,也就是要求出这段管线的容积:

$$V = \pi/4 D^2 L \tag{7-4}$$

式中 D——管线直径;
L——从井口到冰堵位置的长度。

管线容积知道了,从井口到冰堵位置的长度就可以知道。

先测定天然气管线的初始状态:

管线内压力的 p_0,管线内的天然气温度 T_0,分压罐内初始压力 p',分压罐内初始温度温度 T',分压罐的容积 Q,管线管径 D 是预先测量好的。

当把管线和分压罐(压力为常压 p',常温 T')用阀门联通后,管线内的天然气流向分压罐,当二者达到热力学平衡时,管线内压力和分压罐内压力相等,为 p_1,管线内和分压罐内天然气温度为 T_1,则根据气体状态方程有:

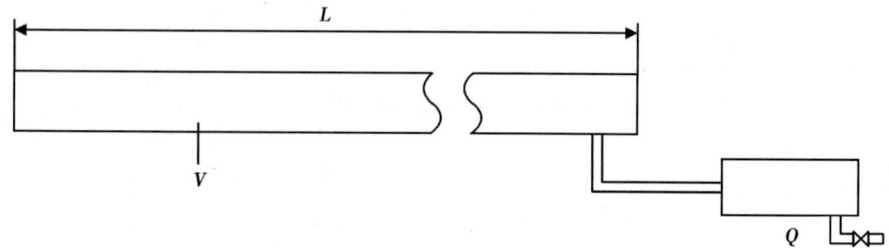

图 7-5 分压原理测定示意图

$$\frac{p_0 V}{T_0} + \frac{Q p'}{T'} = \frac{p_1(V+Q)}{T_1} \tag{7-5}$$

从状态方程可以求得冰堵段管线容积 V:

$$V = \frac{\dfrac{p_1}{T_1} - \dfrac{p'}{T'}}{\dfrac{p_0}{T_0} - \dfrac{p_1}{T_1}} \times Q \tag{7-6}$$

根据式(7-6),就可以算出管线的总体积。知道了总体积,也就是知道了管线长度。这种方法测量精确度取决于压力和温度传感器的精度。

在应用分压原理测量冰堵位置时,只是测量了压力和温度,所以这种测量方法的误差主要是压力和温度测量误差造成,由误差分析可知,测量的均方根(相对)误差为:

$$d = \frac{\sigma_V}{V} = \sqrt{\sigma_{p_1}^2 + \sigma_{p'}^2 + \sigma_{p_0}^2 + \sigma_{T_1}^2 + \sigma_{T'}^2 + \sigma_{T_0}^2} \tag{7-7}$$

式中,σ_{p_1}、σ_{p_0}、$\sigma_{p'}$、σ_{T_1}、σ_{T_0}、$\sigma_{T'}$ 分别表示分压罐内初始压力 p_1、管线内压力 p_0、管线和分压罐达到热力学平衡时压力 p'、分压罐内初始温度温度 T_1、管线内的天然气温度 T_0、管线和分压罐达到热力学平衡时天然气温度 T' 的均方根误差。

这个测量的时间很短,一次测量只有几分钟,因此,不考虑由温度变化产生的测量误差,测量误差由三个压力测量产生。所以,由压力传感器的精度产生的管线长度测量相对误差为：

$$d=\sqrt{0.04^2+0.04^2+0.04^2}\%=0.07\% \tag{7-8}$$

由压力测量产生的冰堵长度误差是传感器相对误差和所测长度的乘积：

$$\Delta L=d \cdot L \tag{7-9}$$

式中　L——冰堵管线长度；

　　　ΔL——冰堵长度误差。

用式（7-9）计算测量 10km 长管线的误差为 7m。可以看到，测量误差取决于所采用的传感器精度，所以，应当选择高精度的压力传感器可以减少测量误差。在管线和分压罐压力平衡需要一些时间，如果管线和分压罐没有达到压力平衡，这时测量会影响测量精度。在实际测量中，由于管线内存有水，压力平衡过程中会带出一点水，这会影响测量精度。所以实际测量误差要高于这个误差。

三、分压设备

分压原理测量方法的设备有分压罐、压力表、高精度压力传感器、手提电脑、高压连接管、连接头、阀门和橇装座。

（一）分压罐

根据分压原理，如果分压罐容积越接近冰堵管线内的容积，那么测量精度就越高。可是，分压罐越大，制造成本越高，运输、操作都不方便。分压罐太小，分压压力差太小，测量的相对误差会很大，需要对分压罐进行优化设计。在满足一定测量精度要求下，分压罐体积越小越好。小体积的分压罐便于运输和操作。尤其是苏里格气田地处毛乌素沙漠，通往井口的路高低不平，浮沙很多，重量太重的分压罐难以到达井口。根据了解，苏里格气田天然气井管线绝大多数管线在 10km 以内，井口支线长度大多数在 5km 以下。因此，按最长测量长度为 10km，多数管线为 5km 以下来考虑。

一根内径为 50mm，长度为 10km 的管线容积是 19.6m³，相应的分压罐体积为其的 10%~20%，当管线初始压力为 1000kPa，分压后，压力降低 10%~20%，达到 800~900kPa，压差为 100~200kPa，压力传感器分辨率为 0.1kPa，由压力传感器测量直接造成的误差只有 0.1%，能够满足对测量精度的设计要求。为了满足长短管线的不同要求，还要兼顾测量精度，设计两个分压罐，这两个分压罐的总容积应该不低于管线最长长度容积的 20%。为此，设计每个分压罐容积为 2.2m³，总容积为 4.4m³。考虑天然气管线的压力要求，分压罐按气田要求设计，最高压力为 6.4MPa。

对用于试验的分压罐设计参数为：

直径：1300mm。

长度：1250mm。

壁厚：26mm　容积 2.2m³。

最高工作压力：6.4MPa。

当管线较短时，只要用一个就可以满足测量精度要求，当管线长度较长，使用两个分压罐。分压罐之间有阀门连接，分开和连接都非常方便。

为满足压力容器设计和生产要求，分压罐委托长庆油田公司设计院设计，由西安航天德林机械有限公司制造。制造后用称重法进行容积标定。即把自来水灌满容器后，放水称重。最终得到的容积是 2.2745m³。分压罐安装在橇架上，便于运输和操作。

在冬季，苏里格地区最低温度在 20℃ 以下，分压罐制作温度在 20℃。所有材料都会随温度变化而收缩膨胀。按温度高低变化 50℃ 来计算分压罐的体积变化有多大。

分压罐制作材料是 16Mn 钢，其热膨胀系数是 $1.2×10^{-5}/℃$。

由长度方面引起的变化为，ΔL = 1.25m × 0.000012m/℃ × 50℃ = 0.00075m。

直径方面的引起的变化为，Δd = 1.3m × 0.000012m/℃ × 50℃ = 0.00078m。

由此，产生的体积变化量是：

$$V' = \pi/4 × (d+\Delta d) × (d+\Delta d) × (L+\Delta L)$$
$$= \pi/4 × (1.3+0.00078) × (1.3+0.00078) × (1.25+0.00075)$$
$$= 1.6613 m^3 \tag{7-10}$$

原体积为： $V = \pi ÷ 4 × d × d × L = 1.6583 m^3$ (7-11)

二者的体积变化为：

$$\Delta V = (V'-V)/V = (1.6613 - 1.6583) ÷ 1.6583 ≈ 0.0018 \tag{7-12}$$

由 50℃ 温度变化带来的分压罐体积变化量等于一段直径为 68mm、长度为 0.5m 的管子体积，影响非常小，在实际测量中可以不考虑这个变化带来的影响。

这个由环境和天然气温度变化引起的测量误差远小于所要求的误差。不需要去修正由于温度变化引起的分压罐体积的变化。一般来说，对于超长，超大体积物体，以及温度变化达到几百摄氏度才需要考虑温度影响。图 7-6 是试验用分压罐。

图 7-6 分压罐

（二）高精度压力传感器

作为分压原理方法的最主要测量设备，压力传感器采用 3051 罗斯蒙特压力传感器，其测量精度为 0.04%。在设计中，需要考虑的是怎样可以满足对测量误差的要求（图 7-7）。

为了减少测量的系统误差，采用同一个压力传感器测量管线压力，分压罐初始压力和平

第七章 天然气管线冰堵预测与冰堵位置测定

(a)

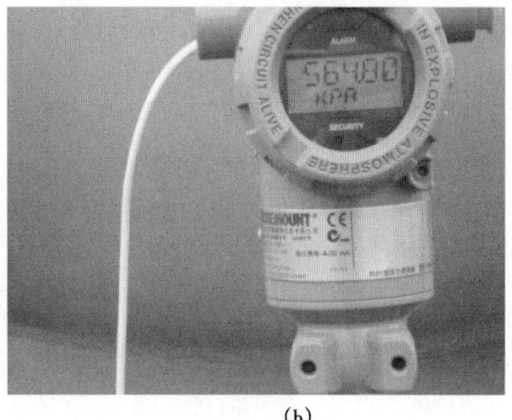
(b)

图 7-7 高精度压力传感器

衡压力，这样可以减少系统误差，提高测量精度。压力传感器耗电极少，只有 0.1W。为了方便测量，我们采用 18V 干电池供电，电源体积小，连接和使用都非常方便。

（三）软件计算设备

笔记本电脑用来连接压力传感器，接收压力信号，同时可以同步计算冰堵位置。用 VB 编写了冰堵位置测定计算程序，当输入压力测量值后，可以立即计算出冰堵位置。在试验中发现，压力值可以直接读数，再在计算机上运算，这样更为方便，整个运算时间只要几分钟。冰堵位置测定操作程序桌面如图 7-8 所示。

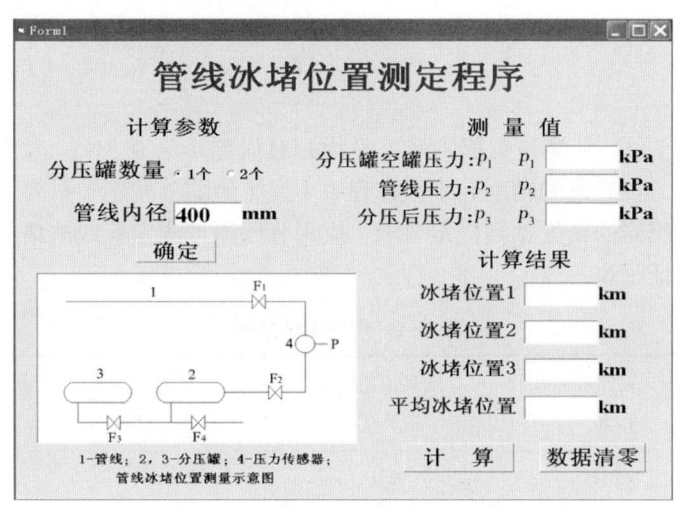

图 7-8 冰堵位置测定操作程序桌面

四、室内试验

在运用分压原理测定管线冰堵位置前，先在实验室进行试验，研究这种方法的准确性和可靠性，研究在实际测试中的操作程序。设计的试验方案是用一根管子作为天然气管线，用另一根管子作为分压罐,两根管子体积不等。尽管两根管子容积比较小,但作为原理性试验已经足够。实验室试验采用低压力,这样更能了解分压方法的灵敏度和精确度如何。

取内径 40mm,长度为 9.95m 作为管线,取内径 40mm,长度为 5.7m 的管子作为分压罐。分压罐与管线间用长度为 1.79m、内径为 25mm 的软管密封连接,连接处装有阀门。由此可分别计算出管线与分压罐的体积:

管线体积为 $V=0.01250\mathrm{m}^3$。

分压罐与连接管总体积为 $V=0.00716+0.000878=0.00704\mathrm{m}^3$

试验时首先向管线中注入气体加压并关闭出口阀门,一段时间后,关闭进口阀门,稳定 3min,记录管线内压力值;然后打开分压罐上的排气阀门,使其内部压力为大气压,然后关闭排气阀门,并打开连接管阀门,静置稳定 3min 后,记录分压平均压力。

记录的数据有:分压前管线压力 p_1,分压前管线内气体温度 T_1,分压前分压罐内压力 p_0,分压前分压罐气体温度 T_0,分压后的平衡压力 p_2,分压后的平衡气体温度 T_2。管线体积为 V_1' 和体积为 V_0 试验前已经测量。

试验时,气体温度为室温约 20℃,由于分压前后没有做功过程,试验前后环境温度没有变化,所记录的温度没有差别,所以忽略气体温度变化,即 $T_0=T_1=T_2=T$。

分压前,分压罐内压力为大气压,所以 $p_0=100\mathrm{kPa}$。

根据理想气体状态方程:

$$\frac{p_1 V_1'}{T_1} + \frac{p_0 V_0}{T_0} = \frac{p_2(V_1' + V_0)}{T_2} \tag{7-13}$$

可得出管线体积计算公式:

$$V_1' = \frac{p_2 - p_0}{p_1 - p_2} V_0 \tag{7-14}$$

实验数据见表 7-1。从测量数据来看,平均相对误差小于 0.3%,达到预定要求。影响测量精度主要是压力传感器的精度和平衡过程中不发生泄漏等问题。只要做到压力平衡过程没有泄漏,压力传感器的精度达到额定要求,应用分压原理测定管线冰堵位置精确度是很高的,实验室数据验证了这一点。

表 7-1 现场测试数据

井号	分压罐原始压力 p_0 (kPa)	管线原始压力 p_1 (kPa)	平衡压力 p_2 (kPa)	冰堵位置 (m)
SD32-50	251	2315	1934	4000
	29	1942	1593	4058
	平均			4029
SD30-63	0.5	1257	1055	1271
				已经解堵

续表

井号	分压罐原始压力 p_0（kPa）	管线原始压力 p_1（kPa）	平衡压力 p_2（kPa）	冰堵位置（m）
SD31-62	0	2286	2108	2268
	0	2158	2003	2143
	0	2040	1890	2069
	平均	冰堵位置在干线上，需要加920m支线长度		2160
SDZ-80	2.1	950.5	922.4	8151
	2.1	922.4	895.1	8141
	平均			8146
	实际长度			8184
	相对误差			0.5%
SD16-92	2.0	711.7	645.1	2457
	2.1	645.1	584.2	2432
	平均			2445
	实际长度			2400
	相对误差			1.5%
SD25-11-5	2.0	670.3	327.1	1194
	2.1	327.1	160.2	1188
	平均			1191
	实际长度			1170
	相对误差			1.7%

五、现场试验

现场试验在苏里格气田采气五厂第2作业区和第3作业区进行。试验分两部分，验证试验和实测试验。验证试验是对已知长度的管线进行测量，验证分压方法是不是适合现场操作。实测试验是对冰堵管线实际测量，来确定冰堵的位置。计划验证试验和实测试验各测量5口气井，由于有的道路难以通行，车辆无法到达，实际各测量了3口井。从试验结果来看，试验取得了成功，应用分压方法测定冰堵位置具有准确、快速、简单方便等优点。

实际测量管线：

（1）作业三区 SD-14 站召 80 井单井管线。

管径 68mm、长 1380m—连接管径 150mm、长 8184m；实际测量值为 8146m，误差 38m。

（2）作业三区 SD-15 站 SD16-29 井单井管线。

管径 50mm、长 270m—连接管径 150mm、长 2400m，实际测量值为 2445m，误差 45m。

（3）作业二区 SD25-11-5 井：管径 68mm、长 1170m；实际测量值为 1191m，误差 21m。

可以看到，验证试验表明分压方法具有较高的测量精度。

在现场试验中，直接以冰堵后管线内的实际压力作为测量压力。为了安全，测量时对管线内原始压力高于 2.5MPa 的，进行泄压，确保压力以在 2.5MPa 以下。苏东 32-50 井是第一口试验井，当时管线内压力比较高，先排放一部分天然气，使压力低于 2.5MPa。由于压力比较高，管线和分压罐的压力平衡需要 45min（连接头连接孔径只有 8mm），分压罐排放需要 15min，做一次测量时间就超过一小时。在多次试验后发现，压力高低和测量准确度无关，而操作压力降低，可以使达到平衡状态时间缩短，排放时间也可以缩短。这样，对一口井的整个测量时间也大为缩短。从安全和快速测量考虑，管线初始压力在 0.5~1.0MPa 比较合适。在这个压力范围内操作，相对安全，管线和分压罐之间的压力平衡以及分压罐的放空时间都大为缩短，加快了测量。

试验效果分析：

验证试验和实测试验的测量结果见表 7-1，可以看到测量结果良好，测量误差在预定的范围内，表明这种测量方法具有很高的准确度和可靠性。一口井测量二次，都是按管线内原始压力进行测量，不需要额外补充天然气，连续测量，连续排放，二次的数值和误差基本一样，表明测量可靠，重复性好。验证试验平均误差为 1.2%，达到预定要求，满足实际测量所需要的精度。

从现场试验中可以看到，压力传感器很灵敏，微小的压力变化都可以表示出来。稳定性好、灵敏度高、重复性好是对压力传感器的要求。分压测量方法的精度主要由压力传感器决定。从数据分析可以知道，压力平衡需要时间，管线压力高，分压后的平衡需要时间就长。三个验证测量中，管线内压力比较低，都在 1MPa 以下，这样压力平衡时间就可以大幅度缩短。

在测定过程中，管线压力在 0.5~1.0MPa 比较合适，操作安全，可以减少测量时间，降低放空时间。如果管线内压力过高，可以预先排放到 1.0MPa 以下。

现场测量误差高于实验室测量误差，其主要原因是，管线内滞留的水会影响管线容积计算，从而影响测定精度。另外管线内天然气进入到分压罐时，会同时带出一些游离水，这就会影响分压罐的容积，从而影响到测量精度。减少这种误差的办法是每次测量完后，就排出游离水，压力平衡过程适当减缓，流速减小，都可以减少游离水对测量精度影响。

分压原理方法不仅可以测量天然气管线冰堵位置，还可以测量海洋管线水合物堵塞的位置，和其他任何被堵塞的管线，如果管线内没有压力，在测量前需要往管线内加注有压力的气体。

从试验数据看，依据气体状态方程的分压原理测定冰堵位置方法是可行的，有比较高的测量精度和可靠性。主要的工作是需要按照天然气管线实际情况设计和制造测定设备，过高的精度要求意义不大。对埋在地下的天然气管线来说，难以精确测量管线长度，而且管线长度和地表距离不一致。在实际中，管线内滞留的水也会影响管线体积计算，所以，实际误差要比这个大。另外，管线长度和走向有关，测定到的长度不等于地面长度。因此，真正要确定冰堵位置还需要依据测定值，结合地势，管线走向等来考虑。实际测量不需要很高的精度。分压法测量需要和地势走势等结合起来判断。基于这样的考虑，测量精度可以降低，分压罐可以尽可能小。据从作业区了解，大多数气井的管线长度为 2000m 以下，管径从 76mm 到 159mm 不等。当管径为 159mm，管线长度 2000m，其容积为 39m^3，那么分压罐体积只需要 1~2m^3 就够了。阀门减少到三个，压力传感器一个，整套设备非常简单，测量时间也可以减少到不到一小时。如果适当降低测量精度，使得 2000m 的测量误差为 1%，也就是 20m 偏差，那么分压罐可以更加小型化，最小为 1m^3。整个设备可以全部安装在皮卡车上，一个人就可以操作。

通过理论研究、实验室模拟测量和气田实际测量试验，取得了一些重要的成果：

(1) 在国内外首次提出应用分压原理方法来测定天然气管线的冰堵位置。

(2) 在提出分压原理测量天然气冰堵位置方法基础上，开发出测量装备和技术，根据现场的测量结果，表明这种测定方法和技术是可行的，具有测量精度高、可靠、重复好、快捷、安全和方便等优点。

(3) 经现场试验数据表明，测量管线冰堵的设备可以进一步小型化，对苏里格气田，分压罐容积在 $1\sim2m^3$ 比较合适。操作人员一人，测量时间 1h，就可以完成测定一口井。

(4) 分压原理方法还可以用来测量海洋管线水合物堵塞的位置，和其他任何被堵塞的管线，如果管线内没有压力，在测量前需要往管线内加注气体。

第三节 天然气管线冰堵形成预测和预警系统

目前国内外尚未展开有关天然气管线冰堵形成预测和预警方面的技术开发和研究。有不少论文涉及管线冰堵后位置的确定。可是没有见到对冰堵形成预测研究的文献和报道。在冰堵形成之前就预测，发出预警，再及时采取措施，防止冰堵的发生。因此，如何准确有效、快速预测管线冻堵形成，对天然气稳定生产具有特别重要的意义。

研究管线内冰堵形成的条件，可以在冰堵形成前几天或几个小时就发出冰堵预警，这样可以尽早采取预防措施，防止冰堵的形成。这对于冬季保证天然气生产的安全有着很重要的意义。通过建立冰堵形成预测数学物理模型，建立管线动态参数测量系统和管线流动参数的测量分析，实时监测和自动分析管线内冰堵形成统计，实现管线冰堵的自动预警，提高气井冬季生产安全性。

天然气管线冰堵形成预测新技术研究是根据流体力学和热力学原理建立了冰堵形成预测的数学物理模型，对苏东 7 站和 5 站两个集气站的 150 多口井建立了冰堵形成预警系统，建立了实时天然气管线流动参数测量平台；开发出管线冰堵报预测预警系统。

苏东 7 站、5 站气井的冰堵报警系统运行情况表明，冰堵报警系统对有效防止管线冰堵起到了良好效果，避免了众多气井冰堵的发生。和去年冰堵情况相比，大大减少了冰堵气井数量。

一、概述

研究管线内冰堵形成的条件和产生时间，在冰堵形成前几天或几个小时就发出冰堵预警，这样可以尽早采取预防措施，防止冰堵的形成。这对于冬季保证天然气生产的安全有着很重要的意义。

目前国内尚未展开有关天然气管线冰堵形成预测和预警方面的技术开发和研究。有不少论文涉及管线冰堵后位置的确定。这是冰堵发生以后，怎样去寻找冰堵位置以及怎样去解开冰堵的问题研究。而我们的工作是走在前面，在冰堵形成之前就预测，发出预警，再及时采取措施，防止冰堵的发生。因此，如何准确有效、快速预测管线冻堵形成，对天然气稳定生产具有特别重要的意义。

在建立管线实时动态分析基础上，建立管线动态参数测量系统，对管线压力梯度变化、压力波动变化和天然气动量变化分析，实现冰堵形成的预警。

为了分析天然气管线内压力梯度变化、压力波动变化和温度变化，需要建立管线实时测量系统。测量系统基于目前已有的气田数字化平台。系统实时测量这些动态参数：天然气流量、管线进口压力、管线进口温度、管线地层温度、管线出口压力、管线出口温度。

二、冰堵形成预测原理

开展研究时，对管线冰堵形成预测问题进行了很多的机理研究，从基本原理出发去考虑分析冰堵形成现象和条件。

（一）流体力学原理

冰堵形成和发生的必要条件是当管线内有较多的水滞留，在管线内温度低到零度以下，就会开始形成和发生冰堵。和管线正常运行相比，当管线内滞留水增多时，可以从管线的压力梯度增加知道。现在，苏里格气田已经实现了数字化生产，这就极大便利了对每一根天然气管线压力梯度的在线监测能力。和正常管线相比，滞留水会产生额外的压力梯度，根据压力梯度的变化规律，就可以基本知道管线内滞留水的多少。另外，水结冰有一个过程，结冰就会把管线内段塞流的性质改变，使流动阻力大大增加，这点可以从管线在线压力变化非常清楚地表露出来。与此同时，天然气出口温度也会降低。因此，可以在管线实时动态分析基础上，对管线压力梯度变化，压力波动变化和温度变化分析，实现冰堵形成的预测。预测管线内游离水和凝结水的变化情况、开始结冰和形成冰堵的过程。也就是说可以提早几天、提早几小时对冰堵发出预警。这个方法有着可靠的科学依据和以往对多相流研究的经验和数据支撑，是可以实现的。

流动阻力是天气热在管线内流动的一个最重要的特征。管线内游离水的增加和减少，管线内水的凝结和蒸发，都会反映在流动阻力上。

比较正常运行工况下压力梯度和冬季冰堵形成前的压力梯度变化，是可以知道压力梯度会有一个陡增，反过来，从压力梯度的陡增表明结冰过程正在进行之中。

1. 管线内天然气的压力波动

当天然气管线中存在着水，一定量的水就会形成段塞流，段塞流的一个特性就是压力波动，而当冰堵开始形成时，这种压力波动更为剧烈，而且伴随着压力梯度的陡增。受地层低温影响，管壁处温度最低，流速最低，最容易开始结冰，只要开始结冰，管子截面积就开始变小，这种压力波动和压力梯度陡增现象马上就会产生。压力波动方程和上面阻力方程式相同的。管线进出口的水平高度差主要引起管道内液体重位压力降，在计算模型中需要考虑。

2. 管线内天然气温度变化

水的冻结（或冰融解）潜热是 $L_f = 79.72 cal/g$，也就是说，结冰过程中，水要被放出那些热量。当冰堵开始形成时，天然气和水都会和地层进行热交换，热传给地层，天然气和水的温度降低，因此，在管线出口处，可以测量到天然气温度的降低，以及这种温度梯度的变化，计算这个传热量，和每天温度变化值大小的比较，可以知道冰堵形成的条件。

3. 管线内天然气热力学特性变化

从能量守恒定律出发，研究冰和水的焓与熵变化（参见前面理论研究），研究冰形成机理。通过了解天然气管线在天然气和水在管线流动中冰的形成的热力学特性，描绘出整个的相变机理和性质。

三、预警系统软件开发

冬季,当管线由于周围土壤温度降低,土壤与管壁以及管壁与天然气之间的传热量增加,引起天然气温度降低,管线内凝结水增加。当管线壁面温度降到零度以下,会导致部分凝结水管壁处结冰,局部冰的形成使得管线阻力增加,流量减小,天然气动量降低。同样会引起压力梯度的变化,通过分析阻力系数,压力梯度和天然气动量变化特性,和夏天的管线内流动特性的历史数据相比,就可以知道管线内冰开始形成。

这三个参数很好地反映出冰堵开始形成所产生的流动特性的变化规律,按照这些变化可以预测冰堵形成的开始。

为了分析天然气管线内压力梯度变化 ($\Delta p/l$),阻力系数变化 (λ) 和天然气动量变化 (ρu),需要建立管线实时测量系统。测量系统基于目前已有的苏里格气田数字化平台。冰堵形成测量和预警系统是在这个平台基础上开发建立,系统实时测量这些动态参数:天然气流量、管线进口压力、管线进口温度、管线地层温度、管线出口压力和管线出口温度。测量可以远程控制。监测和预警系统安装在作业区,远程控制安装在厂部,这样方便作业单位和领导部门24小时监测。软件开发工作量大,需要修改采气站内的软件,使采气站内的软件和冰堵监控软件保持实时通信。

软件需要对每口气井建立压力梯度、阻力系数和动量计算模型,建立历史数据库。该工作从2012年7月开始,从8月开始进行动态测试。

在苏东7站和5站建立了预警系统,这个软件对每口井的运行工况建立历史数据库、自动在线测量、采集、计算并分析每个数据。对两个集输站一共140多口气井实施了冰堵预警。冰堵预警软件,从2012年11月开始冰堵预警运行。

根据前几个月得到的数据库,确定了每根管线阻力系数 λ^*,压力梯度 $(\Delta p/l)^*$,和动量 ρu^* 的基准数据,也就是从9月到11月采集的历史数据。根据每口井的生产情况和每根管线的运行情况确定不同的判据。预警系统24小时监测管线运行状态,可能发生冰堵管线提前发出预警。

实时计算的参数值和历史数据比值超过一个临界值 (C_1,C_2,C_3),就认为冰堵形成的条件出现或是冰堵开始形成,当这三个判据里有两个同时超出临界值,那就说明管线内的流动情况发生了变化,需要预警。这时,集气站人员需要到井口采取一些措施,消除冰堵形成条件,从而防止冰堵发生。

冰堵预警的条件如下,C_1,C_2,C_3 临界值需要通过现场试验确定,C_1,C_2,一般在 1.5~2.0。C_3 在 0.3~0.7。

$$(\Delta p/l)/(\Delta p/l)^* > C_1 \tag{7-15}$$

$$\lambda/\lambda^* > C_2 \tag{7-16}$$

$$\rho u/\rho u^* < C_3 \tag{7-17}$$

如果管线内的压力梯度、阻力系数和动量值的变化有两个以上超过预先设定的临界值,系统就发出预警。预警一般会提早1~3d,也会在冰堵几个小时前发出。因此需要及时注意和了解发出的预警。及时采取解堵措施,防止冰堵的发生。

从数字平台获取管线的动态参数,经过分析判断,在作业区和信息中心办公室同时显示预警结果。图 7-9 至图 7-12 为管线冰堵报警预警系统桌面。图 7-13 至图 7-16 为管线阻力、压力和动量变化曲线。冰堵报警历史数据。有关软件开发的具体工作有：数据库二次开发、界面制作、冰堵报警历史曲线、单井参数参数表和历史数据表等。

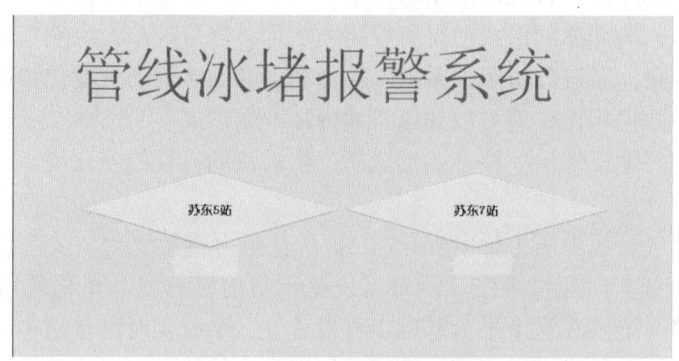

图 7-9　管线冰堵预警系统桌面

图 7-10　苏东 5 站管线冰堵预警系统桌面

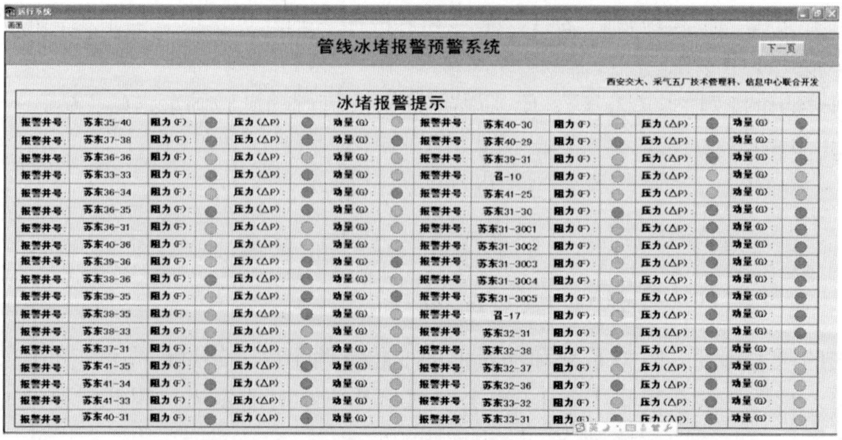

图 7-11　苏东 7 站管线冰堵预警系统桌面

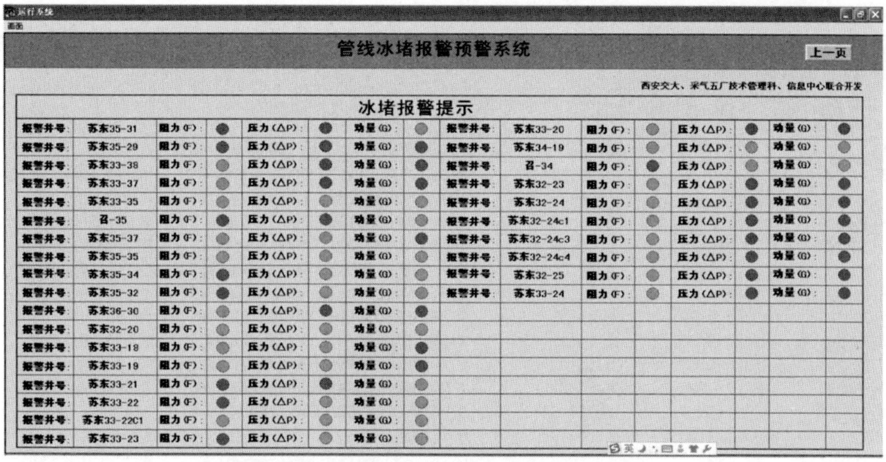

第七章 天然气管线冰堵预测与冰堵位置测定

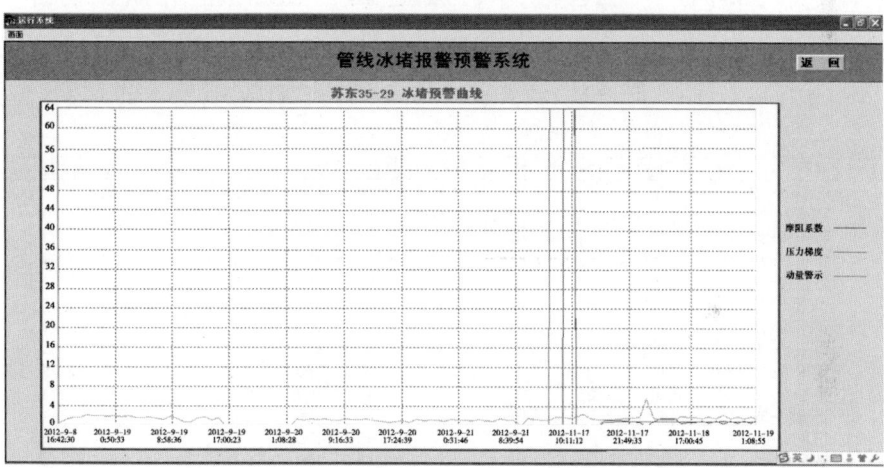

图 7-12 苏东 7 站管线冰堵预警系统桌面

图 7-13 管线的阻力、压力和动量变化曲线

图 7-14 单井数据参数表：记录每口井的流动特性参数

井号	日期	时间	摩阻系数	压力梯度	动量警示
苏东35-29	2012-9-20	0:07:27	2.8602598321413	.0000005844375	2.5389968855797
苏东35-29	2012-9-20	1:08:28	1.7090935293289	.0000005844375	1.0386805441008
苏东35-29	2012-9-20	2:09:28	5.0238269660198	.0000005844375	1.9157885591192
苏东35-29	2012-9-20	3:10:29	7.1506495803534	.0000005844375	5.0779937711595
苏东35-29	2012-9-20	4:11:30	6.9455908128518	.0000005626405	1.6052011948963
苏东35-29	2012-9-20	5:12:30	9.8174731267018	.0000005567345	1.3362077930619
苏东35-29	2012-9-20	6:13:31	7.0784536036118	.0000005563125	1.5729245201334
苏东35-29	2012-9-20	7:14:32	7.5927630653550	.0000005526405	1.5087342817850
苏东35-29	2012-9-20	8:15:32	7.4977934180951	.0000005548125	1.5213201470513
苏东35-29	2012-9-20	9:16:33	1.0049722106641	.0000005598595	1.3232788746937
苏东35-29	2012-9-20	10:17:34	9.5518906247972	.0000005665625	1.3693392672899
苏东35-29	2012-9-20	11:18:35	6.1119474682639	.00000052575	1.5877718699257
苏东35-29	2012-9-20	12:19:35	6.7272296580742	.000000509133	1.4662716131530
苏东35-29	2012-9-20	13:20:36	6.9292853289402	.0000004998435	1.4181788574179
苏东35-29	2012-9-20	14:21:37	5.6894894890226	.000000497531	1.5592936729944
苏东35-29	2012-9-20	15:22:38	1.0962525299928	.0000005118125	1.1542863695720
苏东35-29	2012-9-20	16:23:38	1.6464596266844	.0000005965	1.0986223712877
苏东35-29	2012-9-20	17:24:39	3.9581548890458	.0000006532815	.7768498371349

图7-15 管线流动特性参数的历史数据

干管号	井号	Pi	Po	Ti	TT	D1	L1	D2	L2	Qg	HSite	F_warn
1	苏东35-40	0	0	0	10	100	3.07	100	8.5	0	11	1
1	苏东37-38	0	0	0	10	100	1.42	100	4.66	0	11	1
1	苏东36-36	0	0	0	10	100	0.15	100	4.66	0	11	1
1	苏东36-33	0	0	0	10	100	0.2	100	3.38	0	11	1
1	苏东36-34	0	0	0	10	100	0.2	100	3.38	0	11	1
1	苏东36-35	0	0	0	10	100	0.2	100	3.38	0	11	1
1	苏东36-31	0	0	0	10	100	1.55	100	1.55	0	11	1
2	苏东40-36	0	0	0	10	100	1.93	100	5.15	0	11	1
2	苏东39-36	0	0	0	10	100	0.96	100	5.15	0	11	1
2	苏东38-36	0	0	0	10	100	0.1	100	5.15	0	11	1
2	苏东39-35	0	0	0	10	100	0.81	100	5.15	0	11	1
2	苏东38-35	0	0	0	10	100	0.15	100	5	0	11	1
2	苏东38-33	0	0	0	10	100	1.58	100	2.1	0	11	1
2	苏东37-31	0	0	0	10	100	0.1	100	1.05	0	11	1
3	苏东41-35	0	0	0	10	100	0.2	150	7.91	0	11	1
3	苏东41-34	0	0	0	10	100	0.2	150	7.37	0	11	1
3	苏东41-33	0	0	0	10	100	0.2	150	6.55	0	11	1
3	苏东40-31	0	0	0	10	100	0.7	150	4.56	0	11	1
3	苏东40-30	0	0	0	10	100	0.5	150	1.56	0	11	1
3	苏东40-29	0	0	0	10	150	1.32	150	1.05	0	11	1
3	苏东39-31	0	0	0	10	150	0.15	150	3	0	11	1
3	召10	0	0	0	10	150	0.1	150	3.5	0	11	1
4	苏东41-25	0	0	0	10	150	5.6	150	5.6	0	11	1
5	苏东31-30	0	0	0	10	150	1.97	150	4.91	0	11	1
5	苏东31-30C	0	0	0	10	150	1.97	150	4.91	0	11	1
5	苏东31-30C	0	0	0	10	150	1.97	150	4.91	0	11	1

图7-16 历史数据表

四、现场试验

随着冬季的到来，从2012年11月23日起该预警系统开始对苏东7站的每口井在线监测冰堵形成。技术科委派专人每天查看预警情况，如果气井发出预警，会及时与7站同志联系，催促他们及时查井。由于及早发现了流动异常气井，并采取一些措施，7站还没有冰堵气井。而去年有一半气井发生过冰堵。

在 140 多口井中，有不少气井的流量计工作不正常，或者停机，这时，预警同样会发出。对于这个情况，集气站技术人员应当根据流量计的工作情况予以排除对这些气井的预警。

冰堵预警系统可能会对一出现异常情况的气井就发出预警，但不可能漏发预警。任何气井只要压力异常、流量异常，系统就会毫无例外地发出预警。操作人员需要积累经验去分析对待发出的预警。

至 2012 年 12 月 22 日共进行监控 24d，参数调试 4 次共 260 井次。监控过程中共报警 418 井次，调试参数并排除误报 293 井次，与集气站沟通并现场处理 41 井次。其中报警后现场核实并处理后气井恢复正常 18 井次。该集气站冰堵井仅 1 口：苏东 32-37。2012 年 12 月 22 日之后信息中心开始对冰堵监控系统进行调试并增加苏东 5 站的冰堵监控系统。

监控过程中发现的影响该系统准确性的因素有：

（1）部分干管管网设计复杂，存在变径、多井之间相互干扰等情况。如三条干管存在变径造成计算误差，井口缺少流量计。

（2）气井数字化程度不够，仅有一半气井节流器正常，气井瞬流数据录入影响系统计算。

（3）气井井口作业关井误报。

（4）报警值参考单井生产历史数据，冬季生产前部分气井生产情况发生变动（调产、启停压缩机等），影响报警准确性。

这些问题在和集气站工作人员沟通后，及时了解气井工作状态，是完全可以解决好的。

总的来说，在 2012 年 11 月到 2013 年 3 月期间，管线冰堵形成预警系统成功地在苏东 5 站、7 站运行，及时对将要冰堵的气井发出了预警，预测成功率超过 50%。基本上没有漏报，对少数井出现误报，是和集气站沟通不够，把流量计不工作气井的或是停止工作的气井也发出预警，这个方面除系统需要完善以外，还需要操作人员结合气井工作情况来判断。

管线冰堵形成预警系统完全可以推广使用，在更大范围内防止冰堵发生，对冬季天然气的安全生产具有重要意义。

五、防止冰堵的方法

在预测到冰堵形成之际，需要采取必要措施尽快排除形成条件，避免冰堵发生。冰堵形成的一个必要条件是某段管子内积液较多，流动缓慢，温度接近冰点。因此，尽快排除管子内液体是避免冰堵最直接有效的手段。最佳排空带出液体和优化加注甲醇是很好的解堵方法。

（一）最佳排空带出液体

在井口排空可以带出滞留在管子内的液体。排空时间太短，滞留液体来不及被带出；排空时间太长，浪费天然气。所以，需要优化排空时间。既保证液体被带出，同时尽量少地排出天然气。

当井口到液体滞留处管线长度为 L，管径为 d（mm）时，管子内体积为：

$$Q = \frac{\pi}{4} d^2 L \tag{7-18}$$

排空时,气体速度是临界流动,速度接近音速,这个临界流速为 U,井口的连接头口径为 25mm,相应地管子出口处的流速为:

$$u = U \cdot 25^2 / d^2 \tag{7-19}$$

一般可以采用流速 30~50m/s,这样排空时间为:

$$\tau = \frac{Qp}{uA} = \frac{\frac{\pi}{4}d^2 L \cdot p}{u \cdot \frac{\pi}{4}d^2} = \frac{Lp}{u} \tag{7-20}$$

从式(7-20)可以看到,排空时间为管线长度和工作压力的乘积再除以排空流速,而与管径无关。对每口井,都可以得到最佳的排空时间。例如,对 40-36 号井,该井长度为 1930m,冬季工作压力为 1.3MPa,那么排空时间为:

$$\tau = 1930 \times 1.3 \times 10 \div 30 = 836s \approx 14min$$

对于很多管线长度小于 1000m 井来说,排空时间只需要几分钟。在这样的排空条件下,管内平均流速会大于 10m/s,这个速度足以把液体带出。

还需要说明的是,一般不需要完全排空,只需要在短时间里,在管线内产生一个冲力,移动液体就会产生很好效果。这样的排空效果究竟好不好,可以从预警系统在线监测看到,一旦排空后液体被移动,或带出,消除了冰堵隐患,冰堵预测的警报会解除,生产会处于安全状态。

(二)优化甲醇加注

甲醇加注可以降低管子内水的冰点,可以避免管子冰堵。为了节约加注甲醇费用,需要优化加注,控制甲醇消耗量。水中加注甲醇后随浓度不同,冰点也不同,浓度和冰点关系见表 7-2。

表 7-2 甲醇浓度和冰点关系

甲醇体积浓度(%)	冰点
12	-5.7
24	-14.5
37	-25.9
47	-39.5
57	-54.3

在乌审旗气候条件下,加注甲醇到管子中液体浓度应该在 24%~37% 这个范围。问题是需要确定管子内有多少液体滞留,知道了液体量,就可以容易计算出加注多少甲醇合适,可以优化甲醇加注量。对冰堵开始形成的管子来说,积液段不会太长,因此可以采用多次小量加注,结合在线预测软件的阻力数值,积累经验,能够确定最佳加注量。

第八章 天然气管线积液预测与清管技术

第一节 天然气管线积液预测与计算

一、前言

用长输管道输送天然气是一种既方便又经济的运输方式。天然气含有饱和水蒸气、游离水以及凝析油,在天然气的集输过程中,饱和蒸汽随管线压力降低和地下温度的降低会连续凝结析出水,部分游离水和凝析油会滞留在管线的低洼部分,管线的长期运行会使水和凝析油越积越多,给集输带来很大的麻烦。积液量的增多会增加管道阻力和压力脉动,增加动力消耗;水的存在还会加速硫化氢、二氧化碳对管线的腐蚀,导致水合物的生成,使管线和设备堵塞。凝析油的析出同样会增加集输管道的阻力和压力波动,影响集输过程的安全性。因此,精确预测和测量输送管道内天然气和液体流量,测量天然气中的累计水含量和液量,对天然气集输的安全性和经济性有着重要的意义。

天然气在管线内的输运过程中,要克服管线阻力,消耗能量,这就导致压力降低。压力的降低使天然气温度降低,同时,天然气和埋在地下的管子之间会进行传热,同样使天然气温度降低。天然气温度和压力的降低使天然气中的水蒸气产生凝结,并会积聚在一起,在管内形成段塞状液弹,也会积聚在管线低洼处,阻塞管线。这样就会额外增加压力降损失。通过对由于压力和温度变化天然气中水蒸气的凝结的计算可以知道管线中的积液量,另外,通过对管线压力降的变化和波动情况分析,同样可以知道积液量的多少和大致处在何处。这两种计算和分析方法都可以知道积液量的多少和确定清管周期。

二、水的凝结

天然气中,饱和水蒸气和一些油蒸汽在冷却过程中液化的过程称为凝结。饱和蒸汽只要与低于饱和温度的壁面接触,就会发生凝结放热现象。天然气在集输过程中,随温度和压力变化都会不同程度地产生凝结水。天然气在管道中要和管壁进行热交换,地下环境温度越低,管壁温度就越低,天然气和管壁的热交换就越强烈,这样,析出的凝结水就越多。另外,天然气在管道中要克服流动阻力,就会产生压力降,压力的降低就导致天然气体积增加,天然气温度降低,这个过程同样会产生出凝结水。

天然气在集输管道中产生的凝结水,存在的状态比较复杂:有在天然气中的少量微粒状凝结水,聚集在管底的层状凝结水,这些凝结水都会随天然气向前流动。而随着凝结水量的增加,在管道低洼、弯头处,会产生积水,呈段塞状流动。这种流动会强烈地冲击弯管和阀门等处,随之引起振动和噪声,会产生较大的压力降和压力波动。如果管道中的凝结水不及时排除,会产生水击现象,造成天然气集输管道的严重的压力波动。

凝结水的存在会使集输管道的压力损失和波动增加，引起管道振动。所以从安全和效率的角度看，管道中的凝结水必须及时地排除。

（一）二组分系统的气液平衡

天然气和水是不同物质，这样的系统称为二组分系统。二组分系统相律形式：$F=C-P+2=2-P+2=4-P$。$P=1$时，相数最少，自由度$F=3$，为最大，有三个独立变量（T、p、组成），作图应为立体图。

$P=2$的系统，$F=2$，在T、p、组成（液相组成x或气相组成y）中只有两个独立变量，应为平面图：若T一定，可作p-x（y）图；或P一定，可作T-x（y）图。在恒温或恒压下，$F=C-P+1=3-P=1$，只有一个变量可独立变动。

$P=3$的系统，$F=1$，在恒压下，三相点的温度与组成都不能变。

$P=4$时，$F=0$，相数最多，无变量，即T、p、x、y都为某确定值，不能任意变化。

（二）二组分理想液态混合物的气—液平衡相图

1. 压力组成图

设组分A和组分B形成理想液态混合物。在一定温度T下气—液两相平衡时，根据拉乌尔定律：

$$p_A = p_A^* x_A = p_A^*(1-x_B) \tag{8-1}$$

$$p_B = p_B^* x_B$$

式中　p_A，p_B——与液相成平衡的蒸气中A和B的分压；

　　　p_A^*，p_B^*——温度T时，纯A、纯B饱和蒸气压；

　　　x_A，x_B——液相中A和B的摩尔分数。

与液相成平衡的蒸气总压p为A、B的蒸气压之和，即：

$$\begin{aligned}p &= p_A + p_B = p_A^*(1-x_B) + p_B^* x_B \\ &= p_A^* + (p_B^* - p_A^*)x_B\end{aligned} \tag{8-2}$$

以上三式表明p_A-x_B，p_B-x_B和p-x_B均成直线关系，这是理想液态混合物的特点。

由图8-1可知，理想液态混合物的蒸气总压总是介于两纯液体的饱和蒸气压之间，即：

$$p_A^* < p < p_B^* \tag{8-3}$$

p-x线表示系统压力（即蒸气总压）与其液态组成之间的关系，称为液相线。从液相线上可以找出指定组成液相的蒸气总压，或指定蒸气总压下的液相组成。根据在温度恒定下两相平衡时的自由度数$F=1$，若选液相组成为独立变量，那么不仅系统的压力为液相组成的函数，而且气相组成也应为液相组成的函数。

以y_A和y_B表示蒸气相中A和B的摩尔分数，若蒸气为理想气体混合物，根据道尔顿分压定律有：

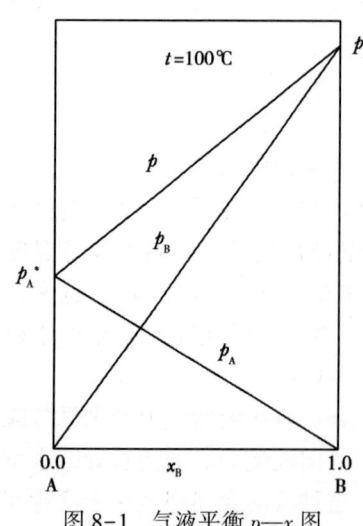

图8-1　气液平衡p—x图

$$y_A = p_A/p = p_A^* x_A/p$$
$$= p_A^*(1-x_B)/p \tag{8-4}$$

$$y_B = p_B/p = p_B^* x_B/p \tag{8-5}$$

将 p 用式（8-1）代入，则两式即表明了气相组成和液相组成的依赖关系。

对本系统，因 $p_A^* < p < p_B^*$，

即：
$$p_A^*/p < 1, \quad p_B^*/p > 1$$

故
$$y_A < x_A \tag{8-6}$$
$$y_B > x_B \tag{8-7}$$

这说明，饱和蒸气压不同的两种液体形成理想液态混合物，成气—液平衡时，两相的组成并不相同，易挥发组分在气相中的相对含量大于它在液相中的含量。

将气相线与液相线画在同一张图上，就得到压力—组成图。图 8-2 中，左上方直线为液相线，右下方的曲线为气相线。同一压力，$y_B > x_B$，故气相组成要比液相组成靠近纯 B。液相线以上为液相区，气相线以下为气相区，两者之间为气—液两相平衡共存区。单相区内有两个自由度，压力和组成可在一定范围内独立改变，即欲描述一个单相系统，需同时指定系统的压力和组成。在气—液平衡相区只有一个自由度，若压力不变，平衡时气、液相组成也就随之确定了。应用相图可以了解指定系统在外界条件改变时的相变化情况。若在一个带活塞的导热气缸中有总组成为 x_B(M)（简写为 x_M）的 A，B 二组分系统，将气缸置于 100℃恒温槽中。起始系统压力 p_a，系统的状态点相当于右图中的 a 点。当压力缓慢降低时，系统点沿恒组成线垂直向下移动。在到达 L_1 前一直是单一的液相。到达 L_1 后，液相开始蒸发，最初形成的蒸气相的状态为 G_1 所示，系统进入气—液平衡两相区。

在此区内，压力继续降低，液相蒸发为蒸气。当系统点为 M 点时，两相平衡的液相点为 L_2，气相点为 G_2，这两点均为相点。两个平衡相点的连接线称为结线。压力继续降低，系统点到达 G_3 时，液相全部蒸发为蒸气，最后消失的一滴液相的状态点为 L_3。此后系统进入气相区 G_3 至 b 为气相减压过程。

当系统点由 L_1 变化到 G_3 的整个过程中，系统内部始终是气液两相共存，但平衡两相的组成和两相的相对数量均随压力而改变。

由图 8-2 可以看出，在气液共存相区内系统点由 L_1 减压气化到 G_3 过程中，各不同压力的结线上，按杠杆规则，比例于气相量的线段长度由 0 增大到 L_3G_3，比例于液相量的线段长度则由 L_1G_1 减小到 0。表明随压力降低，系统点离开 L_1，产生气相而进入两相区后，气相量不断增多，液相量不断减少，直至液相消失，全部为气相，系统点离开两相点而到达 G_3 点。

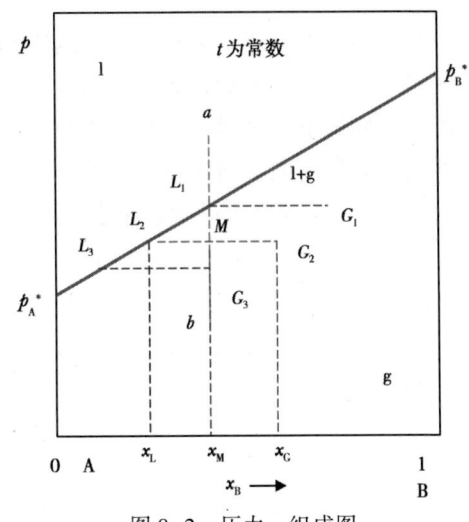

图 8-2 压力—组成图

2. 温度—组成图

恒定压力下表示二组分系统气—液平衡时的温度与组成关系的相图,叫做温度—组成图,如图 8-3 所示。

对理想液态混合物,若已知两个纯液体在不同温度下的蒸气压数据,则可通过计算得出其温度—组成图。

例:已知在 101.325kPa 下,纯 A 和纯 B 的沸点分别为 t_A 和 t_B。将这两个值画在图 8-3 中 t_A 和 t_B 两点。A-B 液态混合物的沸腾温度应介于两纯组分的沸点之间。如有在 t_A 和 t_B 之间两纯液体蒸气压的数据,就可以逐个计算不同温度下的气液平衡时的两相组成,然后将不同温度下的气、液相点画在图上,连接各液相点、气相点构成液相线、气相线。

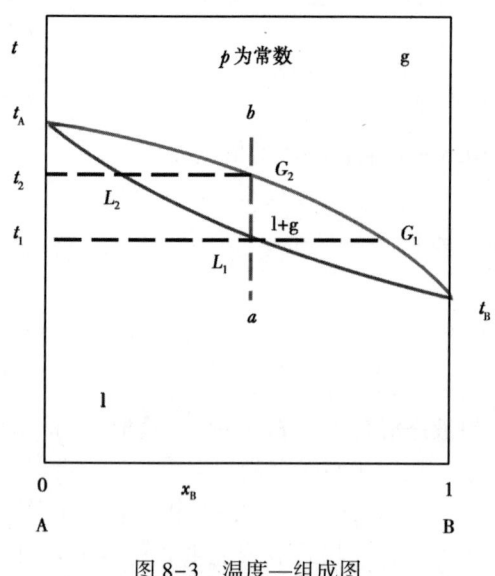

图 8-3 温度—组成图

气相线在液相线的右上方。这是因为易挥发组分 B 在同一温度下,在气相中相对含量大于它在液相中的相对含量。两线交于 t_A 和 t_B 两点。液相线下为液相区,气相线上为气相区,之间为两相平衡共存区。

若有状态为 a 的液态混合物恒压升温,到达液相上的 L_1 点时,液相开始起泡沸腾,t_1 称为该液相的泡点。液相线表示了液相组成与泡点关系,所以也叫泡点线。若将状态为 b 的蒸气恒压降温,到达气相线上的 G_2 点时,气相开始凝结出露珠似的液滴,t_2 称为该气相的露点。气相线表示了气相组成与露点的关系,所以气相线也叫露点线。

液相 a 加热到泡点 t_1 产生的气泡的状态点为 G_1 点,气相 b 冷却至露点 t_2,析出的液滴的状态点为 L_2 点。

三、饱和水凝结积液量

管线内的积液主要是来自天然气内饱和水蒸气在压力和温度降低情况下的凝结。管线在运行状态下,为了克流动阻力,压力就会降低,压力降低,饱和蒸汽压就降低。地下管线处在温度较低的地层,天然气和管线之间会产生传热,二种作用都使得天然气温度降低。通过对天然气压力温度的平衡计算就可以得到管线内天然气有多少水会被凝结出,实时连续计算就可以知道每天的凝结水量,累计计量就可以知道管线内随时间而增加的积液量(图 8-4)。

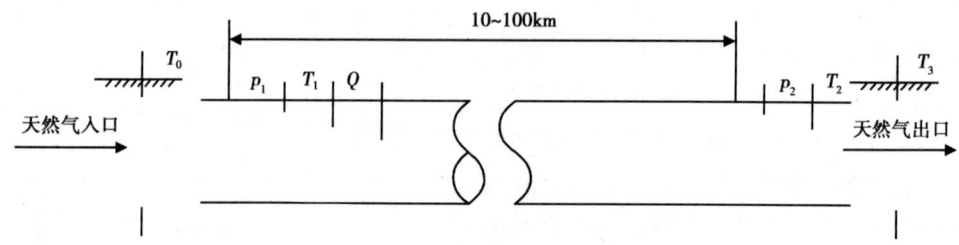

图 8-4 凝析液量计算示意图

天然气随沿程压力的降低和管线周围环境的温度变化会引起天然气温度降低，管道内产生凝析油和凝结水，这些凝析油和凝结水的量与管道内压力和温度有关。

（一）水蒸气凝结量的热力学计算计算

气体以质量流量 G，温度 t_1，压力 p_1 流入管道，其中气体中水的含量为 x_{H_2O}。气液共存流出：质量流量 G，温度 t_2，压力 p_2 流出。

此时：

温度 t_2 时，纯水的饱和蒸汽压为 $p_{H_2O}^*$，纯甲烷的饱和蒸汽压为 $p_{CH_4}^*$，析液中水的含量为 x_{H_2O}，与析液共存的气相中水的含量为 y_{H_2O}。

假定管道气体中只含有天然气 CH_4 和水。则所测的压力 p_2 应来源于天然气 CH_4 和气态的水的分压 p_{CH_4} 和 p_{H_2O}，即：

$$p_2 = p_{H_2O} + p_{CH_4} \tag{8-8}$$

根据 Raoult 定律：

$$p_{H_2O} = p_{H_2O}^* x_{H_2O}$$

$$p_{CH_4} = p_{CH_4}^* x_{CH_4} = p_{CH_4}^* (1 - x_{H_2O}) \tag{8-9}$$

所以

$$p_2 = p_{H_2O}^* x_{H_2O} + p_{CH_4}^* (1 - x_{H_2O})$$

$$x_{H_2O} = \frac{p_2 - p_{CH_4}^*}{p_{H_2O}^* - p_{CH_4}^*} \tag{8-10}$$

根据分压定律，水在气体中的含量为：

$$y_{H_2O} = \frac{p_{H_2O}}{p_2} \tag{8-11}$$

$$p_{H_2O} = p_{H_2O}^* x_{H_2O}$$

结合：

$$x_{H_2O} = \frac{p_2 - p_{CH_4}^*}{p_{H_2O}^* - p_{CH_4}^*} \tag{8-12}$$

则：

$$y_{H_2O} = \frac{p_{H_2O}^* x_{H_2O}}{p_2} = \frac{(p_2 - p_{CH_4}^*) \, p_{H_2O}^*}{(p_{H_2O}^* - p_{CH_4}^*) \, p_2} \tag{8-13}$$

因为天然气入口处的质量流量为 G，入口天然气中水汽含量为：$x_{H_2O(o)}$，甲烷含量为 $1 - x_{H_2O(o)}$，则混合气体的平均摩尔质量为：

$$\overline{M} = M_{H_2O} x_{H_2O(o)} + M_{CH_4} (1 - x_{H_2O(o)}) \tag{8-14}$$

通过天然气的平均摩尔质量，将天然气管道内的质量流量转换为物质的量的流量：

$$n = \frac{G}{M_{H_2O} x_{H_2O(o)} + M_{CH_4} (1 - x_{H_2O(o)})} \quad (8-15)$$

在天然气出口处,由于已有液体析出,则总的流量等于气体的流量与液体流量的和:

$$n_1 + n_g = n \quad (8-16)$$

根据杠杆规则有:

$$n_1 = \frac{G}{[M_{H_2O} x_{H_2O(o)} + M_{CH_4} (1 - x_{H_2O(o)})]} \cdot \frac{(y_{H_2O} - x_{H_2O(o)})}{(y_{H_2O} - x_{H_2O})} \quad (8-17)$$

再结合:

$$y_{H_2O} = \frac{(p_2 - p^*_{CH_4}) p^*_{H_2O}}{(p^*_{H_2O} - p^*_{CH_4}) p_2} \quad (8-18)$$

$$x_{H_2O} = \frac{p_2 - p^*_{CH_4}}{p^*_{H_2O} - p^*_{CH_4}} \quad (8-19)$$

得:

$$n_1 = \frac{G}{[M_{H_2O} x_{H_2O(o)} + M_{CH_4} (1 - x_{H_2O(o)})]} \cdot \frac{(p_2 - p^*_{CH_4}) p^*_{H_2O} - p_2 (p^*_{H_2O} - p^*_{CH_4}) x_{H_2O(o)}}{(p_2 - p^*_{CH_4}) p^*_{H_2O} - (p_2 - p^*_{CH_4}) p_2} \quad (8-20)$$

凝析液的平均摩尔质量为:

$$\overline{M}_1 = M_{H_2O} x_{H_2O} + M_{CH_4} x_{CH_4} = M_{H_2O} x_{X_2O} + M_{CH_4} (1 - x_{H_2O})$$

$$= M_{H_2O} \frac{p_2 - p^*_{CH_4}}{p^*_{H_2O} - p^*_{CH_4}} + M_{CH_4} \left(1 - \frac{p_2 - p^*_{CH_4}}{p^*_{H_2O} - p^*_{CH_4}}\right)$$

$$= \frac{(M_{H_2O} - M_{CH_4}) p_2 + M_{CH_4} p^*_{H_2O} - M_{H_2O} p^*_{CH_4}}{p^*_{H_2O} - p^*_{CH_4}} \quad (8-21)$$

所以,凝析液的质量流量为:

$$G_1 = n_1 \overline{M}_1 \quad (8-22)$$

析液量中液态水的质量流量为:

$$G_{H_2O} = n_1 x_{H_2O} M_{H_2O} = \frac{G x_{H_2O} M_{H_2O}}{[M_{H_2O} x_{H_2O(o)} + M_{CH_4} (1 - x_{H_2O(o)})]} \cdot \frac{(y_{H_2O} - x_{H_2O(o)})}{(y_{H_2O} - x_{H_2O})}$$

$$= \frac{G [(p_2 - p^*_{CH_4}) p^*_{H_2O} - (p^*_{H_2O} - p^*_{CH_4}) p_2 x_{H_2O(o)}]}{[(p_2 - p^*_{CH_4}) p^*_{H_2O} - (p_2 - p^*_{CH_4}) p_2][M_{H_2O} x_{H_2O(o)} + M_{CH_4} (1 - x_{H_2O(o)})]}$$

$$= \frac{G [p_2 (p^*_{H_2O} - p^*_{H_2O} x_{H_2O(o)} + p^*_{CH_4} x_{H_2O(o)}) - p^*_{CH_4} p^*_{H_2O}]}{[p_2 (p^*_{H_2O} + p^*_{CH_4} - p_2) - p^*_{H_2O} p^*_{CH_4}][M_{H_2O} x_{H_2O(o)} + M_{CH_4} (1 - x_{H_2O(o)})]}$$

$$(8-23)$$

式中　G_{H_2O}——p_2，t_2 时液态水的质量流量；
　　　G——初始气体的质量流量；
　　　G_1——p_2，t_2 时凝析液的质量流量；
　　　p_2——气体出口压力；
　　　$p_{H_2O}^*$——t_2 时纯水的饱和蒸汽压；
　　　$x_{H_2O(o)}$——进气口气体中的水汽含量；
　　　$p_{CH_4}^*$——t_2 时甲烷的饱和蒸汽压；
　　　M_{H_2O}——水的摩尔质量；
　　　M_{CH_4}——甲烷的摩尔质量；
　　　n——物质的量的流量；
　　　n_1——液态的物质的量的流量；
　　　n_g——气态的物质的量的流量；
　　　$\overline{M}$——天然气入口处天然气的平均摩尔质量；
　　　$\overline{M}_1$——天然气温度 t_2 时析液的平均摩尔质量。

所以，当进口处为气体，且已知气体组成和质量流量，测量出口的压力 p_2，即可算出出口处析液的质量流量及析液中液态水的质量流量。

上述计算是理想的静态计算，也就是不考虑管线内的非热力学平衡，且将气体的逸度因子看做 1。而事实上，随沿程管线内压力温度波动，水的凝结和蒸发是一个非热力学平衡状态，且气体的逸度因子也并不为 1。另外，不管管线长短，压力降是非线性的，根据已有的研究结果表明：天然气沿程的压力降都是非线性下降。因此，为了减少预测误差，需要考虑天然气输运过程是一个非热力学平衡状态，压力降是非线性的，需要同时进行沿程微单元的计算、累加。这里需要特别指出的是：任何理论液量计算都存在较大的误差，国内外有很多模型和计算方法，但计算量和真实量的差别都比较大，其原因是模型无法反映真实流动状态。理论计算需要和实时测量结合起来，可以得到精度非常高的液量预测。

（二）水蒸气凝结量的压力降方法计算

为了增加预测精度，需要同时建立压力降计算模型。造成管线压力降有四个方面：沿程摩擦阻力、段塞流脉动阻力、重位压力降和加速压力降。这里，重位压力降和加速压力降都非常小，这里不考虑这两个方面。这里只考虑和计算沿程摩擦压力降阻力和段塞流脉动阻力。

管线沿程摩擦压力降为：

$$\Delta p_f = \lambda \frac{l}{d} \frac{\rho u^2}{2} \tag{8-24}$$

式中　λ——摩擦系数；
　　　l——管线长度；
　　　d——管线直径；
　　　ρ——天然气密度；
　　　u——天然气速度。

根据压力降的大小同样可以计算出积液量的大小。当管线内刚清除了液量，管线进出口压力差最小，随着积液产生和增加，引起流动阻力增加，积液达到一定量，就会极大增加压力损失，这时就需要清管工作。凝结液量计算和压力降液量计算是两种不同的计算方法，可以相互补充，提高计算精度，增加可靠性。

（三）管线压力波动分析

气液两相流，无论是分层流还是段塞流都会产生比单相流要大得多的摩擦阻力。段塞流的存在会产生较大的压力脉动，这个脉动会以声速传递到管线二端，分析压力脉动在进出口两端的时间特性，可以了解这个段塞流的具体位置、大小等状态（图8-5）。

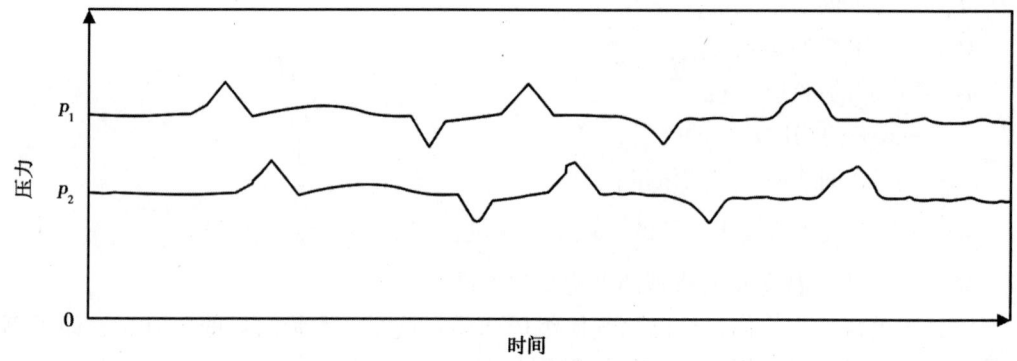

图 8-5 管线压力波动

管线内由于积液的存在而产生压力波动，这个波动可以以小波理论分析，分析压力波动的功率谱密度和相关性。可以确定造成波动的位置和大小。这对于管线的安全运行有很大的好处，对不正常的运行状态，如压力剧烈波动提出预警。

（四）按照国家标准的计算

2008年，国家标准化管理委员会发布了天然气水含量和水露点之间的换算的国家标准GB/T 22634—2008。按照这个标准，可以Bubacek平衡状态下天然气水含量关联式进行计算。

$$\beta = A/p + B \tag{8-25}$$

式中　β——天然气中水含量，mg/m^3；

　　　A，B——与温度有关的常数，$mg \cdot MPa$；

　　　p——水蒸气压力，MPa。

A 和 B 根据标准给出的数据插值计算。

在这个标准的计算范围内，不确定度是：

由水含量计算水露点：$\pm 2℃$；

由水露点计算水含量：

$\beta < 580 mg/m^3$：$0.14 + 0.021 \times \beta \pm 20$（$mg/m^3$）

$\beta \geqslant 580 mg/m^3$：$0.14 + 0.021 \times \beta \pm 20$（$mg/m^3$）

四、积液量预测方法在管道中应用

(一) 积液量预测方法在天然气管道中的应用

建立的积液量预测模型,认为管路积液量大小是由液相析出和气体携液能力综合作用的结果,液相析出量主要取决于管线内的温度和压力,而气体携液能力主要与气相流速、管道结构以及管内流型等参数有关[62]。

多组分天然气体在流动过程中,随着海底管道与周围环境之间的热交换,温度会降低,在一定的温度、压力条件下一部分液体会凝析出来,此时管路内为气液两相流体。如果知道两相流管路沿程持液率,则距入口距离为 L_x 的管内积液量可以计算出。

持液率的大小主要取决于两个参数:一是该管段液体的析出量,二是该管段气体的携液能力。气体组成固定后,液体析出量取决于管内的温度、压力,可采用相平衡模型进行计算。而液体的携液能力主要与管路气相流速有关,如果气体流速较大,气液相间剪切应力亦较大,一部分液相就会被气体携带进入下游管路,从而导致该管段积液量降低,另外气体携液能力还受管路内气液相分布形态以及管线尺寸结构等其他参数影响。气体携液能力可以采用基于流型的水力学模型进行计算。

首先要将管线分成若干个计算单元,从入口开始计算各个单元管段的温度和压力,根据相平衡方程判断是否有凝析液析出。如果在该温度、压力条件下无液体析出,则表明管内流体仍为单相气体,持液率为 0;如果有液体析出,则管内为气液两相流。根据气相、液相流量、管路结构等参数判断管段内流型,通过对应的流型公式计算该管段的持液率值,进而获得计算点到入口的积液量的大小。

管内积液量多少主要取决于管内凝析液析出量和气体的携液能力。凝析液析出速度与环境温度有关,在其他条件不变时,气体携液能力主要由气体流速确定,气体流速越大,气液相间剪切应力越大,携液能力就越强。

(二) 天然气含水量的公式化计算

天然气含水量的公式化计算分成两类:一类是基于已知气体干基组成,通过使用状态方程进行水烃体系平衡计算获得;另一类则基于已知温度、压力条件,采用经验或半经验的对已有实验数据或图表的回归分析而获得[63]。

公式化计算避免了图算法的人为误差,同时又方便计算机处理,在天然气处理和加工计算中得到普遍认同。对目前国内外已有的 Bukacek 等 5 个主要公式的计算方法进行了归纳分析,考查了计算结果并推荐了可信的计算方法从数据来看,这 5 种方法的计算结果与实验数据都存在一定的偏差,但总的结果差得不大。

(三) 长输管道内天然气最大允许含水量的预测

提出一种预测长输管道内天然气最大允许含水量的方法。输气管道内压力温度变化复杂,呈较陡的变化趋势,对应的天然气含水量也随之变化。详细地分析了输气管道内天然气含水量的变化规律,得出决定输气管道内最大允许含水量的压力温度条件。从统计热力学理论出发,以相平衡理论为基础,给出了预测长输管道内最大允许含水量的理论模型和计算方法,在给定输气管道入口压力温度条件下,能准确预测输气管道内不形成水合物允许的最大含水量。最后,将计算结果与实验数据作了比较。结果表明,此模型具有较高的精度[64]。

第二节　天然气管线清管技术

输气管线在生产过程中，会从气田带进大量的凝析油和污水。由于压力和温度的降低，在管道内亦会凝析出大量的水形成积液。积液或污水的存在造成管道腐蚀和输气能力降低，增加管道压降，会严重影响输气和管道的安全。为解决这些问题，进行管道内部和内壁的清扫是十分必要的。清管工艺一向是管道施工和生产管理的重要工艺措施。

清管器的主要用途是清除天然气管道中的凝析油以及积液；试压前管道充水；试压后排水；管道投产时隔离甲醇氮气段；管道内涂层敷设；管道停输前液体置换[65]。

一、管道清管历史

清管器的第一次使用大约是在1870年。宾夕法尼亚的Titusvelle小镇发现了原油，开始使用清管技术。在管道用于输送原油以前原油都是通过马匹与车辆运送到炼油厂。为了提高原油的运输能力，人们开始使用管道运输原油。管道运行了几年以后会出现较多的沉积物流通能力降低导致泵压升高。管道运营商使用了很多方法试图提高管道的流通能力，但是效果都不明显。后来人们尝试在球上绑缚一些碎布制造出最初的清管器放入管道，收到了不错的效果。往后开始使用皮革代替布片在原油的浸泡作用下，皮革会膨胀紧贴在管壁上提高清管的效果。由于当时管道使用承插式连接清管器在通过管道接头时发出的声音与"pig"的叫声相似，遂用"pig"作为清管器的代称。在此后的半个世纪里，清管器不断发展，清管器上已经使用了钢制主体，安装了橡胶或者皮革制作的杯状以及直板形密封盘。自1962年美国Knapp公司和Girard公司成功开发清管器以来，清管器已成为目前最常用的清管工具。其具有以下优点：清洗管径范围大、管道里程长；对管体无腐蚀，对环境无化学污染；清垢均匀、彻底，清洗费用低；可不停输作业。

二、清管器主要类型

按照结构与功能的不同清管器大致可以分成5种。

（一）芯轴式清管器

芯轴式清管器用圆轴作为清管器的主体，外部安装装配式聚氨酯橡胶密封盘。密封盘可以是盘状、碗状或板状并可以安装金属刷或刮刀以便除去管子内壁上的污物。该清管器可用于的管道直径范围一般为50~1200mm，可以用于管道排液，清除沉积物以及作为智能清管器的牵引装置。

（二）泡沫清管器

泡沫清管器由泡沫胚体以及聚氨酯橡胶外涂层组成可以使用不同密度、强度的泡沫以及不同厚度的橡胶涂层并可在清管器外部黏附氨基甲酸乙酯带使其具有足够强度在管线内通行以达到预定的目的。在清管器外部还可以安装钢丝刷、碳合物研磨料、钢钉等以增强清管器的清除效果。

（三）整体铸造清管器

整体铸造清管器完全由聚氨酯制成尽管它可以根据要求变化工序但通常为70~80孔隙硬度。一些整体铸造清管器可以在中心轴上安装杯子或圆盘。但大部分整体铸造清管器达到正常寿命之后便成为废品。

（四）清管球

球形清管器通常采用聚氨酯或氯丁橡胶和腈橡胶化合物制作。它们可以由两个半球块黏在一起制成最终产品或在某些情况下制成一个没有接缝的单体。球体内部中空，安装充水阀，操作者在清管器进入管线之前用液体填充该球体，使该球体的尺寸适应管线的内径并使压力平衡。清管球可适用于各种管线尺寸并通用于各类自动发射装置，但工作效率低而且只有一个密封面。在通过三通时容易发生清管器滞留的事故。

（五）智能清管器

智能清管器清管技术可用于检测管壁腐蚀等情况；主要有管道截面形状检测、管道弯曲半径检测、管道腐蚀和开裂检测、管道泄漏检测等。其检测原理因检测范围而异，主要有以下几种。

（1）磁场检测清管器。

该技术主要采用磁漏量原理，可以实现内外管壁的详细检查，工作时可以持续输气。

（2）管线监视清管器。

该技术主要采用捷联式惯性系统，特点是内部装有存储系统，可以将检测结果保存。

（3）管线内壁摄像清管器。

该技术的特点在于可以使工程人员了解管道内壁腐蚀情况，为后续进行原因分析，维护和管理管道提供依据。

（六）管道变径清管器

由于管道修复、经济性等原因，管道的部分甚至全部管段被设计成变径管线，增加了清管及内检测工作的难度。现在普遍采用机械式清管器进行清管，如果管线存在变径段，普通清管器的皮碗没有足够的变径能力，根本无法满足变径管线的清管要求。同时，智能清管器的探头变形量有限，难以满足变径管道内检测的要求。目前，已研制出变径设备，国内齐邦文设计了一种变径清管器，主要由骨架、法兰和皮碗组成，皮碗呈锯齿形，至少安装 2 个皮碗，并保证皮碗锯齿交错安装。宋红旭等研制出一种特色皮碗，该皮碗呈花瓣状，安装时 2 片花瓣状皮碗交错层叠，并辅以直皮碗或间隔皮碗，以保证设备有足够的支撑力和通过能力。该皮碗变形量高达 35%。2007 年 10 月，在新疆克拉玛依变径管段（$\phi 273mm$、$\phi 219mm$、$\phi 159mm$）使用该皮碗成功地进行了清管作业。国外 ROSEN 公司已经研制出一系列的管道变径设备，大部分设备可以通过 1.5D 弯头。ROSEN 公司小口径变径设备一般跨度为 150mm，大口径设备跨度为 250mm。变径清管器在设计时需要考虑以下因素：管道内径、弯头曲率半径、管道附件、管道长度、变径管道过渡段、介质流速与压力、管线内部污物、收发球筒等。密封皮碗可以是一系列特殊尺寸皮碗的组合，也可以是花瓣类皮碗交叠安装。变径智能清管器的关键是设计一套能自由伸缩、适应管道变径要求的磁铁探头机构。设计时，要减小磁铁探头部分的长度和径向尺寸，确保磁铁和磁轭有足够的径向伸缩空间。一般磁铁探头机构包括可压缩的探头和安装在可压缩臂上的磁铁与磁轭，探头安装在磁轭上。管道直径不同，需要的磁轭数量及探头数量不同，以确保清管器运行至不同管径管道时，探头具有足够的压缩空间来覆盖管道整个内壁。Ron James 提出了一种变径智能清管器的结构。皮碗呈花瓣状交叠布置，探头安装在磁铁架上，磁铁架可上下浮动以适应管径变化，每个磁铁架上的探头呈阶梯状分布，以便在不同口径管道内运行时，探头能 100%覆盖管道内部。

变径清管器对于变径管道,可显著降低施工成本,缩短施工时间[66,70]。

三、清管对管道的要求

清管器对管道的结构有一定的要求。当管道的条件不好时通球作业容易发生事故。

(一) 管道长度

由于清管器在管道内运行时与管壁之间存在摩擦,随着运行距离的增长,磨损程度增加,密封性能降低,甚至可能发生密封失效的事故。因此管道清管长度必须在清管器的有效运行距离之内。对于天然气管道收发球筒之间的距离为160km。对成品油管道收发球筒之间的距离为240km。对原油管道收发球筒之间的距离为320km。

(二) 弯头

管道上不能使用曲率半径过小的弯头,否则可能导致卡球事故。小曲率半径的弯头一般只能通过清管球。虽然清管器通过改造也可以通过弯头,但是效率要低于大曲率半径弯头情况下的清管。当管道需要清管时一般要求最小的弯头半径满足下列情况:管径小于100mm的管道弯头直径为10D,管径在150~300mm的管道弯头直径为5D,管径大于300mm的管道弯头直径为2D。在理论上,弯头不能连续安装两相邻弯头之间,必须有3倍管径的直管段。

(三) 三通与侧管

对主管道上有分支管道的情况,很多普通清管器可以安全的通过分支管道的直径达到主管道70%的三通。对于一些检测清管器可以通过分支管径为主管道60%的三通。但是为安全起见,在分支管直径大于主管道50%的三通处都需要安装挡条,以免清管器进入分支管道。三通不能连续安装两相邻三通之间必须有3倍管径的直管段。

(四) Y接头与清管器转换器

Y接头允许清管器由分支管道进入主管道。但是不能由主管道进入分支管道。到目前为止,现场所使用的y接头会聚角一般大于30°。但是也有22°以及25°的接头。会聚角越小通过接头时清管器受到接头的冲击力越小,这意味着清管器也可以做的更长,密封盘的个数可以增多,效果更好。

四、输气管道清管周期的确定

对输气管道进行清管作业后,会增大输气管道的流通面积,减少管输摩阻造成的损失,并且降低输送单位气体的能量消耗。因此,必须实现周期性的清管作业。清管周期的理论计算是理想条件下的计算结果,不能直接应用于实际工程中,在实际清管作业中,需要分析清管周期影响因素,最终确定清管周期。

(一) 清管周期受多种因素的影响

主要包括:

(1) 管道中的积液量。

(2) 气液混合物在输气管道中的流速和压降。

(3) 输气管道的纵断面形状和尺寸参数。

(4) 输气管道内的气相速度。

将主要的影响因素转变为影响清管周期的参数:液量、压差、输气效率和气相速度等参数,以实际参数为依据,结合实际工程情况,确定最终的清管周期。

(1) 积液量与清管的关系。

积液量是确定清管周期的主要因素。当积液量达到一定的指标时必须及时进行清管作业。

(2) 压差与清管的关系。

管道不干净引起压差增大,当排除了其他因素的情况下,就必须进行清管作业。

(3) 输气效率与清管的关系。

管道输送效率小于95%时,可考虑进行清管作业。

(4) 气相速度与清管的关系。

管道气相速度的大小对清管的影响原理与水力清管原理类似,通过增大气相速度导致液体的加速排除。因此对湿气输送,当管道内气相速度很大时,可暂不进行清管作业。

(二) 清管周期的确定

实际工程中,清管周期的确定可以通过动态模拟软件来计算,但影响清管周期确定的参数较多,模拟软件与实际工况操作差别较大,导致软件的计算结果很难应用到实际生产中。因此,合理的清管周期必须通过对实际生产过程中的压差、气液流量等参数进行分析和研究,并结合清管周期影响因素的分析来确定。

五、苏里格气田输气管道清管周期的确定

苏里格气田采用井口中低压集气、集气站常温分离的湿气集输工艺,天然气经强吸分离器处理后,处于饱和或过饱和状态,此时脱水、脱烃天然气的温度约为20℃,而管道埋深处的地温随季节变化,一般介于0~12℃,因此天然气从集气站通过管道向处理厂输送是一个不断放热的过程。由于温度、压力变化,将有部分凝析液析出,随着时间的延长和输送距离的增加,析出的水和凝析油量越来越多,进而聚集在管道底部形成积液,若不能及时清除,将影响管道的集气能力和节点压力,并影响处理站后续通过增压降温措施进行脱水的效果,使外输商品气的质量降低。另外,苏里格气田采出气中含有少量H_2S和CO_2,会对集输管道产生腐蚀。为了保证气井的稳产和整个气田的安全运行,完善气田的生产流程,必须定期对集输管道实施清管作业[67]。

清管作业以输气效率作为确定输气管道清管周期的依据,若输气效率低于90%,则需实施清管作业。基于摩阻因数、管输流量、输气效率的计算,建立了苏里格气田天然气集输管道清管周期的数学模型,计算了各段集输管道在不同输气量下的输气效率和压差关系曲线,依此可以确定不同输气工况下的清管周期。

苏里格气田正处于迅速发展的阶段,产气量每天都在变化,集输管道的输气量亦随之变化。利用所编制软件获得了该气田各集气干线在不同输气量下的输气效率和压差关系曲线(图8-6),可供不同工况条件下的查询,进而确定清管周期。

对于北干线A段,当管道输量为$200×10^4m^3/d$,输气效率为90%时,对应的管道起点和管道终点间的压差为0.05MPa。于是,可以根据一定输量条件下,考察对象管段在生产过程中的压差是否大于0.05MPa来判断是否需要清管,在该输量下,如果管段压差大于0.05MPa,则说明管段内已经聚集一定的积液,需要通过建立输气管道压差和输气效率的计算模型,并绘制不同工况下的图版,以输气效率小于90%作为清管的依据,可以方便地

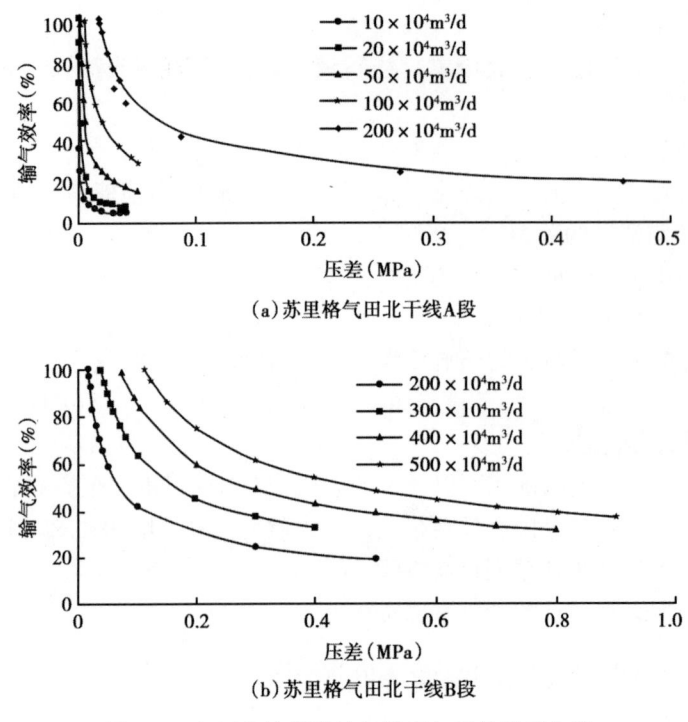

图 8-6　气田集输管道输气效率与压差关系曲线

判断出是否需要进行清管作业。

六、清管作业流程

（一）清管器发球流程

检查阀门和压力表，打开快开盲板推入清管器顶紧，关闭盲板。打开进油、气阀门，平衡发球阀门两端的压力。打开发球阀门后关闭主阀，发射清管器。打开主阀门，关闭进油、气阀门和发球阀门，对发球筒进行排污，放空为下次通球作准备[68]。

（二）清管器收球流程

检查收球筒阀门及压力表的完好率，在清管器到达前 1 小时按顺序打开收球阀门、出油、气阀，将主阀门部分或全部关闭。清管器进入收球筒后，打开主阀门，关闭收球阀门及出油、气阀。收球筒排污、放空，打开盲板取出清管器。关闭盲板为下一次通球作准备。

（三）收发球注意事项

发球时，打开盲板前要泄压，操作人员要站在侧方；输气管线要注意黑粉自燃。必须确认清管器发出，必要时打开盲板进行检查，确认清管器运行状态。收球时，打开盲板前要泄压，操作人员要站在侧方，防止被打到；开盲板时必须打开球筒的平衡阀；关盲板时，关闭排污阀，打开放空阀；如果需要放空引球时，放空口必须点火；清管器进入球筒时，要控制压差，以防球速过快，对收球装置构成冲击；专人负责监听清管器是否到达球筒；放空时，要注意防止污水污染环境。

七、常见清管故障及清管效果评价

在清管作业中,常见的清管故障主要包括卡球故障和清管球失踪,卡球故障主要原因是管道变形;在三通处卡球;清管器连发时造成卡球;在弯头处卡球等。清管球失踪原因:球破了是最大的可能原因;如果是清管器故障,则主要原因是结构设计不合理、骨架机械强度不够或磨损严重等[69]。

目前,清管效果评价指标为:下游分离器收集到的粉尘量;清管器的清洁度和磨损情况;腐蚀调查结果;流量及输气效率的提高幅度;腐蚀速度降低的程度;操作压力的下降幅度;天然气质量的提高程度。

八、输气管道清管堵塞定位技术研究

发生清管堵塞事故后,根据管道天然气的质量守恒方程、动量守恒方程和能量守恒方程,利用 SCADA 系统采集到的管道首末端参数,对管输情况和运行工况进行实时模拟,根据管道首末端压差变化趋势判断其是否发生堵塞。当管道发生堵塞时,在管道起点施加一个人为压力脉冲波动,用设在起点的压力传感器采集脉冲压力波和返压波通过的时间差,进而根据管道沿程热力、动力平衡微分方程和连续性方程来模拟压力波在管道内的波动进行堵塞定位。这个方法在确定管道堵塞位置时,所需硬件设备少,检测过程简单,定位精度较高,可以实现对管道运行状态的实时在线检测,优于现有检测方法[70]。

第三节 旁通清管技术

很多集输管网属于气液混输的两相流管道,如采用常规的清管器,还需要在接收站增加液体段塞捕集器,以处理瞬间到达的段塞流。这样,如不及时进行清管作业,管道的输送效率会大大降低以及会有水合物的生成,不利于管道的安全运行;如进行清管作业,就要以牺牲产量作为代价,否则风险性将大大提高。

为了解决清管作业与管线产量的矛盾,采取一种新型的清管技术——旁通清管技术。通过使用旁通清管器清管,可以有效控制单次清管的清出液量,从而确保清管过程中管线和下游生产设施的安全。同时,通过清管作业计算管线积液情况,制定湿气输送管道合理的清管周期,有效指导现场清管作业。

在长庆油田分公司第三采气厂所辖的苏 4-3 干线 A 段管线进行了现场工业试验,研究旁通清管器的降速效果;旁通清管器的过液量控制;旁通清管作业特点及模式。

一、旁通清管器清管

这是一种专为天然气/凝析液两相流管线设计的清管器,目的是使清管器推向管道终点的液体比较均匀,降低对捕集器容积的要求。为了降低清管器前方的液体量不淹没捕集器,可降低清管器运行速度;另一种方法是使用旁通清管器,旁通气体对清管器前的段塞吹扫,使液体分散,到达管道终点的峰值流量减小,如图 8-7 所示。

国内外的一些管道公司在实际的清管作业中已经使用了旁通清管器。例如壳牌勘探开采公司在长 15.6km,外径 20in,并带有立管的两相海底管道中进行试验,考察两相管道中使

图 8-7 旁通清管器示意图

用清管器操作的可能性,在旁通量为 0 时清管器前的液体清扫体积为 179m³,在旁通量为 10%时,现场清扫体积可减少 70%而降到 53m³,旁通原理产生的良好效果得到了验证。长北天然气北干线长 23.4km,外径 24in,在使用旁通量为 0 时清管器清扫出的液体体积为 1056m³;在旁通量为 5%时,清扫出的液体体积减小 60%而降到 422m³。

旁通式清管器由一个中央圆筒连接清管器的前端和尾端,包括骨架、密封板、导向板、折流板等。气体通过中央圆筒由清管器前端的折流板流向管壁,改变折流板与前盘的间距来调节旁通量的大小。其特点有:

(1)旁通清管除了能够清除管线中所有的积液外,还允许部分气体通过清管器。

(2)旁通清管器的运行速度取决于气量的大小和旁通量的大小,在相同的气量下,旁通量越大,运行速度越低。

(3)旁通清管器的运行速度较普通清管器低,产生较少的 PGV(Pig Generated Volume,清管器产生的液柱),可以使部分液体提前到达下游,提前处理;较大的旁通量,可以控制 PGV 的产量在下游装置的液体处理能力内,避免产量损失。

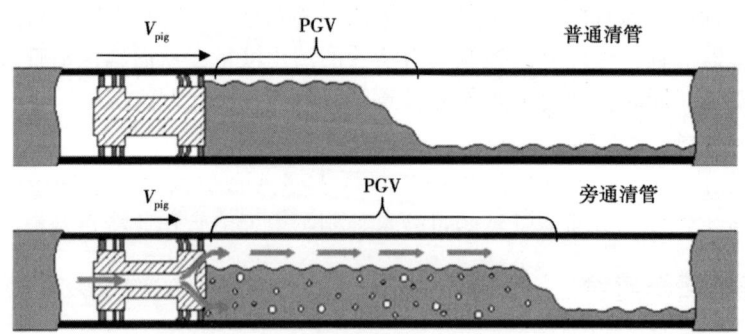

图 8-8 旁通清管器原理图

二、旁通清管器的设计加工

苏 4-3 干线 A 段位于内蒙古鄂托克前旗境内,管线所处地多为沙丘地带。管线内积液较多,属于气液混输的双相流管线,为了提高管线输送效率,减少管道内腐蚀和防止水合物的生成，每年进行三次常规清管作业。常规清管作业会使管线内的积液以段塞流的方式集中到达处理厂，由于分离器处理能力的限制，只能采取全线停输的方式处理积液，如 2012 年 10 月和 2013 年 5 月采用三皮碗清管器分别进行了一次常规清管作业，清出积液为 197.77m³，给处理厂造成了较大的压力（图 8-9）。

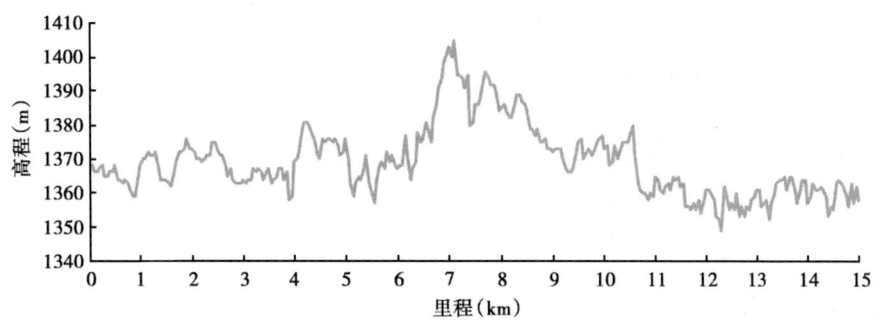

图 8-9　苏 4-3 干线 A 段管线纵断面图

（一）设计加工清管器

根据相关的技术资料和苏 4-3 干线 A 段管线信息，中油管道检测技术有限责任公司设计加工了 26in 旁通清管器，如图 8-10 所示。

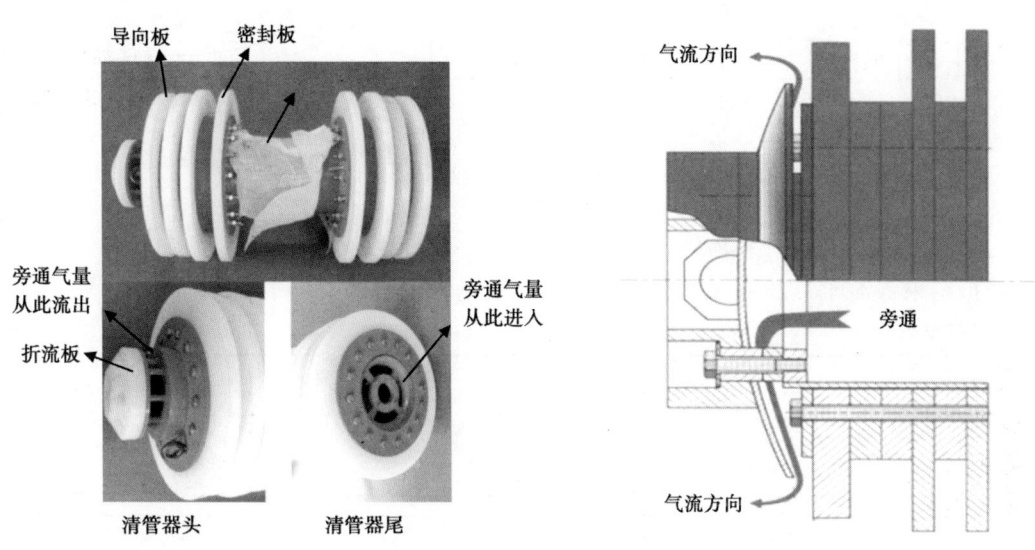

图 8-10　26in 旁通清管器

（二）清管器旁通量的选取

该清管器旁通量可以进行调节，分 3%、5%、8% 和 10% 几挡。旁通量的大小取决于气量和管线中的持液量，以及下游的液体处理能力。旁通量太小，清管器运行速度太快，与普通清管器差别不大，大量液体会瞬间到达处理厂，影响产量；旁通量太大，清管器速度太慢，甚至停滞不动，需要增大气量，或者发送新的清管器推动。

在管道内积液量不确定的情况下，为保证首次发送成功，结合模拟结果，采用 5% 的旁通量进行清管操作，模拟结果如下：

（1）清管器速度：

模拟结果：清管器运行用时2.42h，发球后1h球速波动明显，如图8-11所示。

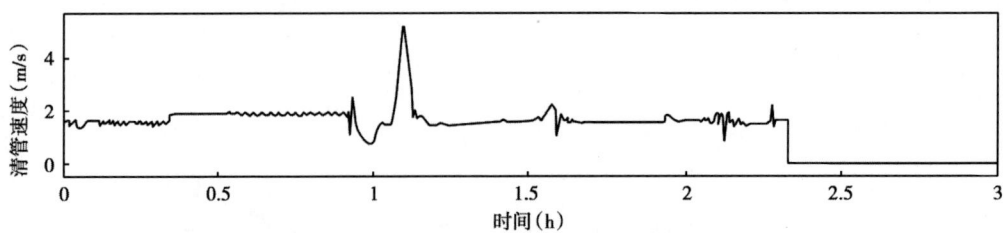

图8-11 旁通清管器模拟速度曲线图

（2）清管器压降：

模拟结果：管道压力在6km上坡处降低明显，如图8-12所示。

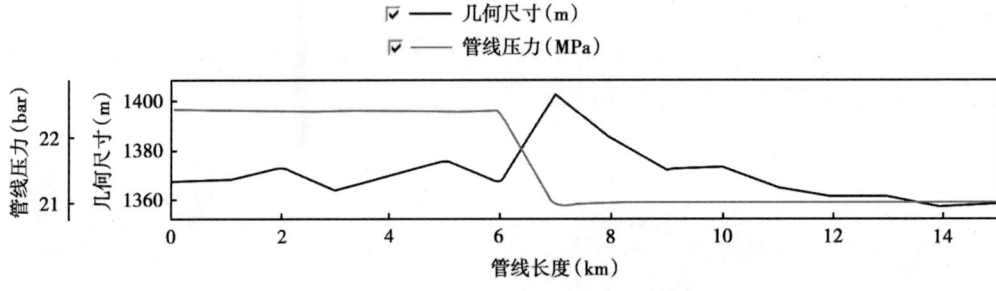

图8-12 旁通清管器运行模拟压降曲线图

（3）进站前2km管段积液体积流量：

模拟结果：发球2.2h后液柱到达处理厂，液量为165m³，如图8-13所示。

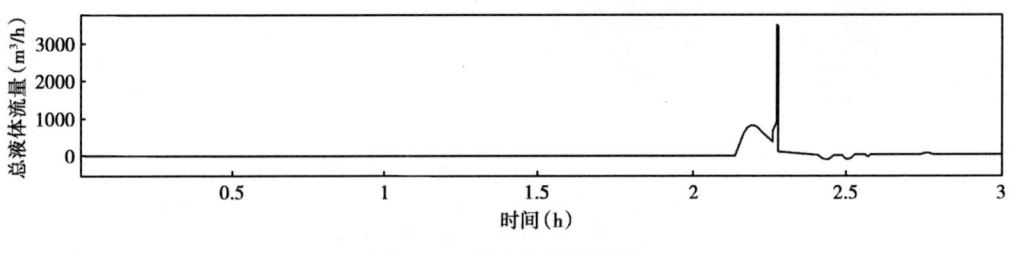

图8-13 积液模拟曲线图

（4）清管器前部积液泄漏到清管器后部积液量：

$$Q_1 = \sqrt{2}\frac{A_{\text{leak}}}{A_{\text{pipe}}}Q = 3.4\text{m}^3 \tag{8-26}$$

三、现场工业试验

2013年10月24日和11月7日现场做了两次试验,产量分别为$186×10^4m^3/d$(理论计算清管器运行速度为2.62m/s)和$245×10^4m^3/d$(理论计算清管器运行速度为3.45m/s)。旁通清管器如图8-14和图8-15所示。

图8-14 收取旁通清管器

图8-15 收取后的旁通清管器

(一)第一次清管作业情况

为了保证清管器顺利发出,将清管器前后压差升至0.7MPa,开启阀门,清管器快速发出,导致清管器在前段运行不稳,压力平衡后清管器运行平稳。

输气量$186×10^4m^3$,平均球速1.29m/s,进站前2km段塞流进入分离器,清出积液

107.419m³。10~12km 处高程变化不大,输气量平稳,清管器运行较为平稳,用此段数据进行泄流气体的计算。清管器运行 1.34m/s,需 95×10⁴m³ 气体,旁通处泄流气体 91×10⁴m³,泄流率 48.9%。

(二)第二次清管作业情况

为了保证清管器顺利发出,将清管器前后压差升至 0.45MPa,开启阀门,清管器快速发出,导致清管器在前段运行不稳,压力平衡后清管器运行平稳。

输气量 245×10⁴m³,平均球速 1.59m/s,清出积液 2.051m³。10~12km 处高程变化不大,输气量平稳,清管器运行较为平稳,用此段数据进行泄流气体的计算。清管器运行 1.19m/s,需 85×10⁴m³ 气体,旁通处泄流气体 161×10⁴m³,泄流率 65.4%。

对比第一次旁通清管,同等旁通量时,积液量影响旁通处的泄流率,积液越多,清管器前方液体对旁通有"密封"作用,导致泄流率降低。

计算清管器前部积液泄漏到清管器后部的量:

$$Q_1 = \sqrt{2} \frac{A_{\text{leak}}}{A_{\text{pipe}}} Q = 2.2 \text{m}^3 \tag{8-27}$$

实际情况:第二次清管清出 2.051m³,误差 7.4%,计算结果比较符合实际情况。

旁通清管器与常规清管器在实际的清管作业中相比,旁通清管器效果明显:

(1)旁通清管器能有效降低清管器速度,减少了因控制球速而造成的产量损失。

(2)旁通清管器能有效地减少段塞流,如第一次清管作业清出积液 107.419m³,厂前 2km 处理厂见液,平均每米管道仅 0.0535m³ 水,占满管容的 16.5%,说明清管器前部液柱已经被吹散,积液提前到处理厂处理,大大降低了清管作业对管线输送的影响。

参 考 文 献

[1] 冯朋鑫,宋汉华,王惠,等.苏里格气田骨架集输管网风险评估及优化.石油化工应用,2014,(5):22-24.

[2] 韩兴刚,徐文,刘海锋.正交试验法在油气田开发方案优化设计中的应用.天然气工业,2005,(4):116-118.

[3] 朱迅,韩兴刚,高玉龙,等.苏里格气田数字化应急指挥系统的研究与应用.天然气工业,2012,(5):78-80.

[4] 王惠,韩兴刚,冯朋鑫,等.ReO软件在苏里格气田集输系统生产优化中的应用.石油化工应用,2011,(12):77-80.

[5] 冯朋鑫,李进步,陆利平,等.水平井技术在苏里格气田低渗气藏中的应用.石油化工应用,2010,(8):37-42.

[6] 朱迅,张亚斌,冯朋鑫,等.苏里格气田数字化排水采气系统研究与应用.钻采工艺,2014,(1):47-49.

[7] 葛家理.油气层渗流力学.北京:石油工业出版社,1982.

[8] 秦同洛.实用油藏工程方法.北京:石油工业出版社,1989.

[9] 陈学俊,陈立勋,周芳德.北京:气液两相流与传热基础.科学出版社,1995.

[10] 景思睿,张鸣远.流体力学.西安:西安交通大学出版社,2001.

[11] 赵跃进,关丹庆.苏里格气田数字化集气站技术.油气田地面工程,2011,30(2):6-7.

[12] 张静.天然气集输系统数字化.油气田地面工程.2008,27(2):10-11.

[13] 袁先勇,罗刚强,周怡君,等.数字管道深层探讨.油气田地面工程.2008,27(2):12-14.

[14] 龚瑶,王晓龙.集气站模块化设计.中国石油和化工标准与质量,2014,(2):61.

[15] 程劲松,程雪梅.天然气集输场站工艺流程的模块化设计.天然气工业,1999,19(6):69-71.

[16] 张磊,石万里,郑欣,等.苏里格气田数字化集气站橇装化.油气储运,2014,33(3):298-301.

[17] 闫红军.模块化建设及在苏里格气田实施效果分析.油气田地面工程,2009,28(12):64-65.

[18] 石万里,刘祎,常鹏,等.苏里格气田管网优化运行系统平台的构架与开发.中国石油和化工标准与质量,2013,(3):192-193.

[19] 陈进殿,汪玉春,黄泽俊,等.天然气管网系统最优化研究.油气储运,2006,25(2):6-12.

[20] 潘红丽,杨鸿雁.气田地面集输管网系统的优化设计.油气储运,2002,21(4):14-18.

[21] 孙红萍.天然气集输管网的优化分析.科技创新与应用,2012,(5):38.

[22] 丁萍.天然气集输管网系统规划设计优化研究.中国石油和化工标准与质量,2013,(3):255.

[23] 李征.天然气集输管网优化设计方法研究.内蒙古石油化工,2009,(6):19-21.

[24] 张子文,李小龙,陈尚朋.天然气集输管网优化研究.中国石油和化工标准与质量,2013,(3):88.

[25] 何川,孟庆华,李渡,等.川西天然气集输管网系统最优规划研究.天然气工业,2006,26(7):107-109.

[26] 姚玉萍,石向京,汪玉春,等.天然气集输管网规划方案评价.油气田地面工程,2010,29(10):34-36.

[27] 邓玲,贺三,吕晓博.国内天然气集输工艺技术研究现状.中国石油和化工标准与质量,2013,(5):97-99.

[28] 刘祎,王登海,杨光,等.苏里格气田天然气集输工艺技术的优化创新.天然气工业,2007,27(5):139-141.

[29] 刘子兵,陈晓峰,薛岗,等.长庆气田天然气集输及净化处理工艺技术.石油工程建设,2013,39(5):54-60.

[30] 刘银春, 王莉华, 李卫, 等. 苏里格气田南区块天然气集输工艺技术. 天然气工业, 2012, 32 (6): 69-72.

[31] 黄雨露, 王学强. 苏里格气田天然气集输工艺和风险探讨. 中国石油和化工标准与质量, 2013, (7): 272.

[32] 周迎, 王雪, 刘鹏飞. 苏里格气田天然气集输工艺及处理方案. 石油与化工设备, 2011, 14: 32-33.

[33] 黄辉, 徐孝轩, 李惠玲, 等. 油气集输技术进展. 油气田地面工程, 2013, 32 (6): 1-2.

[34] 闫建宇, 刘改顺, 安少刚, 等. 智慧天然气集输站设计探讨. 当代化工, 2014, 43 (6): 1082-1083.

[35] 李战平, 雷红妮, 王宏仂. 天然气集输管道监测系统的研究与应用. 工业控制计算机, 2008, 21 (2): 33-34.

[36] 甄士龙, 余贝贝, 李东林, 等. 苏里格气田水平井临界携液产量分析. 油气井测试, 2013, 22 (6): 21-23.

[37] 刘辰, 马飞, 熊攀, 等. 管道在线监控系统在天然气集输中的研究应用. 辽宁化工, 2014, 43 (5): 629-634.

[38] 姜勇. 天然气集输工艺节能管理. 油气田地面工程, 2013, 32 (9): 135.

[39] 林红娇. 天然气集输系统节能减排技术的研究与实施. 中国石油和化工标准与质量, 2013, (12): 110.

[40] 安维杰, 刘银春, 李艳芳. 苏里格气田增压工艺技术研究. 内蒙古石油化工, 2013, (2): 73-75.

[41] 马卫锋, 张勇, 李刚, 等. 国内外天然气脱水技术发展现状及趋势. 管道技术与装备, 2011, (6): 49-51.

[42] 杨思明. 天然气脱水方法. 中国海上油气 (工程), 1999, 11 (6): 6-8.

[43] 巴玺立, 孙铁民, 何军, 等. 国内外气田地面工程技术研究进展. 石油规划设计, 2006, 17 (2): 6-10.

[44] 陈秀娜, 范峥, 李稳宏, 等. 天然气脱水系统现状分析及优化. 化工进展, 2012, 31 (11): 2449-2453.

[45] 毛立军, 王用良, 吴艳, 等. 天然气脱水新工艺新技术探讨. 广东化工, 2013, 40 (8): 66-67.

[46] 王文武, 李永生, 郭亚红, 等. 三甘醇脱水装置的节能设计. 天然气与石油, 2012, 30 (6): 22-26.

[47] 祁亚玲. 天然气水合物和天然气脱水新工艺探讨. 天然气与石油, 2006, 24 (6): 35-38.

[48] 陈召财, 任亚峰, 赵兴怀, 等. 分子筛脱水工艺分析与比较. 化学工程与装备, 2012, (2): 121-122.

[49] 魏星, 黄维菊, 陈文梅. 国内外膜分离法天然气脱水研究现状. 过滤与分离, 2007, 17 (4): 37-41.

[50] 阳跃鹏. 天然气集输采用膜脱水工艺可能性分析. 油气田地面工程, 2010, 29 (12): 54-56.

[51] 宋婧, 王丽, 陈家庆, 等. 喷管超音速分离技术在天然气脱水中的应用研究. 北京石油化工学院学报, 2010, 18 (1): 21-25.

[52] 杨启明, 陈颖, 胡博. 天然气超音速净化系统. 油气田地面工程, 2010, 29 (9): 93-94.

[53] 何策, 程雁, 额日其太. 天然气超音速脱水技术评析. 石油机械, 2006, 34 (5): 70-72.

[54] 胡锐, 赵胜. 天然气超音速脱水技术在新疆油气田的应用前景. 新疆石油天然气, 2009, 5 (2): 88-90.

[55] 梁书苓. 天然气超音速处理技术. 国外油田工程, 2003, 19 (3): 32-34.

[56] 蒋文明, 刘中良, 刘恒伟, 等. 新型天然气超音速脱水净化装置现场试验. 天然气工业, 2008, 28 (2): 136-138.

[57] 温艳军, 梅灿, 黄铁军, 等. 超音速分离技术在塔里木油气田的成功应用. 天然气工业, 2012, 32 (7): 77-79.

[58] 靳亮, 诸林, 王磊. 超音速脱水在天然气处理中的应用. 石油与天然气化工, 2013, 42 (6): 578-580.

[59] 高晓根, 计维安, 刘蔷, 等. 超音速分离技术及在气田地面工程中的应用. 石油与天然气化工, 2011, 40（1）: 42-46.

[60] 武新伟, 李俊. 超音速脱水技术研究现状及发展趋势. 能源与节能, 2014, 103（4）: 20-21.

[61] 陈多福, 张跃中, 徐文新. 天然气输送管线中水合物形成的边界条件. 矿物岩石地球化学通报, 2003, 22（3）: 197-200.

[62] 梁法春. 积液量预测方法在海底天然气管道中的应用. 天然气工业, 2009, 29（1）: 103-105.

[63] 诸林, 白剑, 王治红. 天然气含水量的公式化计算方法. 天然气工业, 2003, 17（2）: 118-120.

[64] 刘宝玉, 郝敏, 陈保东. 长输管道内天然气最大允许含水量的预测. 石油化工高等学校学报, 2004, 17（2）: 75-78.

[65] 韩志广, 笪京, 方圆. 浅谈油气管道清管技术. 中国石油和化工标准与质量, 2014, （2）: 49.

[66] 臧延旭, 杨寒, 白港生, 等. 长输管道变径清管器研究进展. 管道技术与设备, 2013, （6）: 45-48.

[67] 赵金省, 杨玲, 魏美吉, 等. 苏里格气田输气管道清管周期的确定. 油气储运, 2011, 30（1）: 71-72, 75.

[68] 肖治国, 李成钢. 海底管道清管技术研究. 中国石油和化工标准与质量, 2012, （7）: 109.

[69] 刘刚, 陈雷, 张国忠, 等. 管道清管器技术发展现状. 油气储运, 2011, 30（9）: 646-653.

[70] 刘拴仪. 关于天然气管道通球扫线的论述. 化工管理, 2014, （2）: 143.

附录 单位换算表

1mile = 1.609km
1ft = 30.48cm
1in = 25.4mm
1psi = 6.89kPa
1atm = 1.01325Pa
1lb = 453.59g
1℉ = 5/9℃ + 32
1cP = 1mPa·s
1mD = 1×10^{-3}μm^2
1bbl = 0.16m^3